21世纪高等学校计算机基础实用规划教材

Visual Basic
程序设计综合教程
（第二版）

朱从旭 主编

严 晖 曹岳辉 副主编

清华大学出版社
北京

内 容 简 介

本书结合非计算机专业学生的实际，按照将 Visual Basic 作为第一门程序设计语言的要求进行编写；在已出版的《Visual Basic 程序设计综合教程》一书基础上修订而成。在内容编排、叙述表达、习题安排等方面，力图遵循循序渐进的原则。并根据实际应用需要，增加了"Visual Basic 数据库应用"一章，而将实验内容移到配套的实践教程中。

本书以语言知识和程序设计技能介绍为两大重点。在知识性方面，对程序设计基本知识、面向对象可视化编程的基本概念、Visual Basic 开发环境和基本语法、编程方法和常用算法进行了系统介绍。在操作技能方面，结合常用算法的实现和界面设计两大重点进行介绍。在习题方面，设置了选择和填空两大类型，着重强化基础训练。总体上力图方便教与学。

本书附录提供了一些常用表、重要语言要素的归纳，并介绍扩展 Visual Basic 功能的 API 函数使用方法和全国计算机等级考试题型，以方便读者检索查找，并提高编程水平和拓展视野。

本书可作为高校非计算机专业本科的教材，也可作为计算机专业高职和专科的教学用书，同时可供想学习 Visual Basic 或欲参加全国计算机等级考试的各类人员参考。

图书在版编目（CIP）数据

Visual Basic 程序设计综合教程/朱从旭主编. —2 版. —北京：清华大学出版社，2009.2
（21 世纪高等学校计算机基础实用规划教材）
ISBN 978-7-302-18581-9

Ⅰ. V… Ⅱ. 朱… Ⅲ. BASIC 语言–程序设计–教材 Ⅳ. TP312

中国版本图书馆 CIP 数据核字（2008）第 143067 号

责任编辑：魏江江
责任校对：时翠兰
责任印制：何 芊

出版发行：清华大学出版社　　　　　　　　　　　　地　　　址：北京清华大学学研大厦 A 座
　　　　　http://www.tup.com.cn　　　　　　　　邮　　　编：100084
　　　　　社　总　机：010-62770175　　　　　　邮　　　购：010-62786544
　　　　　投稿与读者服务：010-62776969，c-service@tup.tsinghua.edu.cn
　　　　　质量反馈：010-62772015，zhiliang@tup.tsinghua.edu.cn

印　刷　者：北京市清华园胶印厂
装　订　者：北京市密云县京文制本装订厂
经　　　销：全国新华书店
开　　　本：185×260　印　张：22.5　字　数：559 千字
版　　　次：2009 年 2 月第 2 版　　印　　次：2009 年 2 月第 1 次印刷
印　　　数：13001～17000
定　　　价：29.50 元

出版说明

随着我国改革开放的进一步深化，高等教育也得到了快速发展，各地高校紧密结合地方经济建设发展需要，科学运用市场调节机制，加大了使用信息科学等现代科学技术提升、改造传统学科专业的投入力度，通过教育改革合理调整和配置了教育资源，优化了传统学科专业，积极为地方经济建设输送人才，为我国经济社会的快速、健康和可持续发展以及高等教育自身的改革发展做出了巨大贡献。但是，高等教育质量还需要进一步提高，以适应经济社会发展的需要，不少高校的专业设置和结构不尽合理，教师队伍整体素质亟待提高，人才培养模式、教学内容和方法需要进一步转变，学生的实践能力和创新精神亟待加强。

教育部一直十分重视高等教育质量工作。2007年1月，教育部下发了《关于实施高等学校本科教学质量与教学改革工程的意见》，计划实施"高等学校本科教学质量与教学改革工程（简称'质量工程'）"，通过专业结构调整、课程教材建设、实践教学改革、教学团队建设等多项内容，进一步深化高等学校教学改革，提高人才培养的能力和水平，更好地满足经济社会发展对高素质人才的需要。在贯彻和落实教育部"质量工程"的过程中，各地高校发挥师资力量强、办学经验丰富、教学资源充裕等优势，对其特色专业及特色课程（群）加以规划、整理和总结，更新教学内容、改革课程体系，建设了一大批内容新、体系新、方法新、手段新的特色课程。在此基础上，经教育部相关教学指导委员会专家的指导和建议，清华大学出版社在多个领域精选各高校的特色课程，分别规划出版系列教材，以配合"质量工程"的实施，满足各高校教学质量和教学改革的需要。

本系列教材立足于计算机公共课程领域，以公共基础课为主、专业基础课为辅，横向满足高校多层次教学的需要。在规划过程中体现了如下一些基本原则和特点。

（1）面向多层次、多学科专业，强调计算机在各专业中的应用。教材内容坚持基本理论适度，反映各层次对基本理论和原理的需求，同时加强实践和应用环节。

（2）反映教学需要，促进教学发展。教材要适应多样化的教学需要，正确把握教学内容和课程体系的改革方向，在选择教材内容和编写体系时注意体现素质教育、创新能力与实践能力的培养，为学生知识、能力、素质协调发展创造条件。

（3）实施精品战略，突出重点，保证质量。本规划教材把重点放在公共基础课和专业基础课的教材建设上；特别注意选择并安排一部分原来基础比较好的优秀教材或讲义修订再版，逐步形成精品教材；提倡并鼓励编写体现教学质量和教学改革成果的教材。

（4）主张一纲多本，合理配套。基础课和专业基础课教材配套，同一门课程有针对不同层次、面向不同专业的多本具有各自内容特点的教材。处理好教材统一性与多样化，基本教材与辅助教材、教学参考书，文字教材与软件教材的关系，实现教材系列资源配套。

（5）依靠专家，择优选用。在制定教材规划时要依靠各课程专家在调查研究本课程教材建设现状的基础上提出规划选题。在落实主编人选时，要引入竞争机制，通过申报、评审确定主题。书稿完成后，认真实行审稿程序，确保出书质量。

　　繁荣教材出版事业，提高教材质量的关键是教师。建立一支高水平教材编写梯队才能保证教材的编写质量和建设力度，希望有志于教材建设的教师能够加入到我们的编写队伍中来。

21 世纪高等学校计算机基础实用规划教材

联系人：魏江江 weijj@tup.tsinghua.edu.cn

第二版前言

由于 Visual Basic 的显著特点，许多高校都将 Visual Basic 作为计算机程序设计的第一门课程。为配合计算机基础教学"1+X"课程体系改革，并适应教学和实践的需要，我们在原来编写的《Visual Basic 程序设计综合教程》基础上作了内容修改、调整。本书的主要特点是强调基础性和应用性，结合了初学者的特点，具有广泛的适用性。同时结合配套的《Visual Basic 程序设计实验与实践指导》进行教学，将会取得更好的教学效果。

本书分 11 章，内容取材参考现行全国计算机等级考试大纲，以语言知识和程序设计技能介绍为两大重点。在知识性方面，对程序设计基本知识、面向对象可视化编程的基本概念、Visual Basic 开发环境和基本语法、编程方法和常用算法进行了系统介绍；是教学中的一大重点。另外一个重点就是程序设计技能，教材结合常用算法的实现和界面设计两大方面进行介绍；这也是教学中的一个难点。为了课程设计的需要，增补了"Visual Basic 数据库应用"一章内容。本书力图将基础知识和基本技能作为重点，而将有关提高程序设计技能和实践应用能力的内容放到相应的实践教程中。

附录提供了一些常用查询表和重要的 Visual Basic 语言要素的归纳汇总，这是为了方便初学者速查。此外，介绍了扩展 Visual Basic 功能的 API 函数使用方法，以照顾欲进一步提高编程水平的读者。还提供了一套全国计算机等级考试模拟题，以供参加等级考试参考和检验自己的水平。

此外，我们提供了本书的电子教案和习题解答，使用本书的老师可与出版社联系。

本书由朱从旭编写第 1、3、6、11 章，第 9 章的 9.3~9.5 节和附录。严晖编写第 5、7章、第 9 章的 9.1~9.2 节。曹岳辉编写第 4 章。刘泽星编写第 8、10 章。李力编写第 2 章。郭锐、陈洪涛、廖建华做了一些程序调试和协助整理工作。严晖和曹岳辉担任本书副主编，朱从旭担任主编并负责全书最终整理统稿。

本书的编辑出版得到了许多同行专家、教师的支持，在此表示感谢。还要感谢清华大学出版社的魏江江编辑对本教材的策划、出版做了大量工作。由于编者的水平有限和时间紧迫，因此错误和问题在所难免，但真诚希望专家们和读者指正。

编者

2008 年 12 月于中南大学

第一版前言

计算机程序设计语言几乎是各高校都开设的一门计算机课程。而适合非计算机专业学生作为第一门程序设计语言进行学习的，Visual Basic（VB）应该是较合适的选择。据统计报道，全球有超过 700 万人在使用 Visual Basic，恐怕这是使用人数最多、最普及的程序设计语言之一。究其原因何在？不外乎三点：一是容易上手，二是开发效率高，三是擅长图形用户界面开发。在我们的教学实践中也发现，Visual Basic 程序设计能引起广大学生的学习兴趣。在实际开发领域，该语言也有着非常广泛的应用。在全国的计算机等级考试（二级）和一些省市的计算机等级考试中，都把 Visual Basic 程序设计纳入了考试科目。

为配合计算机基础教学新一轮的"1＋X"课程体系改革，适应诸多高校将 Visual Basic 程序设计作为第一门程序设计语言课开设和参加全国计算机等级考试人数增加的实际情况，编者在结合多年教学实践和使用 Visual Basic 进行开发研究的基础上编写了此书。本书的主要特点是，结合了初学者的特点，既可作为教科书使用，也适合作为参加全国计算机等级考试的参考用书，还可作为程序设计基本的参考查询手册使用。

全书分教学篇、实验篇和参考篇。

教学篇分 10 章，内容取材参考现行全国计算机等级考试大纲。以语言知识和程序设计技能介绍为两大重点。在知识性方面，对程序设计基本知识、面向对象可视化编程的基本概念、Visual Basic 开发环境和基本语法、编程方法和常用算法进行了系统介绍，是教学中的一大重点。另外一个重点就是程序设计技能，教材结合常用算法的实现和界面设计两大方面进行介绍，这也是教学中的一个难点。对于程序设计技能的提高，语言知识是基础、训练是保证、经验是助手，因此程序设计技能的形成与提高不是一朝一夕的事。那么，我们在有限课时的教学过程中，要解决的关键问题是什么？中国有句俗话说得好："师傅领进门，修行在个人"。教师和教材对领学生进门来说是很重要的，而修行就主要是学生的重要任务了。为此，本书力图将基础知识和基本技能作为重点。书中例题尽量简明清晰地说明问题，帮助学生理解知识原理，并尽可能采用易于理解、短小精悍的典型程序。每章内容的习题也是围绕巩固基本知识和基本技能这个出发点，设置了选择题和填空题两大类型，着重强化基础训练；同时与全国计算机等级考试题型一致，也方便教师快速批改学生的作业。

实验篇配备了每章的实验和一个综合性实验。每章的实验紧密配合教学进程，并按循序渐进原则设计了基本操作题、简单应用题和综合应用题三类题型，还对部分实验题的解决方法提供了提示。这种设计一方面是照顾不同学生的需要，同时也结合了当前全国计算机等级考试的要求。通过阶梯性训练，使能力和基础不同的学生都能得到一定的收获和进步。

参考篇提供了一些常用查询表和重要的 Visual Basic 语言要素的归纳汇总，这是为了方便初学者速查。此外，介绍了扩展 Visual Basic 功能的 API 函数使用方法，以照顾欲进一步提高编程水平的读者。还提供了一套全国计算机等级考试模拟题，以供参加等级考试参考和检验自己的水平。

此外，本书还提供了电子教案和习题解答，使用本书的老师可与出版社联系。

本书由朱从旭编写第 1、3、6 章、第 9 章的 9.3~9.5 节和实验 1、3、6、9、11 及参考篇。严晖编写第 5、7 章、第 9 章的 9.1~9.2 节和实验 5、7。曹岳辉编写第 4 章和实验 4。刘泽星编写第 8、10 章和实验 8、10。李力编写第 2 章和实验 2。全书由朱从旭整理统稿。

重印版本对原书进行了适量修正；特别是结合教学过程的使用体会，对一些例题、习题、实验题和个别知识点的叙述进行了改进，如对个别难题适当进行了简化或增加提示。这样，力图使本书能更好地服务教学和学生自学。

本书的编辑出版得到了许多同行专家、教师的支持，在此表示感谢。还要感谢清华大学出版社的魏江江编辑对本教材的策划、出版做了大量工作。由于编者的水平有限和时间紧迫，因此错误和问题在所难免，真诚恳请批评指正。

编者

2004 年 12 月于中南大学

目 录

XIV

第1章 集成开发环境和程序设计入门

本章要点

从基于过程式的结构化编程到基于对象的事件驱动编程，编程机制和程序执行流程的控制方式都发生了很大的变化，从基于 DOS 字符界面的编程环境到基于 Windows 图形界面的可视化开发环境，不仅给编程带来了极大的方便，而且大大提高了程序开发的效率。

本章在简单介绍 Visual Basic 语言的诞生、发展和特点后，重点介绍其集成开发环境的组成和特点、对象和事件驱动编程机制的有关概念，以及程序设计的一般步骤。配合简单程序设计的需要，介绍了几个最常用对象（窗体、命令按钮、文本框和标签）及其常用的属性、方法和事件。本章内容是 Visual Basic 程序设计入门的引导。

1.1 Visual Basic 的发展和功能特点

1.1.1 Visual Basic 的发展

Visual Basic（VB）最初是由 Basic 语言发展而来，但从 Basic 到 Visual Basic 的变化是质的飞跃。这种变化不仅是语言功能的大大增强，更主要是程序设计方式的改变以及程序界面类型的改变，还有编程机制的改变。Basic 语言是基于过程的程序设计语言，而 Visual Basic 是基于对象的事件驱动机制的程序设计语言。Basic 语言的编程界面是字符界面，设计的程序是基于 DOS 平台的字符界面程序；Visual Basic 的程序开发界面是可视化的图形界面，开发的应用程序也是 Windows 图形界面程序。在可视化开发环境中，编程是一种更轻松、愉快和高效的智力活动。

Visual Basic 也有多个版本，从 1.0、2.0、3.0、4.0、5.0 到 6.0 版本，功能在不断增强。Visual Basic 6.0 是 1999 年推出的，深受用户欢迎，广为流传，目前仍被广泛使用。Visual Basic 6.0 版本之后就是 Visual Basic.NET，从 Visual Basic 6.0 到 Visual Basic.NET 又是一次大的变化，在概念上、框架上和编程方式上都有了变化，但这种变化没有从 Basic 到 Visual Basic 的变化那么大。掌握 Visual Basic 6.0 之后再学习 Visual Basic.NET 就不是很难的事了，而且绝大部分基于 Visual Basic 6.0 开发的程序，很容易升级成 Visual Basic.NET 程序，所以本书仍以 Visual Basic 6.0 为蓝本来介绍。

Visual Basic 6.0 有三个不同版本，即学习版、专业版和企业版，三个版本包含的内容多少不一样（学习版内容最少，专业版居中，企业版内容最全面）。

1.1.2　Visual Basic 的功能特点

为了初步了解 Visual Basic 的一些特点，请先看一个简单的 Visual Basic 程序实例。

例 1-1　程序的界面（窗体）上有四个命令按钮（CommandButton）和一个标签。单击标有"左移"、"右移"字样的按钮时，标签向左或向右移动一段距离；单击标有"变色"字样的按钮时，标签的文字颜色发生变化；单击标有"退出"字样的按钮时，程序退出运行状态。

在程序的代码窗口中包含下列代码：

```
Private Sub Command1_Click() '左移，Command1 是该按钮的名称，Label1 是标签的名称
    Label1.Left = Label1.Left - 200
End Sub
Private Sub Command2_Click() '右移，Command2 是该按钮的名称，Label1 是标签的名称
    Label1.Left = Label1.Left + 600
End Sub
Private Sub Command3_Click() '变色，Command3 是该按钮的名称，Label1 是标签的名称
    Static colorNo As Integer
    colorNo = (colorNo + 1) Mod 15
    Label1.ForeColor = QBColor(colorNo)
    Print colorNo;
End Sub
Private Sub Command4_Click()  '退出，End 是退出程序的语句
    End
End Sub
```

程序的设计界面如图 1-1 所示，运行界面如图 1-2 所示。

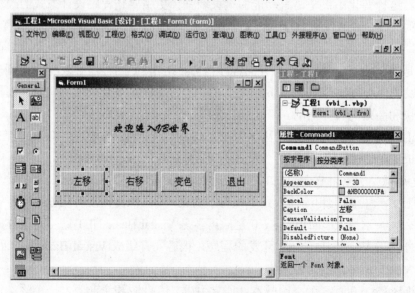

图 1-1　例 1-1 的界面设计

图 1-2　例 1-1 的运行界面

通过例 1-1，可以归纳出 Visual Basic 的一些基本特点。

1．具有基于对象的可视化设计工具

在 Visual Basic 中，程序设计是基于对象的。对象是一个抽象概念，是把程序代码和数据封装起来的一个软件部件，是经过调试可以直接使用的程序单位。许多对象都是可视的。程序设计人员只需要利用开发环境提供的工具，根据设计要求，将一些对象组装（"画出来"）到正在设计的程序界面窗口中（如例 1-1 中组装的对象有四个命令按钮对象、一个标签对象，而窗体则是作为程序界面的容器对象）。程序员编写程序代码时，一般只要在一些对象的事件过程中填写所需要的代码，如本例中只要对四个命令按钮对象的单击事件（Command1_Click()等四个事件）填写代码即可，写的语句虽然不多，但程序可以实现简单的动画效果，程序设计效率大大提高（如果在 DOS 环境下用字符界面语言写程序，要实现一个图形动画功能，不写一大堆代码是做不到的）。

2．事件驱动的编程机制

事件驱动是非常适合图形用户界面的编程方式。传统的编程是一种面向过程的方式，按程序事先设计的流程运行。在图形用户界面的应用程序中，用户的动作（即事件）掌握着程序的运行流向，如单击"左移"按钮可控制标签向左移动，单击"右移"按钮则可控制标签向右移动等。每个事件都能驱动一段程序的运行，程序员只要编写响应用户动作的代码，各个动作之间不一定有联系。这样的应用程序代码简短，既易于编写又易于维护。

3．提供了易学易用的应用程序集成开发环境

在 Visual Basic 集成开发环境中，用户可以做下面所有的事情：设计界面、编写代码、调试程序、编译源程序为可执行程序，以及制作应用程序用户安装盘，以便安装到其他没有安装 Visual Basic 的 Windows 机器上运行程序。所谓"集成"二字的含义就是将上述一切功能整合到一个环境中。

4．结构化的程序设计语言

Visual Basic 的对象、事件过程，还有今后会学习到的内部函数、自定义过程、模块等，都是一些独立的程序部件。设计程序就如同制造机器，只要设计程序部件，使用现成的程序部件，并组装这些程序部件。由于各个部件之间相互独立、功能完整，所以易于分开维护，整个程序分块明确、结构清晰、易于掌握。

Visual Basic 除了具有上述主要功能特点以外，还具有许多其他的特点，例如支持强大的数据库应用，使用 ActiveX 技术，网络功能开发，多种应用程序设计向导和完备的联机帮助功能。

1.2　Visual Basic 集成开发环境

安装和启动 Visual Basic 与安装和启动其他应用程序的方法类似，此处就不详细介绍了。Visual Basic 将一个应用程序称为一个工程。在启动 Visual Basic 的过程中，会看到一个对话框，如图 1-3 所示。

图 1-3　Visual Basic 的启动对话框

该对话框有三个选项卡："新建"、"现存"和"最新"。"新建"代表完全从头开始建立一个新的工程（程序）；"现存"表示打开一个现有的工程（程序）；"最新"表示打开一个最近所编写并存盘的工程（程序）。在"新建"选项卡中有多种程序类型选择，一般选择"标准 EXE"类型。在其他两个选项卡中则会出现"打开"程序的对话框，要求选择要打开的程序文件名，最后都是单击"打开"按钮进入 Visual Basic 的集成开发环境（IDE）界面，如图 1-4 所示。

1.2.1　常规组成部分

Visual Basic 6.0 的程序与其他 Windows 应用程序一样，具有标题栏、菜单栏、工具栏等常规组成部分。

标题栏的内容就是应用程序工程的名称加上"Microsoft Visual Basic [设计]"字样内容。

菜单栏提供了编辑、设计和调试 Visual Basic 应用程序所需要的菜单命令。

工具栏是一些菜单命令的快捷按钮。

这些常规部分就如同 Microsoft Word 等程序一样，是 Windows 程序都有的必要组成部分。

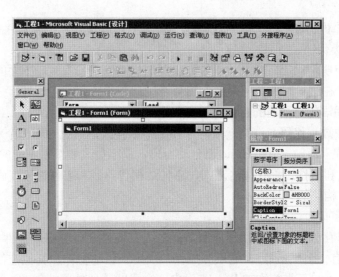

图 1-4　Visual Basic 的集成开发环境（IDE）界面

1.2.2　Visual Basic 6.0 特有组成部分

1. 窗体设计窗口

窗体设计窗口是图 1-4 中间最前面标题栏为 Form1 的窗口，是要设计的应用程序界面。用户通过更改该窗体窗口的一些属性，添加一些其他控件对象到窗体窗口上并设计好各控件的属性，就基本上"画出"了应用程序的界面。以后运行应用程序时，用户看到的界面就是这个设计好的窗体，并通过其中的对象与程序进行交互对话，得到交互结果。每个窗体必须有一个唯一的名字，建立窗口时 Visual Basic 默认给窗体取名为 Form1、Form2、Form3 等。

除了一般的窗体外，还有一种 MDI（multiple document interface）多文档窗口，它可以包含子窗体，每个子窗体都是独立的。

2. 代码窗口

代码窗口就是图 1-4 中间部分窗体后面标题栏为"工程 1-Form1（Code）"的窗口，通过选择"视图"|"代码窗口"命令，就可将代码窗口置于前面（同时将窗体窗口置于后面）。代码窗口就是用来输入程序代码的地方，显示当前窗体中的程序代码，并可对代码进行编辑修改。

要打开代码窗口有以下三种方法：

- 选择"视图"|"代码窗口"命令。
- 双击一个控件或窗体本身，从窗体窗口中打开代码窗口。
- 从工程窗口中选择一个窗体或标准模块，并单击"查看代码"按钮。

代码窗口左边的下拉列表框是对象下拉列表框。单击该下拉列表框会弹出下拉列表，列表中列出的项目有"（通用）"、当前窗体的类名 Form、所有控件名称。无论窗体的名称改为什么，这里显示的都是固定的当前窗体类名 Form。

代码窗口右边的下拉列表框是过程下拉列表框。单击该下拉列表框会弹出下拉列表，列表中列出所选对象的所有事件名。当左边下拉列表框选定的项目是"（通用）"时，右边下拉列表框中列出的就是"（声明）"。

下拉列表框下方的空白区就是代码区。在其中可以输入和编辑程序语句代码。Visual Basic 有以下两类代码：

- "通用声明"代码。即左边下拉列表框选择"（通用）"时，下面的代码区称为通用代码区，在这里写的代码对整个窗体范围起作用。通常在这里写一些窗体级通用变量的声明语句、通用的自定义过程代码。
- 对象事件过程代码。选择一个对象和一个事件，下面就对应一个对象的事件过程，过程的首末两句 Visual Basic 已自动给出，程序员只要填写中间的操作性语句。

通用代码区和事件过程代码区之间、事件过程代码区和事件过程代码区之间都用横线分隔，这样使结构化的分块清晰。

3．工具箱窗口

工具箱窗口存放了建立应用程序所需要的内部控件（也称标准控件）。内部控件共有 20 个，另外还有一个"指针"，它不算控件，仅用于移动窗体和其他控件，以及调整它们的大小。用户还可向工具箱添加 Windows 中已注册的其他外部控件。

工具箱窗口中显示的控件只是代表各控件的类，是各类控件的模板。利用工具箱提供的控件类，用户可以很方便地在程序窗体上画出一个具体控件（即控件的实例）。

单击工具箱窗口的关闭按钮（"×"按钮），可以隐藏工具箱窗口；选择"视图"|"工具箱"命令，可以重新显示工具箱窗口。

4．工程资源管理器窗口

用树状的层次管理方法来显示与工程有关的所有文件和对象的清单。该窗口有三个按钮，自左至右分别为"查看代码"、"查看对象"和"切换文件夹"按钮，其功能如下：

- "查看代码"：显示代码窗口。
- "查看对象"：显示程序的窗体窗口。
- "切换文件夹"：以文件夹形式或不以文件夹形式显示当前工程的所有文件。

5．属性窗口

通常在工程资源管理器窗口下面，由一个下拉列表框和一个两栏的表格组成。下拉列表框中列出当前工程的所有控件对象（包括窗体）的名称和所属的类别名（类名）。下面的两栏表格列出了所选对象的所有属性名、属性值。编程人员可以对对象的某些属性值进行修改。

如果属性窗口不见了，可以选择"视图"|"属性窗口"命令以显示它。

6．其他窗口

立即窗口在调试程序时使用，在运行程序时才有效。用户可直接在该窗口利用 Print 方法或直接在程序中用 Debug.Print 语句显示所关心的表达式值。

窗体布局窗口用于指定程序运行时的初始位置。

1.3　对象与事件驱动编程机制

1.3.1　类和对象的概念

Visual Basic 支持面向对象的编程，所以有必要先了解面向对象编程的一些基本概念。

为此，本节内容谈论较多的是理论问题，但深刻领会这些概念，对于以后编程是有很大帮助的。

1．对象

对象在日常生活中的概念可以指任何一个具体的实物，如一个人、一个动物、一辆车等。对象是具有某些特性的具体事物的抽象，每个对象都有描述自己特征的属性（如"人"作为对象有身高、体重、肤色等属性），还有附属于它的行为（如"人"作为对象的行为有走路、思考、开车等），以及可能发生的一切活动（即事件）。

2．类

类是同种对象的集合与抽象（如所有"人"对象构成一个类——人类，所有动物对象构成另一个类——动物类等）。

3．类和对象的关系

类是创建对象实例的模板，而对象是类的一个实例。先有人类这个类，才能创造某个具体的人。人类是每个具体人（对象）的模板，而某个具体人则是人类的一个实例。

4．对象的三要素

在面向对象程序设计中也借助自然界对象的概念来表示一个具体的程序部件，这时，对象是一个将数据和处理该数据的过程（函数和子程序）打包在一起的一个程序部件。在Visual Basic 中，所有窗体和控件都是对象。程序设计中讲的这些对象也具有描述其特征的属性，反映其动作的行为（称为方法），还有在一定条件下发生的事件，即属性、方法、事件构成一个对象的三要素。

1.3.2　Visual Basic 对象的基本操作

1．控件对象的建立

建立一个对象是指在程序窗体中添加一个对象（或习惯称画出一个对象），有以下两种方法：

（1）单击工具箱中一个对象类，出现十字形鼠标指针，用该指针在窗体上拖动鼠标即可画出一个控件对象。

（2）双击工具箱中一个对象类，即可加入一个该类控件对象。

2．控件对象的命名

任何控件对象都具有一个最基本的属性，即"名称"属性；"名称"属性的值就是该对象的名称。对象名称是用来标识各控件对象的，以供在程序代码中指代对象、称呼对象时使用。就好比"人"这个对象，都要有个名字，这样在交往中才便于指认他、称呼他。

要给控件对象命名（即起名字），只需在属性窗口中给"名称"属性设定一个值，这个属性值应是一个合法的标识符字符串。其实 Visual Basic 已经给程序的每个控件对象都取了默认的名称，如例 1-1 的命令按钮就分别取了这样的名称：Command1，Command2，Command3，Command4，标签取名为 Label1，窗体取名为 Form1，即 Visual Basic 对同类控件的默认命名方式是采用固定的单词加上一个不同的数字。可以使用 Visual Basic 给对象取的默认名，但为了增加程序可读性，最好自己给控件另取一个有意义的名字，以便于在程序中更好地理解、记忆这个名字所代表的对象是什么。

注意：在同一个程序中，每个对象的名称必须不同。

3．控件对象的选定

单击一个对象可选定一个对象，这时该对象周围会出现 8 个方向的控制柄（即 8 个小方块点）。如果要同时选定多个对象，有两种方法：

- 单击并拖动鼠标，将欲选定对象包含在一个虚框内既可。
- 先选定一个对象，按 Ctrl 键，再单击其他要选定的对象。

4．控件对象的复制和删除

复制对象时，选定要复制的对象，单击工具栏的"复制"按钮或选择"编辑"|"复制"命令，再选择"粘贴"命令（或单击工具栏的"粘贴"按钮）。这时会出现一个对话框询问是否建立控件数组，单击"否"按钮，于是就复制出一个大小、标题相同，但名称不同的对象。

注意：初学者采用"复制"办法添加同类新控件时要小心，一旦不小心单击了"是"按钮，会出现控件数组，造成后面编写的事件过程出现问题。

删除对象时，选中要删除的对象，然后按 Del 键或 Delete 键。

1.3.3 事件驱动编程机制

开发 Visual Basic 程序时涉及两种状态，即设计时和运行时。设计时是指编写 Visual Basic 代码并利用属性窗口给控件指定属性值的阶段；运行时是指启动程序运行的阶段。在运行时若程序有错误将会暂停执行其他语句并给出错误提示，但仍然是处在运行时状态。要修改程序错误必须先结束程序运行时状态，回到设计时状态进行修改。

1．使用对象的属性

属性（Property）是反映对象特征的数据。

使用对象的属性有两种含义：一是给对象的某个属性设置值，二是引用对象某个属性的值。

给对象属性设置值有两种方式，一种是在程序设计时在属性窗口设置属性值；另一种方式是通过在代码中写属性赋值语句，一旦程序运行后执行到该语句时就会给对象的属性赋予一个预定的值。这种给对象属性赋值的语句格式如下：

```
[对象名.]属性名 = 属性值
```

对象名在一定场合下可省略不写，如在第 3 章将学到的 With 结构中，就可省略对象名。还有当前对象的名称也可省略。在例 1-1 中给标签颜色属性赋值的语句，就是这种给对象属性赋值的语句例子。

引用对象的属性值是指在代码中将对象的当前属性值作为已知值使用，这时对象的属性值可以出现在一个赋值语句右边、一个输出列表中或一个表达式中。出现在表达式中时，属性值相当于一个参与运算的普通数值。所以对象属性值的语法功能就跟一个具体数值相当。下面是引用 Label1 标签控件标题属性（Caption 属性）和高度属性（Height 属性）的例句：

```
Label2.Caption = Label1.Caption '把 Label1 的标签属性赋给 Label2 的标签属性
Print Label1.Height '将 Label1 的高度属性值打印出来
```

以上说明，在语句中使用对象的属性，表示对象属性的形式为：

[对象名.]属性名

2．使用对象的方法

方法（Method）是描述对象行为的过程。

使用对象方法的一般语法格式为：

[对象名.]方法名 [参数列表]

可见对象方法的使用格式与属性相似，都是对象名和方法名之间加点。不同的是方法的使用多数都带有参数。方法实际上是附属于对象的一段程序过程，使用方法就是调用这段程序过程。对于当前对象，可以省略对象名，或使用 Me 关键词代替当前对象名。

例如，在窗体 Form1 中打印标签 Label1 的标题内容，语句为 Print Label1.Caption。

这里，Print 是方法名（代表输出）；执行方法的对象是窗体（属于当前对象），当前对象的名字 Form1 可以省略；Label1.Caption 就是参数，也是 Print 方法要输出的内容。

3．使用对象的事件

事件（Event）是指窗体或控件能识别的活动，通俗讲就是指当前发生的事情。事件发生在用户与应用程序交互时。如单击控件、键盘输入、移动鼠标等，都是一些事件。也有部分事件由系统产生，不需要用户激发，如计时器事件、程序启动时窗体加载事件等。

Visual Basic 为每个对象（包括窗体）预定义了若干事件，这些事件就是对象能识别的。如对于窗体，定义了装载事件即 Form_Load()、单击事件即 Form_Click()等；又如对命令按钮，定义了单击事件 Click()、获得焦点事件 GotFocus()等。Visual Basic 到底给某类对象定义了多少事件，可以在程序代码窗口右上边的下拉列表框里看到，那里就列举了选定对象能产生的所有事件。在事件框的左边是对象框，当在对象框里选定对象后再在事件框里选定感兴趣的事件，系统就会自动生成一个约定名称的子程序，该子程序就是处理该事件的程序。在生成的子程序里添加代码就是编程人员要做的事。如系统可能会生成以下一些名称的事件处理子程序，其事件处理子程序的功能也分别列在它们的右边。

- Form_Load()：处理当窗体加载时应做何响应。
- xxx_Click()：处理当用户在名为 xxx 的对象上单击时应做何响应。
- Form_Paint()：处理当窗体由于要重画时应做何响应。
- xxx_Timer()：处理当名为 xxx 的定时器对象的定时间隔到时间时，应做何响应。
- Form_MouseDown(Button As Integer,Shift As Integer,X As Single,Y As Single)：处理当用户在窗体上按下鼠标任何一键时应做何响应。参数 Button 为 1 表示按下左键，2 为右键；Shift 参数值表示是否还同时按了键盘的特定控制键；参数 X 与 Y 表示按下鼠标键时鼠标指针所在位置坐标。
- xxxx_Change()：处理当名为 xxxx 的文本框之内容发生变化时系统应做何响应。
- Form_MouseMove（参数）：处理当鼠标指针在窗体上移动时应做何响应。参数含义与 MouseDown 事件相同。

其他事件处理子程序就不再一一列举了。注意，事件处理子程序的名称构成是这样的：

Form对象的事件处理子程序命名为"Form_事件名"，如 Form_Load，Form_Paint 等；其他控件的事件处理子程序命名为"控件名_事件名"，如 Text1_Change，Timer1_Timer 等。如果修改了控件名，与其相关的事件处理子程序名称也相应地要变化，当然 Form 对象例外。这也证明了 Form 的特殊性，因为它是其他控件的载体。

使用对象的事件，就是给对象的上述某些事件处理子程序填写语句代码。对于任何具体应用，一般只关心其中的部分事件，因此只要填写这些所关心事件的处理代码，而对于那些不感兴趣的事件可以不填写事件的处理代码。

4. 事件驱动程序的机制

当程序是采用事件驱动的机制时，称为事件驱动程序，以区别于基于过程的程序。事件驱动程序的机制有如下几个要点：应用程序基于对象组成；每个对象都有预先定义的事件；每个事件的发生都依赖于一定的条件（即用户的驱动等）；每个事件发生后系统该做何响应则取决于用户给该事件过程编写了什么代码，即由用户控制事件的发生，代码做出响应，是事件驱动程序的核心机制。

与传统过程程序设计比较，过程程序的运行流程起始于代码的第一行，并按照预先写好的整个代码，遵循从前到后的基本顺序执行各个语句（除非中途有选择、循环，则按固定的选择、循环路径执行），流程完全取决于代码。而事件驱动程序的执行流程不仅与预先写好的代码有关，更主要的是掌握在用户的控制中，即取决于用户发出什么动作。事件驱动程序设计机制是图形用户界面的本质。

例 1-2 启动 Visual Basic 建立一个标准 EXE 工程，将窗体名称改为 frmTime。在窗体上添加三个命令按钮，将它们的名称属性分别改为 cmdRed，cmdBlue，cmdExit。Caption 属性分别设置为"红色"、"蓝色"、"退出"字符。再添加一个标签按钮，不修改其名称。四个控件的字体统一设置为宋体、粗体、四号。利用 Visual Basic 的 Time 函数获取当前系统时间，并将时间的值在标签中显示。要求程序一启动标签中就显示当前的时间，且单击 cmdRed 按钮标签字体变红色、时间也相应改变，单击 cmdBlue 按钮程序无任何反应，单击 cmdExit 按钮程序退出运行。

设计步骤如下：

（1）添加控件。分别从工具箱单击命令按钮，并画出三个按钮，同样地画出一个标签按钮，大小位置拖到合适为止。

（2）设置属性。按题意在属性窗口分别对窗体、按钮、标签的名称属性和 Caption 属性的值进行设定，再全部选定所有控件，单击属性窗口的 Font 属性对应单元格的省略号，弹出"字体"设置对话框，对四个对象的公共字体属性指定同样的属性：宋体、粗体、四号。

此时，程序设计时的界面将如图 1-5 所示。

（3）编写代码。双击窗体进入 Form_Load()事件处理过程代码区，填写语句 Label1.caption=Time。再在代码窗口依次选定 cmdRed_Click()事件、cmdExit_Click()事件，在 cmdRed_Click()事件过程中填写语句 Label1.ForeColor=vbRed 和 Label1.caption=Time。在 cmdExit_Click()事件过程中填写语句 End。对 cmdBlue_Click()事件过程不填任何代码。

程序代码如下：

```
Private Sub Form_Load()            '窗体加载事件发生时的响应代码
    Label1.Caption = Time          'Time 函数的时间值赋给标签的标题属性
End Sub
Private Sub cmdRed_Click()         '"红色"按钮被单击时的响应代码
    Label1.ForeColor = vbRed       '给标签的前景颜色属性赋红色属性值
    Label1.Caption = Time          'Time 函数的时间值赋给标签的标题属性
End Sub
Private Sub cmdExit_Click()        '"退出"按钮被单击时的响应代码
    End                            'End 是退出程序的语句
End Sub
```

运行时，程序窗口的界面如图 1-6 所示。

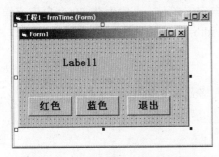

图 1-5　例 1-2 程序设计时的界面

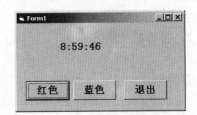

图 1-6　例 1-2 程序运行时的界面

当用户单击"红色"字样按钮时，标签的字体颜色变红，时间也相应改为当时的时间。单击"蓝色"字样按钮时，程序无任何反应（因为没有给该事件过程写任何代码，所以该事件处理过程中无任何代码可以执行，也就对该单击事件没有响应）。单击"退出"字样按钮时，程序退出运行，回到设计时状态。

1.4　常见 Visual Basic 对象及其属性、方法和事件

为了后面学习的需要，提前先介绍几个最常用的 Visual Basic 控件对象，以及它们的常用属性、方法和事件。关于标准控件的详细介绍见第 5 章。

1.4.1　窗体对象及其属性、方法、事件

窗体是一个特殊的控件对象，是其他控件的容器（或称为载体）。

1. 窗体的常用属性

名称属性是窗体对象的名字，以便在程序中引用、称呼它时使用。它只能在设计时赋值，即在属性窗口中定义。对于任何一个可以在属性窗口设置其属性的对象必须设置该属性的值，这也是任何对象都有的属性，Visual Basic 自动为每一个对象给定一个默认值。

Caption 属性的值为字符类型，是窗体的标题栏内容。

BorderStyle 属性用于设置窗体的边框式样。可取值为 0～5 的整数，其中最常用的值

有两个。

- 2（Sizable）：可修改窗体的尺寸普通窗体。
- 3（FixedDialog）：不能修改窗体尺寸的对话框形式。

Top，Left，Width，Height 属性中，Top 和 Left 分别表示该窗体在父窗体或屏幕的位置坐标（Top 是纵方向坐标值，最上边是原点 0，向下增加；Left 是横方向坐标值，最左边是原点值 0，向右为增加）。Width 和 Height 分别表示该窗体的大小（Width 是宽度，Height 是高度），默认单位是缇。

ScaleLeft、ScaleTop 及 ScaleWidth、ScaleHeight 属性分别表示窗体左上角点的水平坐标、垂直坐标及有效工作区宽度、高度的自定义单位数；它们共同用于设定窗体有效区的坐标系统。与 Left、Top 及 Width、Height 属性是不同的，改变 ScaleLeft、ScaleTop 与 ScaleWidth、ScaleHeight 的值并非真正改变对象的位置和尺寸，比如，若对窗体设置以下值：ScaleLeft=20,ScaleTop=10,ScaleWidth=100, ScaleHeight=50；则仅仅表示将窗体左上角坐标看作（20,10），对象有效区的宽度看作 100 个自定义单位，高度看作 50 个自定义单位；因此坐标（70,35）对应窗体的中心点。而 ScaleWidth=200 则将窗体的实际宽度看作 200 个自定义单位。

2．窗体的常用方法

Print 方法用于在窗体上打印字符、数值。详细格式参见第 3 章。

基本格式：

```
[窗体名称.]Print 要打印的内容
```

如 Form1. Print "欢迎来到" ;602;"机房"。该语句打印了两个字符串："欢迎来到"和"机房"，还打印了一个数值 602。

Cls 方法用于清除窗体上用 Print 方法打印的字符和数值（清屏方法）。

一般格式：

```
[窗体名称.]Cls
```

如 Form1.Cls（Form1 清屏），Me.Cls（当前窗体清屏）。

3．窗体的常用事件

Load 事件在窗体加载到内存时发生。该事件处理过程框架形式为：

```
Private Sub Form_Load()
    ...'加载窗体时要执行的语句，常把初始化代码放在此处
End Sub
```

Resize 事件在窗体改变其尺寸时发生。该事件处理过程框架形式为：

```
Private Sub Form_Resize()
    ... '常在此处写修改其他控件尺寸的语句
End Sub
```

1.4.2 按钮对象及其属性、方法、事件

按钮的类名为 CommandButton，可以用按钮实现开始、中断或者结束一个过程。

1．按钮的常用属性

名称属性是按钮的名字。

Caption 属性是按钮的标题内容，表示按钮所显示的内容。例如 Command1.Caption = "OK" 将 Command1 按钮的表面显示内容设置成 OK 字样。

Left、Top 和 Width、Height 属性中，（Left，Top）描述按钮相对于其容器窗体的坐标位置，（Width，Heigh）描述按钮的大小（宽度、高度）。其意义如图 1-7 所示。

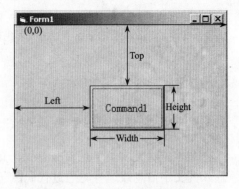

图 1-7　控件位置、大小属性示意

Font 系列属性用于决定按钮表面文字的字符格式。在属性窗口中单击 Font 属性旁边的省略号，会弹出"字体"对话框，在该对话框中指定各系列属性的值。也可以用程序语句设置该系列属性，即设计下列子属性的值。

- FontName（字体）：值为字符型。例如可以指定为"宋体"、"黑体"、"隶书"之类的名称。
- FontSize（字号）：值为整数。值越大，字越大。
- FontBold（是否加粗）：值为逻辑型。设定值为 True 时，加粗；为 False 时不加粗。
- FontItalic（是否倾斜）：值为逻辑型。设定值为 True 时，倾斜；为 False 时不倾斜。
- FontStrikethru（是否加删除线）：值为逻辑型。设定值为 True 时，加删除线；为 False 时不加删除线。
- FontUnderline（是否加下划线）：值为逻辑型。设定值为 True 时，加下划线；为 False 时不加下划线。

Forecolor 属性表示前景颜色，即标题文字的颜色。可以设定为某种颜色值。表示颜色的方式有好几种：系统常量（如 vbRed，vbBlue 等）、调色板函数 RGB（红，绿，蓝）、QBColor 函数、十六进制整数。

Visible 属性指示对象的可见性。值为逻辑型。设定值为 True 时，对象可见；设定值为 False 时对象不可见。

2．按钮的常用方法

SetFocus 方法用于将焦点移至指定的按钮，使指定的按钮被选中（被激活、获得焦点）。语法格式：

```
object.SetFocus
```

这里，object 所在处应换成具体按钮对象的名称。SetFocus 方法也可用于其他的可视窗体或控件对象。

提示：不能用该方法把焦点移到 Enabled 属性被设置为 False 的窗体或控件上。如果已在设计时将 Enabled 属性设置为 False，必须在使用 SetFocus 方法之前，先将对象的 Enabled 属性设置为 True，才能使其接收焦点。

3．按钮的常用事件

Click( )事件在单击按钮时发生。其事件处理过程的形式如下：

```
Private Sub CommandX_Click( )  'CommandX 位置处是按钮的名字
    ...'此处写响应该事件的处理代码
End Sub
```

注意：命令按钮没有双击事件。

1.4.3 文本框对象及其属性、方法、事件

文本框对象的类名是 TextBox，文本框控件有时也称为文字编辑控件，它显示设计时输入的文字信息或运行时通过代码赋予的文字信息。

1．文本框的常用属性

名称属性为字符类型的值，是文本框的名字。

Text 属性为字符类型的值，是文本框内显示的文字内容。

Left、Top 和 Width、Height 属性的含义同按钮对象。

Font 系列属性：同按钮对象。

Forecolor 属性：同按钮对象。

Visible 属性：同按钮对象。

MultiLine 属性的值只能取逻辑值（True 或 False 两个），该属性的作用是决定文本框能否显示多行文本（默认值是 False，不能显示多行文字）。为了在 TextBox 控件中能显示多行文本，需要将 MultiLine 属性设置为 True。如果多行 TextBox 没有水平滚动条，那么即使 TextBox 调整了大小，文本也会自动换行。为了在 TextBox 上定制滚动条组合，需要设置 ScrollBars 属性。

ScrollBars 属性的作用是决定文本框中是否有滚动条。可以取值 0、1、2 和 3，意义分别如下：

- 0（None）：（默认值）无滚动条。
- 1（Horizontal）：仅有水平滚动条。
- 2（Vertical）：仅有垂直滚动条。
- 3（Both）：有两种滚动条。

说明：TextBox 控件的 ScrollBars 属性设置为 1（水平）、2（垂直）或 3（两种）时，必须将 MultiLine 属性设置为 True，滚动条才会出现。

Alignment 属性的作用是决定文本框中文字的对齐方式。可以取值 0、1 和 2，意义分别如下：

- 0（Left Justify）：（默认值）文本左对齐。
- 1（Right Justify）：文本右对齐。
- 2（Center）：文本居中。

只有将 MultiLine 属性设置为 True，才可以在 TextBox 内用 Alignment 属性设置文本的对齐方式。如果 MultiLine 属性是 False，则 Alignment 属性不起作用。

PasswordChar 属性返回或设置一个值，该值指示所键入的字符或占位符在 TextBox 控件中是否要显示出来；返回或设置用于占位符。

语法格式：

```
Object.PasswordChar [ = value]
```

其中，**Object** 为对象表达式，在这里是文本框的名称。**Value** 为一个指定占位符的字符串表达式。

为了在对话框中创建一个密码输入文本框，应该使用 PasswordChar 属性。虽然能够使用任何字符，但是大多数基于 Windows 的应用程序使用星号(*)，即 Chr(42)（Chr(42)代表 ASCII 码为 42 的字符）。此属性不影响 Text 属性，Text 属性准确地包括所键入或在代码中设置的内容。将 PasswordChar 设置成长度为 0 的字符串("")（默认值），将显示实际的文本。能够将任意字符串赋予此属性，但只有第一个字符是有效的，所有其他的字符将被忽略。

注意：如果 MultiLine 属性被设为 True，那么 PasswordChar 属性将不显示效果。

2．文本框的常用方法

SetFocus 方法用于将焦点移至文本框（也就是使插入点进入文本框以便接收输入信息）。语法格式：

```
object.SetFocus
```

其中 object 代表文本框对象的名称。

3．文本框的常用事件

GotFocus()事件在文本框获得焦点时产生。获得焦点可以通过诸如按 Tab 键切换，或单击对象之类的用户动作，或在代码中用 SetFocus 方法改变焦点来实现。

其事件处理过程的形式如下：

```
Private Sub TextName_GotFocus( ) 'TextName 应换成具体文本框的名称
    ... '这里填写获得焦点时想执行的语句
End Sub
```

Change( )事件在改变文本框的内容时发生。当一个 DDE（Dynamic Data Exchange，动态数据交换）链接更新数据、用户改变正文或通过代码改变 Text 属性的设置时，该事件都会发生。

其事件处理过程的形式如下：

```
Private Sub TextName_Change() 'TextName 应换成具体文本框的名称
    ... '此处写文本框内容发生变化时应执行的语句
End Sub
```

若在此事件处理过程中填写这样的语句：TextName.Text="请不要改变这里的内容"，则当试图改变名为 TextName 的文本框内容时，它的内容会立即变成"请不要改变这里的内容"文字。因此，该文本框的内容将不能被更改，始终维持为"请不要改变这里的内容"。

1.4.4 标签对象及其属性、方法、事件

1. 标签的常用属性

标签的常用属性有名称属性、Caption 属性、Left 和 Top 属性、Width 和 Height 属性、Forecolor 属性以及 Visible 属性。这些属性的含义与前面介绍的控件的属性相同。

2. 标签的常用方法

Move 方法用于移动对象的位置（并可在移动位置时改变对象的大小），适用于可视对象。使用格式如下：

```
[Object.]Move Left [, Top, Width, Height]
```

Move 方法的语法包含下列部分：

- Object：可选的。一个对象表达式，其值在这里代表标签的名称。
- Left：必需的。单精度值，指示 Object 左边的水平坐标（x-轴）。
- Top：可选的。单精度值，指示 Object 顶边的垂直坐标（y-轴）。
- Width：可选的。单精度值，指示 Object 新的宽度。
- Height：可选的。单精度值，指示 Object 新的高度。

只有 Left 参数是必需的。但是要指定任何其他的参数，必须先指定出现在语句中这些参数前面的全部参数。例如，如果不先指定 Left 和 Top 参数，就无法指定 Width 参数。

移动 Form 对象或 PictureBox 中的控件（或多文档窗体中的子窗体）时，可使用该容器窗体的坐标系统。任何容器对象的默认坐标系统都是以其左上角点为坐标原点（0,0），向右为横轴正方向，向下为纵轴正方向。这种默认的坐标系统方式也可自行更改，一是在设计时用 ScaleMode 属性设置更改，也可在运行时使用 Scale 方法更改该坐标系统（具体方法可参考联机帮助系统）。

3. 标签的常用事件

Click( )事件在单击标签时发生。

其事件处理过程的形式如下：

```
Private Sub LabelName_Click() 'LabelName 应换成具体标签的名称
    ... '此处写标签被单击时应执行的语句
End Sub
```

1.4.5 标准控件的默认属性与常见的公共属性

1. 标准控件的默认属性

一个控件可能有许多属性，但其中有一个最常用的属性，称为该对象的默认属性。常见对象的默认属性如表 1-1 所示，按工具箱中控件次序排列（指针和 OLE（Object Linking and Embedding，对象链接与嵌入技术）不计入）。

表 1-1 常见对象的默认属性

控件	默认属性	控件	默认属性	控件	默认属性
图片框	Picture	组合框	Text	文件列表框	FileName
标签	Caption	列表框	Text	形状	Shape
文本框	Text	水平滚动条	Value	线条	Visible
框架	Caption	垂直滚动条	Value	图像框	Picture
命令按钮	Value	计时器	Enabled	数据	Caption
复选框	Value	驱动器列表框	Drive		
单选按钮	Value	目录列表框	Path		

对象的默认属性在使用时有一点特殊的方便性，可以省略该属性名。比如给文本框 Text1 的默认属性 Text 赋值，就有以下两种写法：

```
Text1.Text="Hello"
Text1 = "Hello"    '默认属性名 Text 可以省略
```

2．常见的公共属性

有一些属性是许多控件都具有的，而有的属性只有某个对象特有。对于一些多数控件都有的公共性属性，熟悉它们很有好处。下面列举一些常见的公共性属性（有些属性的含义可参考前面已介绍控件中的叙述）。

- 名称（Name）：每个控件都有。值为字符型，代表控件的名字。
- Visible：有界面的对象都有。值为逻辑型（True 或 False），决定对象可见否。
- Caption：多数控件有。值为字符型，决定控件上显示的文字内容。
- Left、Top 和 Width、Height：有界面的对象都有。值为整型数，分别决定对象的坐标位置，尺寸大小。
- Enabled：值为逻辑型（True 或 False），决定对象是否有效（或是否起作用、可操作）。
- Font 系列属性（字符格式属性）：包括 FontName（字体类名，字符型）、FontSize（字号大小，数值型）、FontBold（是否加粗，逻辑型）、FontItalic（是否倾斜，逻辑型）、FontStrikethru（是否加删除线，逻辑型）和 FontUnderline（是否加下划线，逻辑型）。
- ForeColor：前景色（即控件正文颜色）属性，值可以有三种设置方法：一是设置一个十六进制数；二是使用 Qbcolor 函数；三是使用 RGB 函数（用法可参考附录）。
- BackColor：背景色（即控件正文以外的颜色）属性。用法同 ForeColor。
- BackStyle：设置背景风格。可取值 0 或 1，0（Transparent）表示透明显示，控件后面别的控件可见；1（Opaque）表示不透明显示，控件后面别的控件不可见。
- BorderStyle：边框风格。可取值 0 或 1，0（None）表示控件周围无边框线；1（Fixed Single）表示控件周围有单线边框。
- MousePointer：设置对象上显示的鼠标指针图案类型，设置值可取 0～15 中整数（有 15 种系统类型），也可设为 99，然后再通过 MouseIcon 属性自定义鼠标指针类型。
- MouseIcon：设置自定义鼠标指针图标类型，取值为图形文件（.ico 或.cur），Visual Basic 安装目录的 Graphics 子目录下有许多图标文件。该属性必须在 MousePointer

设为 99 时才可用。

- AutoSize：决定控件大小能否根据内部的内容自动改变大小。取逻辑值 True 可以自动改变大小，False 不能自动改变大小。
- AutoRedraw：决定控件上用 Print 方法打印的内容能否自动重画。取逻辑值 True 可以自动重画，False 不能自动重画。一般默认值是 False（不能自动重画），这时若控件的大小发生变化（如窗体最小化后又最大化），则原来打印的内容将消失。将 AutoRedraw 设为 True，则原来打印的内容就不会消失（可以自动重画）。

1.5　可视化编程的基本步骤

通过前面介绍的两个程序例题，能够领会一些 Visual Basic 编程的步骤。本节力图对 Visual Basic 程序设计的详细步骤做一个系统的总结。虽然目前学到的 Visual Basic 语言知识有限，只能编写简单的程序，但只要掌握了这些详细步骤（也就是套路），要想编写更复杂的程序，只要今后逐步学习一些新的 Visual Basic 语言知识即可。

1.5.1　新建工程

启动 Visual Basic 时，Visual Basic 会提示新建一个什么类型的新工程或打开一个已有工程。进入 Visual Basic 集成开发环境后，也可通过选择"文件"|"新建工程"命令来新建一个工程，这时会先出现一个对话框，确认是否保存原来工程的文件内容，然后才出现另一个对话框，选择新工程的类型。新工程的类型通常选择"标准 EXE"类型。

接着 Visual Basic 就会将新工程的模板自动建好，即窗体已经有了。余下的工作就是要根据程序所要实现的功能，由用户添加相关的控件，设置相关的属性，编写相关的程序代码。下面以一个实例来说明设计一个程序的全过程。

例 1-3　在窗体上有一个图片框控件和一个命令按钮。命令按钮置于窗体右下角，表面字样为"移动图片"，字符格式为"宋体"、"粗体"、"四号"。图片框的左上角点相对于窗体的坐标为（300，200），尺寸是 800×600，在窗体加载过程中给图片框装入一幅图像（图形文件名 CLOUDS.BMP）。运行时鼠标指针移到图片框时变成手形图标指针，且每单击一下图片框，就在图片框上打印出单击的总次数。而单击按钮时将图片框移到中心点与窗体工作区的中心点重合的位置。

1.5.2　添加控件

双击工具箱的图片框控件，加入图片框控件到窗体。单击工具箱的按钮控件，出现十字指针，在窗体上拖动鼠标画出命令按钮。

1.5.3　设置属性

设置图片框属性。依题意，选定图片框，在属性窗口分别找到下列属性：在 Left 属性栏填入值为 300，在 Top 属性栏填入值为 200，在 Width 属性栏填入值为 800，在 Height 属性栏填入值为 600。

设置按钮属性。依题意，将其位置拖动到窗体右下角位置；选定按钮，在其 Caption

属性栏填入值为"移动图片"四个汉字（不含引号）；单击 Font 属性对应栏的省略号，弹出"字体"对话框，分别将字体属性设为"宋体"、"粗体"、"四号"，再单击"确定"按钮回到界面；选定"鼠标"图标，并用鼠标适当拖动按钮周围的控制柄，将其大小调到合适即可。

设置图片框的鼠标指针。选定图片框，将其 MousePointer 属性设为 99，然后在 MouseIcon 属性栏单击"省略号"，弹出打开文件对话框，到 Visual Basic 安装目录的 Graphics 子目录找到手形图标文件，打开它。

这时，程序的界面和控件的属性已初步设置好，也可以试运行看看。单击"运行"菜单下面的"启动"子菜单，启动程序（如果接着要求文件存盘，就按默认窗体文件名 Form1.frm 和默认工程文件名"工程 1.vbp"分别暂时进行保存）。运行后可以发现，一旦鼠标指针移到图片框，就会出现手形指针。但单击图片框或单击按钮时，却没有任何反应，这是因为还没有编写相应单击事件的程序代码。

1.5.4 编写代码

依题意，本题要求对下列三个事件分别做出响应。

- 事件一：程序启动时窗体加载事件（Form_Load）。对事件一要做出的响应是，将图片框中装入一幅图片 CLOUDS.BMP。假设 C 盘根目录下有此图片文件，那么给图片框 Picture1 装入此图片的语句是 Picture1.LoadPicture=("C:\CLOUDS.BMP")。
- 事件二：图片框被单击（Picture1_Click）。对事件二应做出的响应是，打印出一条文字语句，其中包含一个数值也要打印（即累计单击图片框的次数）。为了计数，还得设计一个计数变量，该变量应该在第一次单击图片框时具有数值 1，并且每单击一次之后其值要增加 1，这可以在通用声明区定义一个整数类型的变量 n（语句是 Dim n As Integer），并且在窗体加载时给 n 赋一个初始值 1（n=1）。于是事件二的处理过程中要写的代码就是 Picture1.Print "你已共单击了";n;"次鼠标"，接着写一句 n=n+1，使计数变量值增 1。
- 事件三：命令按钮被单击（Command1_Click）。对事件三应做出的响应是，将图片框进行移动，移到窗体中心位置。用 Move 方法实现，Move 方法中只要给出新位置的坐标即可。因此事件三的处理过程中要写的语句应该是 Picture1.Move Left, Top。依题意，当图片框中心点与窗体工作区（内部区域）中心点重合时，如图 1-8 所示，应该不难计算出 Left 和 Top 的值。

```
Left=(Form1.ScaleWidth-Picture1.Width)/2
Top=(Form1.ScaleHeight-Picture1. Height)/2
```

通过上述分析，于是可写出本题的完整代码：

```
Dim n As Integer                '通用声明区定义一个窗体级变量n
Private Sub Form_Load()         '窗体加载时的响应过程
   Picture1.Picture = LoadPicture("C:\CLOUDS.BMP")
   n = 1
End Sub
```

```
Private Sub Picture1_Click()        '图片框被单击时的响应代码
    Picture1.Print "你已共单击了"; n; "次鼠标"
    n = n + 1
End Sub
Private Sub Command1_Click()    '按钮被单击时的响应代码
    Picture1.Move (Form1.ScaleWidth - Picture1.Width) / 2, _
      (Form1.ScaleHeight - Picture1.Height) / 2
End Sub
```

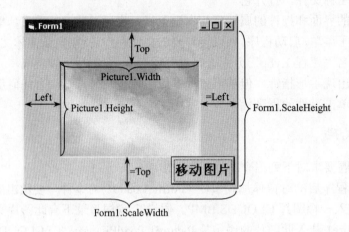

图 1-8   当图片框中心点与窗体中心点重合时

1.5.5 保存工程

在写完上述代码后，正确的习惯应该是先将程序文件保存起来，而不要急于运行程序，以免运行中万一死机将导致未保存的程序代码丢失。一个最简单的程序也必须有下列两个文件要存盘。

- 窗体文件：选择"文件"|"Form1.frm 另存为（**A**）"命令，弹出保存文件对话框，选择一个磁盘目录，取好文件名（如 vb1_3.frm）。窗体文件的扩展名是.frm。
- 工程文件：选择"文件"|"工程另存为（**E**）"命令，弹出保存文件对话框，选择一个磁盘目录，取好文件名（如 vb1_3.vbp）。工程文件的扩展名是.vbp。

1.5.6 运行工程

保存文件后，就可以启动程序试运行。选择"运行"|"启动"命令，或单击工具栏上的启动按钮，就可启动程序。此时，若程序代码编写完全符合 Visual Basic 语法要求，且符合题意要求，那么应该可以看到正确的结果。

1.5.7 修改工程

若在 1.5.6 小节所述的运行工程步骤中出现错误，比如出现 Visual Basic 语法错误（此时将无法继续运行，并出现提示对话框）。或者可能存在设计上的逻辑错误（此时可以运行，但结果不会与题目所期望的一致）。无论存在哪类错误，都要停止运行，进行修改。选择"运

行"|"结束"命令，或单击工具栏上的"结束"按钮，就可结束程序运行，回到设计时状态，并可以修改代码。

修改后记住选择"文件"|"保存"命令或单击工具栏上的"保存"按钮将修改后的文件存盘，然后再启动试运行。

1.5.8 最后保存

直到试运行完全正确无误，再停下来，将文件做最后保存。实际上，只要程序语法上无问题，运行时能通过语法这一关的话，运行的时候 Visual Basic 就已经将当时的文件内容存好盘了。如果不放心，再单击一下"保存"按钮也无妨。

完全正确运行时的界面如图 1-9 所示（图 1-9 中是单击了三次图片框并单击了命令按钮后的情景）。

图 1-9 例 1-3 的运行界面

1.5.9 生成可执行文件

上面在 Visual Basic 集成开发环境中运行程序，是以解释方式运行的，即并没有将整个程序编译为二进制可执行文件，只是对源文件逐句地解释执行（翻译一句、执行一句），这只能在 Visual Basic 集成开发环境中运行。如果要使程序能在没有安装 Visual Basic 的机器上运行（当然，至少安装了 Windows 平台），必须将源程序文件进行编译，得到二进制可执行程序文件（EXE 文件）。编译 EXE 文件的方法如下：

选择"文件"|"生成 vb1_3.exe(K)"命令，然后在对话框中给 EXE 文件取个文件名（就可以使用与工程主文件名相同的默认名称 vb1_3.exe），单击"确定"按钮，Visual Basic 就开始进行编译，很快地就得到了相应的可执行文件。以后，直接双击文件名 vb1_3.exe 就可运行上述 Visual Basic 程序（也就是可脱离 Visual Basic 集成开发环境运行了）。

顺便提一下，如果要让程序员编写的应用程序能在任何 Windows 用户机器上运行，有时仅生成 EXE 文件还不行，还要制作安装文件 Setup.exe，并将程序中所有可能用到的其他动态链接库文件等一起打包，与 Setup.exe 文件一起复制到发行盘上，然后在用户机器上运行 Setup.exe 文件，将整个软件包安装到用户机器，才能正确运行该 Visual Basic 应用程序。制作安装文件的工作可以由 Visual Basic 的一个专门工具完成，打开该工具的方法是：依次选择 Windows 下的"开始"|"程序"|"Microsoft Visual Basic 6.0 中文版"|"Package & Deployment 向导"命令，按向导提示的操作步骤往下执行。

集成开发环境和程序设计入门

1.6　Visual Basic 源程序的格式与文件组成

1.6.1　Visual Basic 源程序的书写格式

一行如果要写多个语句的话，语句之间要加冒号（:）。

一个语句若太长需要分两行以上写的话，在每行末尾要加续行符：空格符＋下划线（_）。

可以用英文单引号（'）或 REM 关键词引导注释内容。所谓注释内容是 Visual Basic 不视其为程序语句的内容，在编译过程中也就不编译它，执行时也不执行它。注释内容纯粹是给人看，使读者便于理解程序语句的含义。学编程最好养成加注释语句的习惯。

所有的语句标点符号（冒号、点号、逗号、分号、界定字符串的双引号、注释用的单引号等）都必须是英文的半角字符。如果出现中文标点将归结为语法错误。

程序书写时最好按层次缩进书写，这样程序可读性好。如何按层次缩进书写将在第 3 章进一步介绍。

源程序都是文本格式的，可以用文字编辑软件（如记事本、Word 等）打开阅读并编辑修改。

1.6.2　Visual Basic 工程的文件组成

一个最简单的 Visual Basic 程序（即只包含一个窗体的工程）应该包含两个源文件：工程文件（*.vbp）和窗体文件（*.frm）。稍微复杂一点的程序（比如有 n 个窗体，还有一个标准模块的工程）则包含 2＋n 个源文件：一个工程文件（*.vbp）＋n 个窗体文件（*.frm）＋一个模块文件（*.bas）。

以上常见文件的内容分别如下：

- 工程文件（*.vbp）：包含与该工程有关的全部文件和对象的清单，是可以用文字编辑软件（如记事本、Word 等）打开阅读的纯文本格式文件。
- 窗体文件（*.frm）：包含该窗体及该窗体内所有控件的属性设置、该窗体级的变量和外部过程的声明、事件过程和用户在该窗体代码通用区自定义的过程的代码。有一个窗体就有一个窗体文件。该文件也是可以用文字编辑软件打开阅读的纯文本格式文件。
- 标准模块文件（*.bas）：该文件是可选的，包含模块级的变量和外部过程的声明，以及用户自定义的可供本工程内各窗体调用的过程。该文件也是可以用文字编辑软件打开阅读的纯文本格式文件。

以上三种文件中，窗体文件（*.frm）和标准模块文件（*.bas）的内容完全是用户输入的，而工程文件（*.vbp）的内容是 Visual Basic 自动生成的。

除了上述三种最常见的源文件外，Visual Basic 工程中可能还会包含下列一些文件：

- 窗体的二进制数据文件（*.frx）：当窗体上控件的数据属性含有二进制值（例如有图片或图标文件），将窗体文件保存时，系统自动产生同名的.frx 文件。
- 类模块的文件（*.cls）：该文件是可选的，用于创建用户自己的对象，那些对象有自己的属性和方法。

- 资源文件（*.res）：该文件是可选的，包含不必重新编辑代码就可以改变的位图、字符串和其他数据。
- ActiveX 控件文件（*.ocx）：可以添加到工具箱并在程序窗体中使用的一些非内部控件所对应的文件。
- *.vbw 文件：Visual Basic 工程工作空间文件。
- *.log 文件：加载错误的日志文件。

其实，Visual Basic 在创建和编译工程时要产生许多文件。这些文件大体上可以分为三类：设计时文件、杂项开发文件和运行时文件。

设计时文件是工程的建造块，例如上述的标准模块文件（.bas）和窗体模块文件（.frm）。当一个程序包括两个以上的工程时，这些工程构成一个工程组，工程组文件的扩展名为.vbg，但本书只涉及含一个工程的程序。

杂项文件是由 Visual Basic 开发环境中的各种不同的进程和函数产生的，例如上述的.frx 文件、.vbw 文件、.log 文件、.res 文件、.ocx 文件等。

运行时文件是编译应用程序时，所有设计时必需的文件都被包括在运行时可执行文件中，例如.exe 执行文件、.dll 文件（运行中的 ActiveX 部件）、.ocx 文件（ActiveX 控件）等都是运行时文件。

对于一般编程者来说，最值得关心的是设计时下列文件的内容：窗体文件（.frm）、标准模块文件（.bas）和工程文件（.vbp）。其他文件暂时可以不管，也不需要用户去编写。

1.6.3 Visual Basic 源程序文件的改名问题

在任何场合下修改工程文件（.vbp）的名字，都不会影响该工程的运行。在 Windows 的 "我的电脑" 或 "Windows 资源管理器" 中重新命名工程文件（.vbp），或在 Visual Basic 集成开发环境通过 "另存为" 命令改变工程文件（.vbp）的名字，都不会影响该工程在 Visual Basic 开发环境下的运行。

修改其他源文件名则要注意场合，分别处理。

若是在 Windows 的 "我的电脑" 或 "Windows 资源管理器" 中重新命名其他源文件名，则必须相应地要修改工程文件（.vbp）的内容（用文字编辑软件，如 "记事本"、Word 等打开，找到写有其他源文件名的地方，将这些名字改为新的名字，保存退出即可）。比如某程序的工程文件名为 xxx.vbp，该工程包含有一个窗体文件（原名为 yyy.frm），则可以用 "记事本" 程序打开 xxx.vbp 查看其内容，里面必然有一条 Form=yyy.frm 这样的语句。若后来在 Windows 的 "我的电脑" 或 "Windows 资源管理器" 中重新命名了窗体文件（新窗体文件名变为了 zzz.frm），而工程文件 xxx.vbp 中的内容未动，则用 Visual Basic 打开 xxx.vbp 程序时会提示找不到窗体文件 yyy.frm，使该工程不能再正常使用。此时，若相应地也用 "记事本" 程序打开 xxx.vbp 文件，将那句 Form=yyy.frm 的语句改为 Form=zzz.frm，则再用 Visual Basic 打开 xxx.vbp 程序时，可正常运行。

若是通过 Visual Basic 集成开发环境改变其他文件的名字，即通过 "文件" | "yyy.frm 文件另存为(A)" 命令将 yyy.frm 文件以 zzz.frm 名称另存盘，则不影响原工程的正常运行。

这时，只是在磁盘上增加了一个窗体文件（不仅有原来的 yyy.frm，还有一个新的 zzz.frm），但只有新文件 zzz.frm 被本工程所采用，而 yyy.frm 文件已经与工程脱离了关系（用"记事本"程序打开 xxx.vbp 文件，可以看到里面将只有 Form=zzz.frm 语句）。

1.7　简单程序实例

例 1-4　在窗体上画一个文本框和一个图片框，其初始属性都取默认值，然后编写如下两个事件过程。

```
Private Sub Form_Load()
    Text1.Text="计算机"
End Sub
Private Sub Text1_Change()
    Picture1.Print "等级考试"
End Sub
```

程序运行后，在文本框中显示的内容是＿＿＿＿，而在图片框中显示的内容是＿＿＿＿。

【分析】　程序运行后，首先执行 Form_Load()事件处理过程，而该事件中只有一条给文本框赋值的语句（赋值"计算机"三个汉字），所以文本框中显示的内容是"计算机"三个汉字。

而依题意，文本框初始属性取默认值，因此原来的内容应该是 Text1，而在启动程序时变成了"计算机"，引起了文本框内容的改变。于是会导致 Text1_Change()事件被触发，该事件中的语句是在图片框中打印"等级考试"，照理说在图片框中显示的内容应该是"等级考试"四个汉字。但这里较特殊，由于 Text1_Change()事件是在 Form_Load()事件发生时发生，Form_Load()事件发生过程中，窗体的大小在不断变化，当然图片框的大小也在不断变化。如果图片框的 AutoRedraw 属性取默认值 False（不能自动重画）的话，在其上面打印的内容会被擦除，所以结论是在图片框中显示的内容为空。

如果将图片框的 AutoRedraw 初始属性改为 True（能自动重画），则结果在图片框中显示的内容才为"等级考试"四个字。

例 1-5　本应用程序的运行窗口及其功能说明如下：程序事先设定密码为 abc126，要求用户在文本框中输入密码，然后单击"校验密码"命令按钮，程序将核对用户输入的密码与事先设定的密码是否一致。如果一致，则通过 MsgBox 语句弹出消息框提示"密码正确，欢迎进入！"；否则弹出消息框提示"密码不正确，谢绝进入！"。当用户单击"重新输入"命令按钮时，则清空文本框中内容，且将光标定位到文本框中。当单击"退出"命令按钮时，退出应用程序。

说明：本例提前用到第 3 章将学习的两个语句：If 条件判断语句和 MsgBox 消息框输出语句。可以暂时不把重点关注在此。

首先画出有关控件，并进行表 1-2 所示的属性设置。

表 1-2 控件属性设置

对象	对象名	属性名	属性值设置
命令按钮	Command1	Caption	重新输入
命令按钮	Command2	Caption	核对密码
命令按钮	Command3	Caption	退出
文本框	Text1	Text	（置空）
文本框	Text1	PasswordChar	*

然后编写如下代码：

```
Private Sub Command1_Click()  '重新输入
   Text1.text=""      'Text1 内容清空
   Text1.SetFocus   'Text1 获得焦点
End Sub
Private Sub Command2_Click()  '核对密码
   If Text1="abc126"Then
      MsgBox "密码正确，欢迎进入！"
   Else
      MsgBox "密码不正确，谢绝进入！"
   End If
End Sub
Private  Sub Command3_Click()  '退出
      End
End Sub
```

例 1-6　程序窗体（窗体名为 Form1）上有两个文本框，名字分别为 Txt1 和 Txt2；一个图片框，名为 Pic1；两个按钮，名字分别为 Command1 和 Command2，标题分别为"加倍数据"和"装入图片"。程序功能为当用户单击窗口时，图片框中会打印一行信息"欢迎光临！"；单击 Command1 时，将文本框 Txt1 中输入的数值加倍后，在文本框 Txt2 中显示其结果；单击 Command2 时，将文本框 Txt1 中输入的一个带路径描述的图片文件装入窗体，作为背景图案。

【分析】　本题有三个事件过程需要编写代码。Form_Click()事件中打印欢迎词，用图片框的 Print 方法实现。注意不管窗体名改成什么，该事件名均用 Form_Click()，这是窗体的特殊性。Command1_Click()事件中，先要将 Txt1 中的数据加倍（即乘以 2，乘号是星号"*"），然后将结果放到 Txt2 中去（即结果赋给 Txt2 的 Text 属性），Text 属性是文本框的默认属性可以省略。Command2_Click()事件中给 Form1 装入图片，就是给它的 Picture 属性赋值一个图片文件的内容，用到 LoadPicture 函数（该函数的参数是一幅图片文件对应的带路径文件名字符串，即文本框 Txt1 的内容）。

程序代码如下：

```
Private Sub Form_Click()  '窗体 Form1 被单击时
     Pic1.Print "欢迎光临！"
End Sub
```

```
Private Sub Command1_Click()  '加倍数据
    Txt2.Text = (Txt1.Text) * 2 'Txt1 内容加倍后的值赋给 Txt2
End Sub
Private Sub Command2_Click()  '装入图片
    Form1.Picture = LoadPicture(Txt1)
End Sub
```

程序运行时的界面如图 1-10 所示。

图 1-10　例 1-6 的运行界面

习　题　1

一、选择题

1. 标签框内所显示的内容，由【　　】属性值决定。
   A）Text　　　　　B）（名称）　　　　C）Caption　　　　D）Alignment

2. 文本框的【　　】属性用于设置或返回文本框中的文本内容。
   A）Text　　　　　B）（名称）　　　　C）Caption　　　　D）Name

3. 窗体的标题栏显示内容由窗体对象的【　　】属性决定。
   A）BackColor　　B）BackStyle　　　C）Text　　　　　D）Caption

4. 以下叙述中正确的是【　　　】。
   A）窗体的 Name 属性指定窗体的名称，用来标识一个窗体。
   B）窗体的 Name 属性的值是显示在窗体标题栏中的文本。
   C）可以在运行期间改变对象的 Name 属性的值。
   D）对象的 Name 属性值可以为空。

5. 刚建立一个新的标准 EXE 工程后，不在工具箱中出现的控件是【　　　】。
   A）单选按钮　　　　　　　　　　　B）图片框
   C）通用对话框　　　　　　　　　　D）文本框

6. 若要使命令按钮不可用，可设置其【　　　】属性为 False 来实现。
   A）Value　　　　B）Cancel　　　　C）Enabled　　　　D）Default

7. 若要使某可见控件获得焦点，可使用【　　　】方法来实现。
   A）Refresh　　　B）Setfocus　　　C）Gotfocus　　　　D）Value

8. 在设计阶段，当双击窗体上的某个控件时，所打开的窗口是【　　　】。
   A）工程资源管理器窗口　　　　　　B）工具箱窗口
   C）代码窗口　　　　　　　　　　　D）属性窗口

9. 以下能够触发文本框 Change 事件的操作是【　　】。
  A）文本框失去焦点　　　　　　　B）文本框获得焦点
  C）设置文本框的焦点　　　　　　D）改变文本框的内容
10. 以下不属于 Visual Basic 系统文件类型的是【　　】。
  A）.frm　　　　　B）.bat　　　　　C）.vbg　　　　　D）.vbp

二、填空题

1. 在 Visual Basic 中窗体文件的后缀名为_____【1】_____，工程文件的后缀名为_____【2】_____。

2. 图像框和图片框均可用于装载、显示图形文件，可在设计阶段给它们的_____【1】_____属性赋值，也可在运行阶段通过_____【2】_____函数装入图形文件。

3. Visual Basic 是一种面向_____【1】_____的可视化程序设计语言，采取了_____【2】_____的编程机制。

4. Visual Basic 提供的_____【1】_____属性，用来控制对象是否可用。当属性值为_____【2】_____时，表示对象可用；当属性值为_____【3】_____时，表示对象不可用。

5. Visual Basic 提供的_____【1】_____属性，用来控制对象是否可见。当属性值为_____【2】_____时，表示对象可见；当属性值为_____【3】_____时，表示对象不可见。

6. 若一个工程原来的窗体文件名为 Form1.frm，后来在"我的电脑"中将该窗体文件名改成了 frmXXX.frm。为使工程能正常启动,应将工程文件中的原语句_____【1】_____改成新的语句_____【2】_____才行。

7. 文本框的默认属性是_____【1】_____，标签控件的默认属性是_____【2】_____，图片框的默认属性是_____【3】_____，命令按钮的默认属性是_____【4】_____。

8. 程序界面上有一个标签（名为 Label1），要使运行时单击标签实现下列功能：
1）标签中心与窗体工作区域中心重合；2）标签的内容变为"标签被单击"文字；3）文字的颜色变为红色（可用 vbRed 表示）。请将下列程序补填语句使它完整。

```
Private Sub Label1_Click()
    ____【1】____ : ____【2】____ : ____【3】____
End Sub
```

9. 程序界面上有一个文本框（名为 Text1）和一个图片框（名为 Pic1）。1）当试图在文本框内输入内容时，总是显示"对不起"字样而拒绝修改；2）当单击图片框时，图片框内打印出文本框的内容；3）当单击窗体时，图片框的内容被清除。则下列程序【1】、【2】、【3】处分别应填写什么语句。

```
Private Sub ____【1】____ ( )
    Text1="对不起"
End Sub
Private Sub Pic1_Click( )
    ____【2】____
End Sub
Private Sub Form1_Click( )
    ____【3】____
```

```
        End Sub
```

10. 程序界面上有两个标签（名称分别为 Label1 和 Label2），在启动程序的过程中分别设置如下属性：使标签大小均能自动可变，使标签内的文字内容均为"Visual Basic 程序设计"，文字字体均为"隶书"、"粗体"，字的大小为 32，标签尺寸完全相同。但 Label1 字体颜色是"黑色"，背景风格不透明，而 Label2 字体颜色是"白色"，背景风格透明。另有四个按钮，名称分别为 Cmd1，Cmd2，Cmd3 和 Cmd4，标题内容分别为"向左"、"向右"、"向上"和"向下"。当分别单击这些按钮时，使标签 Label2 分别向左、向右、向上和向下移动，水平方向每次移动 50 个单位，竖直方向每次移动 25 个单位。通过运行时适当单击四个按钮，可以使程序的运行界面如图 1-11 所示。请填写空格处的有关语句。

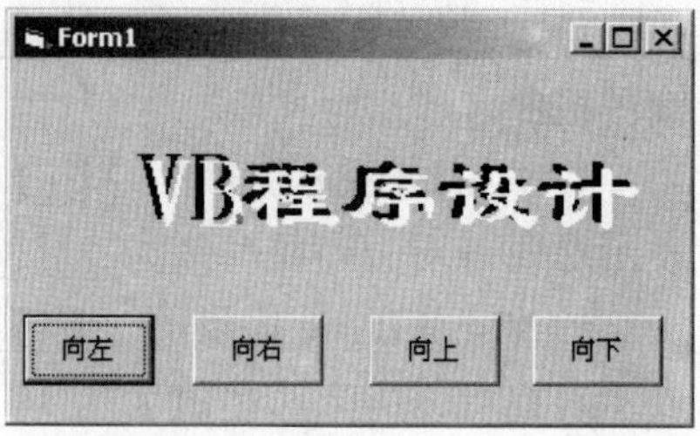

```
Private Sub Cmd1_Click( )
        【1】
End Sub
Private Sub Cmd2_Click( )
        【2】
End Sub
Private Sub Cmd3_Click( )
        【3】
End Sub
Private Sub Cmd4_Click( )
        【4】
End Sub
Private Sub Form_Load ( )
    Label1.AutoSize = ___【5】___ :  Label1.___【6】___ = "Visual Basic 程序设计"
    Label1.___【7】___ = "隶书" :      Label1.___【8】___ = True
    Label1.___【9】___ = 32 :          Label1.___【10】___ = vbBlack
    Label1.BackStyle = ___【11】___ :  Label2.AutoSize = Label1.AutoSize
    Label2.Caption = Label1.Caption  :  Label2.FontName = Label1.FontName
    Label2.FontBold = Label1.FontBold : Label2.FontSize = Label1.FontSize
    Label2.___【12】___ = vbWhite :      Label2.BackStyle = ___【13】___
End Sub
```

图 1-11　填空题 10 的程序运行界面

第 2 章　基本数据类型及运算类型

本章要点

在高级程序设计语言中，数据类型用来规定数据对象所占用内存空间的大小以及数据对象能够参与的运算。

Visual Basic 是从 Basic、QBasic 等编程语言发展而来的可视化程序设计语言，保留了原版本语言中的基本数据类型、基本语句和内部函数，但对其进行了扩充。本章在介绍常量和变量概念的基础上，主要介绍 Visual Basic 的基本数据类型、各类运算符、表达式和一些常用内部函数。本章内容是为程序设计打下必备的语言基础。

2.1　基本数据类型

一种高级程序设计语言，它的每个变量、常量或表达式都有一个确定的数据类型。数据类型明显或隐含地规定了程序执行期间变量或表达式所有可能取值的范围，以及在这些值上允许的操作。因此数据类型是一个值的集合和定义在这个值集上的一组操作的总称。例如 Visual Basic 语言中，整型数据取值范围为−32768～32767 之间的整数，在其上定义了加、减、乘、除、取余数等运算。实际上整数的取值范围是由整型数据在内存中占用的空间（2 个字节）所决定的。

由于内存容量限制，所以应准确地定义所使用的数据类型。例如，同样是实数型数据，使用单精度型数据就要比双精度型数据节约内存空间。清晰地理解数据类型将有助于程序效率的提高和避免歧义的产生。

Visual Basic 的数据类型分为基本数据类型和用户自定义类型，用户自定义类型是由基本数据类型组合而成。本章只介绍基本数据类型，用户自定义数据类型将在第 4 章介绍。

Visual Basic 支持以下的基本数据类型：Byte（字节型）、Boolean（布尔型，即逻辑型）、Integer（整型）、Long（长整型）、Single（单精度型）、Double（双精度型）、Currency（货币型）、Date（日期型）、String（字符串型）、Object（对象型）和 Variant（变体型）。

基本数据类型大体上可分为数值型数据和字符型数据，其中 Byte、Integer、Long、Single、Double 和 Currency 属于数值型数据，数值型数据又分为整型数据（Byte、Integer、Long）和实型数据（Single、Double、Currency）。

表 2-1 列出了每种类型在内存中所占的字数、取值的范围、前缀和类型声明符。其中类型说明符是早期 Basic 语言声明数据类型的方法，在数据名的后面加上类型说明符即确定了数据的类型，这种数据类型声明方法在 Visual Basic 中也能使用，但并非所有类型都有，也并非一定要使用。

前缀是 Visual Basic 中命名的约定，在一个变量名字前加上前缀符号，可以使人见名思义（知道其类型），这种约定有助于程序的阅读和程序的维护。如果没有对程序中的名字使用前缀，当遇上大的程序时，你就会为弄清楚数据类型耗费大量的时间。但这种约定也不是必需的，对编译程序确定数据的类型不起作用，可以在命名时使用，也可以不使用。加前缀类型符纯粹是为了方便人们阅读程序。表 2-1 列出了它们的对应关系。

表 2-1　Visual Basic 的基本数据类型

数据类型	类型符	前缀	占字节数	取值范围
Byte	无	byt	1	0~255
Boolean	无	bln	2	True 或 False
Integer	%	int	2	–32768~32767
Long	&	lng	4	–2 147 483 648~2 147 483 647
Single	!	sng	4	负数：–3.402 823 E38 ~ –1.401 298 e – 45
				正数：1.401 298 E-45 ~ 3.402 823 E38
Double	#	dbl	8	负数：–1.797 693 134 862 32D308~
				– 4.940 656 458 412 47D–324
				正数：4.940 656 458 412 47D–324~
				1.797 693 134 862 32D308
Currency	@	cur	8	–922 337 203 685 477.580 8~
				922 337 203 685 477.580 7
Date	无	dtm	8	01,01,100~12,31,9999
String	$	str	与字符串长度有关	0~65535 个字符
Object	无	obj	4	任何对象引用
Variant	无	vnt	根据需要分配	

2.2　变量和常量

在程序中使用变量和常量来保存数据。变量是程序执行时用来保存数据的量，其值可以改变。每一个变量都有一个唯一的名字以区别其他变量，并且变量在内存中占据一定的存储空间。在程序执行过程中用来保存数据、其值不能改变的量称为常量，常量同样也要占用一定的内存空间。

2.2.1　变量的用途和种类

变量可以看做是一个被命名的内存单元，用途是存放数据，"变"的意思是指该内存单元中存放的数据可变。种类区分可以存放何种类型的数据，种类不同的变量其内存单元的大小不同。

1. 数值型变量

（1）整型变量

整型变量用于存储整数。整型变量运算速度快、精确（即无误差）。在 Visual Basic 中定义了三种整型变量（字节型、整型、长整型），它们在内存中所占的字节数不同也就决定了它们所能表示的整数范围不同。

- 字节型：用 Byte 表示，占内存一个字节，可以存储 0～255 之间的整数。Byte 型数据是无符号型，不能表示负数，在进行一元减法运算时，Visual Basic 先将 Byte 型转化为符号整数。Byte 型主要用于二进制处理。
- 整型：用 Integer 表示，可以用来存储正整数和负整数，占内存 2 个字节，由于计算机内的数采用补码表示，补码用一个二进制位表示符号，所以整型变量可存储的最大的正整数为 $2^{15}-1$，即 32767，最小负整数为 -2^{15}，即 -32768。
- 长整型：用 Long 表示，占内存 4 个字节，可存储 $-2^{31}\sim 2^{31}-1$ 范围内的整数。

（2）实型变量

实型变量用于保存实数，实型变量表示的数据范围大，但有误差，且运算速度较慢。在 Visual Basic 中有三种实型变量（单精度型、双精度型、货币型）。

- 单精度浮点型：用 Single 表示，占内存 4 个字节，精度为 7 位，比双精度型浮点数精度低，但速度比双精度型快。
- 双精度浮点型：用 Double 表示，占内存 8 个字节，精度为 16 位，精度高，速度慢。
- 货币型：用 Currency 表示，Currency 型变量存储定点数，最多保留小数点后 4 位，小数点前 15 位。不同于浮点数，Currency 型是精确的，没有四舍五入的误差。正如其名，Currency 型变量适用于金融计算。

所有的数值型变量可以相互赋值，在将浮点数赋值给整数之前，Visual Basic 将小数部分四舍五入，而不是将小数部分去掉。

数值型变量不能存放超过它表示范围的数，否则会出现错误。

2. 字符串型变量

字符串型变量用 String 表示，用于保存文本字符串。文本中可以包含中文或西文字符，一个汉字与一个西文字符一样都占两个字节。字符型数据一律加英文的双引号表示，如："中国"，"Visual Basic"，"OK，程序设计"等。

3. 日期型变量

日期型变量用 Date 表示，用于保存日期或时间值，占 8 个字节，以浮点数的形式保存。表示的日期范围从公元 100 年 1 月 1 日到 9999 年 12 月 31 日，时间范围从 0:00:00～23:59:59。日期型变量可进行加、减运算。

当数值型数据赋值给日期型变量时，Visual Basic 将数值型数据转换为日期型数据，小数点左边的值表示日期，小数点右边的值表示时间，0 为午夜，0.5 为中午 12 点。负数表示 1899 年 12 月 31 日前的日期和时间。例如，-2.5 转换为日期型数据后为 1899 年 12 月 28 日中午 12 点。

4. 逻辑型变量

逻辑型变量用 Boolean 表示，用于保存 True 和 False 两个逻辑值，默认值为 False。逻辑型变量可进行取反、与、或、异或等逻辑运算。在内存中，逻辑型变量占两个字节，用 -1 表示 True，0 表示 False。当逻辑型数据转换为整型数据时，True 转换为 -1，False 转换为 0。当其他类型数据转换为逻辑型时，非 0 数转换为 True，0 转换为 False。

5. 对象型变量

对象型变量用 Object 表示，占 4 个字节，可以用对象型变量访问实际对象。可以用 Set

语句为一个被声明为 Object 的变量指定一个具体对象，以便引用应用程序所能识别的实际对象。例如，下列语句是用对象变量 objX 先后访问已存在的标签对象（Label1）和文本框对象（Text1）：

```
Dim objX as Object
Set objX =Label1
objX.Caption="欢迎使用 VB"
Set objX =Text1
objX.Text ="打字练习"
```

在声明对象型变量时，最好使用特定的类型，而不是一般的 Object。这样可以使应用程序运行更快。例如，下面的例子用对象变量 a 和 b 改变窗体上两个按钮 Command1 和 Command2 的属性。

```
Dim a As CommandButton,b As CommamdButton
Set a=Command1
Set b=Command2
a.caption=" OK "      '将按钮 1 的标题设为 OK 字样
b.Enabled=False      '将按钮 2 的可使用性设为无效
```

6. 变体变量

变体变量用 Variant 表示，是所有未定义的变量的默认数据类型，能够保存所有其他的数据类型，其数据类型由最近放入的值而定。可以用函数 VarType()检测变体变量保存的数据类型。变体变量有三个特定的值：Empty、Null、Error，分别用来表示没有被赋过值的变体变量、未知数据或丢失的数据、错误状态。

2.2.2　变量的命名规则

Visual Basic 通过变量名来访问内存数据，变量名属于 Visual Basic 的标识符。所谓标识符是指用来标志变量名、符号常量名、过程名、数组名、类型名、文件名的有效字符序列。标识符的命名遵循以下规则：

- 字母或汉字开头，由字母、汉字、数字、或下划线组成，长度小于或等于 255 个字符，有效字符为 40 个。
- 不能使用 Visual Basic 中的关键字。
- 不能包含小数点。除了最后一个字符外不能包含类型说明符。
- 撇号（'）或 Rem 为程序的注释的引导。
- 不区分大小写，XyZ 和 xyz 是同一个标识符。符号常量一般用大写。
- 为了增加程序的可读性和可维护性，可以在命名变量时使用前缀的约定。这样通过变量名就可以知道变量的数据类型。各种数据类型的前缀如表 2-1 所示。例如，可以用 intNumber、strMytext、blnFlag 等名字来分别作为整型、字符串型和逻辑型变量的名字。在 Visual Basic 的旧版本中还可以用 deftype 的方法将某个字母开头的变量声明为某种数据类型，例如可以用 define a～c 来声明所有 a、b、c 开头的变量为整型，这种方法在新版 Visual Basic 中可以使用，但不如使用前缀方便，是一种过时的方法。

以下是一些非法的标识符的例子：

```
4yz      '数字开头
x - z    '不允许出现减号
xy.t     '不允许出现小数点
If       '不允许关键字
Print$   '不允许关键字
```

2.2.3 变量类型的声明

使用变量之前先声明变量的数据类型是编写程序的一个良好的习惯，即使在 Visual Basic 中允许不定义变量就使用。变量的声明使程序为变量分配内存空间。在 Visual Basic 中声明变量可以用以下的方法。

1. 显式声明

显式声明变量可以使用 Dim、Static、Public、Private 四个语句。这一章介绍 Dim 语句，其他语句以后的章节会介绍。

Dim 语句的语法格式如下：

```
Dim 变量名 [As 数据类型]
```

方括号表示括号内的内容可以缺省。如果数据类型被省略掉，则该变量被声明为 Variant 型。也可以使用连续声明的方式，用逗号将多个变量放在一行中一次声明，但每个变量必须有自己的类型声明，类型声明不能共用。见下面的例子：

```
Dim vntY                              '声明 vntY 为变体变量
Dim intX,intCount                     '声明 intX,intCount 为变体变量
Dim strMytext As String               '声明 strMytext 为字符串变量
Dim intX,intY As Integer              '声明 intX 为变体变量，intY 为整型变量
Dim intX As Integer,dblNumber1 As Double,lngNumber2 As Long
                                      '声明 intX 为整型变量，dblNumber1 为双精度型变量
                                      'lngNumber2 为长整型变量
```

可以使用类型说明符加在变量名后来代替"As 数据类型"。变量名和说明符之间不能有空格，例如：

```
Dim intN1%,intY&,sngSum!
```

等价于

```
Dim intN1 As Integer,intY As Long,sngSum As Single
```

在定义字符串变量时，可以定义固定长度的字符串。对固定长度的字符串变量，若赋予的字符个数少于字符串的长度，则右补空格，若赋予的字符个数超过字符串长度，则将多余的字符截去。定义固定长度的字符串语法如下：

```
Dim 字符串变量名 As String*字符数
```

例如：

基本数据类型及运算类型

```
Dim strS1 As String*10
strS1="中华人民共和国湖南省长沙市"
```

则 strS1 的长度为 10，strS1 的值为"中华人民共和国湖南省"。

若在定义字符串变量时，没有定义字符数，则字符串的长度可变。字符串变量的长度由最后所赋值的字符串决定。例如：

```
Dim strS2 As String
strS2="abc"
strS2="abcdefg"
```

则最后 strS2 中的值为字符串"abcdefg"。

2．隐式声明

在 Visual Basic 的程序中可以不声明变量的类型，而直接使用。在使用时 Visual Basic 根据变量被赋予的数值来决定变量的数据类型。这种变量使用方式称为隐式声明。

所有隐式声明的变量都是 Variant 类型的，因此会增加程序调试难度，破坏程序的可读性，所以一般使用变量还是先声明再使用。可以在通用声明段使用 Option Explicit 语句来强制声明所有的变量。也可以单击"工具"菜单，再选择"选项"菜单项，在弹出的对话框中选择"编辑器"选项卡，再选中"要求变量声明"复选框，这样就会在新建的模块中自动加入 Option Explicit 语句。使用了 Option Explicit 语句之后，当 Visual Basic 发现程序中没有显式声明的变量时，就会提示出错。

2.2.4　变量的赋值与引用

声明了变量后，变量就指向了内存的某个空间。在程序的执行过程中，可以向这个空间写入数据，或者读出数据，这就是变量的赋值与引用。

在 Visual Basic 中，将数据赋值给变量可以使用赋值运算符（=）。在赋值时，变量名在赋值运算符的左边，要赋的值在右边；在引用时，变量名出现在赋值运算符的右边。变量名代表变量的值。变量可以在程序执行过程中始终保持一个值，也可以多次重复赋值和多次引用。

数值一般只能赋给同数据类型的变量，若赋值运算符两边数据类型不同且不能转换，会出现类型不符错误。例如：

```
intX%=5 '变量的赋值
intY%=intX%+4    '引用 intx，并给 intY 赋值
intX%="first"    '错误，类型不符
```

2.2.5　常量的定义和种类

常量是程序中不变的量，包括直接常量、符号常量和系统常量。

1．直接常量

直接常量是指各种类型的常数值，常数值的大小和书写形式说明了其类型，也可以在常数值后加类型说明符说明常量的数据类型。

（1）数值型直接常量

整型常量的书写形式为±n[%]，n 是十进制正整数，%是类型说明符，括号内的内容可以省略。例如 513、+513、–513、513%等都是整型常量。

长整型常量的书写形式为±n&。例如 513&、–513233232&、32768 等都是长整型常量。

单精度型常量的书写形式为±n.n、±n.、±n!、±nE±m、±n.nE±m，当使用科学记数法时，使用字符 E。例如 513.、513.24、513.24!、0.51324E+3 等都是单精度常量。

双精度型常量的书写形式为±n.n、±n#、±nD±m、±n.nD±m、±n.nE±m#，当使用科学记数法时，使用字符 D。例如 513.24567890123、513.24#、0.51324D+3、0.51324E+3#等都是双精度常量。

货币型常量的书写形式为在数字后加@。例如：

513.24@、5123@

在 Visual Basic 中可以使用八进制和十六进制数。八进制的书写形式为在数字前加&O。例如：

&O761、&O543

十六进制的书写形式为在数字前加&H。例如：

&H45AB、&H45FE

（2）字符串常量

字符串常量是用双引号括起来的字符序列。例如"abcdefg"、"中华人民共和国"和"This is a book"都是合法的字符串常量。如果要在字符串中表示双引号必须用两个双引号。如要表示字符串 I say:"how are you?"，应该使用以下形式"I say:""how are you?"""。

需要注意的是，""和" "不一样，前者表示空字符串，后者表示包含一个空格符的字符串。

字符串常量一般赋值给字符串变量。当字符串常量包含一个数字值时可以赋值给数值型变量。例如：

```
Private Sub Command1_Click()
    Dim strS1 As String
    Dim intX As Integer
    StrS1="101.23"
    IntX=strS1                       '将字符串赋值给数值变量
    StrS1=Cos(strS1)                 '将数值赋值给字符串变量
    Text1.Text=strS1                 '在文本框 Text1 中显示字符串
End Sub
```

当字符串常量包含一个日期值时，可以赋值给日期型变量。例如：

```
Private Sub Form_Click()
    Dim T As Date
    T="20/10/96"                     '字符串常量赋值给日期型变量
    Picture1.Print T                 '显示 1996-10-20
End sub
```

（3）日期型常量

日期型常量的书写形式是用#括起来的可以被认为是日期和时间的文本。例如 #10/12/96#、#January 1,2000#、#1996-12-11 12：30：12 PM#、#11：31：11 AM#等都是合法的日期型常量。

（4）逻辑型常量

逻辑型常量只有 True 和 False 两个值。

2．符号常量

当程序中有多次被使用的或很长的数据时，可以定义一个容易书写的符号来代替它，这个符号叫符号常量。使用符号常量可以使程序便于修改和阅读。例如圆周率 3.14159 可能在程序中多次被使用，可以使用符号常量来代替它，如果我们要提高圆周率的精度为 3.1415926，则只要修改符号常量的值，而不必在程序中一个一个语句查找修改。

符号常量的定义格式如下：

```
Const 符号常量名 [As 数据类型]=表达式
```

符号常量的命名遵循标识符的命名规则，中括号的内容可以省略，缺省时，符号常量的数据类型由表达式的数据类型决定。表达式由数值常量或字符常量或已定义的符号常量和运算符组成。用逗号分隔，一行中可以定义多个符号常量。在符号常量名的后面也可以用类型说明符来代替中括号的内容。例如：

```
Const PI=3.14159                    '定义 PI 为单精度型
Const SQUARE=2*PI*30^2              '使用已定义的符号常量
Const COUNT%=34,FLAG As Boolean=True '使用连续定义
```

符号常量是不能改变的量，只能引用不能赋值。实际上符号常量在程序编译时就被编译程序用表达式的值所代替了。

有一点要注意，定义符号常量时不能循环定义，例如，下面的定义是错误的。

```
Const s1 As Integer=s2*2
Const s2 As Integer=s1*2    '错误
```

3．系统常量

系统常量是 Visual Basic 所定义的系统内部的常量。在 Visual Basic 中可以用"对象浏览器"查看 Visual Basic（VB），Visual Basic for Application（VBA），Data Access Object（DAO）等对象库中的系统常量。这些常量名使用两字符的前缀，用 vb 表示 Visual Basic 和 VBA 中的常量，用 xl 表示 Excel 中的常量，用 db 表示 DAO（Data Access Object，数据访问对象）对象库中的常量。例如 Visual Basic 用 vbKeyReturn 来表示回车键，实际上它在内存中的 ASCII 码值是 13。

2.3　运算符和表达式

运算是对数据的加工。Visual Basic 中丰富的运算通过一些简单的符号来表示，这些符号就叫运算符。运算符和操作数组合成表达式，实现对数据的加工。表达式有一个确定的值和确定的数据类型。表达式中的数据可以是变量、常量和函数。Visual Basic 有四类运算

符：算术运算符、字符串运算符、关系运算符和逻辑运算符。它们的分类如表 2-2 所示。

表 2-2　Visual Basic 的运算符

运算符种类	优先级	运算符（按优先顺序：同一类运算中，逗号分隔不同优先级的子运算）
算术运算符	1	（）括号，^ 幂运算，– 负号，*乘、 / 除、\ 整除， Mod 取余数，+ 加、–减
字符串运算符	2	+连接、&连接
关系运算符	3	=等于、>大于、>=大于等于、<小于、<=小于等于、<>不等于、like 字符串匹配、is 对象引用比较
逻辑运算符	4	Not 取反， And 与 ， Or 或、Xor 异或，Eqv 等价 ，Imp 蕴含

2.3.1　算术运算符和算术表达式

算术运算符用来进行算术运算。用算术运算符将运算对象连接起来的式子叫算术表达式。Visual Basic 中的算术运算符及相应算术表达式示例如表 2-3 所示。

表 2-3　算术运算符和算术表达式

运算符	含义	优先级	算术表达式	结果
（）	括号	1	(3+1) /2	2
^	幂运算	2	–16^(1/2)	– 4
–	负号	3	4*–3	–12
*	乘	4	1/3*3	1
/	除	4	10/3	3.33333333333333
\	整除	5	10\3	3
Mod	取余数	6	10 Mod 3	1
+	加	7	–3+4	1
–	减	7	6 – 4	2

一般的算术运算符都有两个运算对象，属于双目运算符。而负号运算符只有一个运算对象，属于单目运算符。Visual Basic 规定了算术运算符的优先级，在表达式求值时，按优先级的高低次序执行。算术运算符的操作数应是数值数据，若是其他数据，Visual Basic 自动将操作数转换成数值类型再运算。

算术运算中的加、减、乘、除的概念与代数中是一样的，只是 Visual Basic 中有一个整除的概念，整除的结果是整数。做整除的操作数应为整数。若是浮点数，Visual Basic 先将浮点数舍去小数部分得到整数（不一定是四舍五入），再进行除法运算，运算结果截去小数部分。如 11.4 \ 3 的结果是 3，11.5 \ 3 的结果是 4，14.5 \ 3 的结果也是 4。

取余数运算的结果是前一个操作数整除后一个操作数的余数（即两数相除得到整数商之后的余数）。要求两操作数都为整数，若不是整数，则先四舍五入成整数再进行求余。如 7 Mod 4 的结果是 3，13.4 Mod 2.99 的结果是 1（相当于 13 Mod 3）。

检验算术表达式的结果可以使用 Visual Basic 的"立即"窗口（快捷键 Ctrl+G），如图 2-1 所示。输入一条语句后按回车键执行该语句，print 语句执行后将在下一行显示算术表达式的结果。

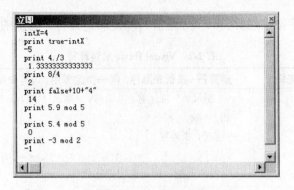

图 2-1　算术运算符的验证

2.3.2　字符串运算符和字符串表达式

字符串运算符有两个："+"和"&"。"+"的优先级高于"&"，它们的作用都是连接。"+"的操作数必须是字符串，它将后一个字符串连接到前一个字符串的后面，生成一个新的字符串。而"&"的作用也是连接，不过"&"的操作数可以是任何数据类型，"&"将其他数据类型转换为字符串后再连接。

字符串表达式是由字符串运算符连接起来的式子，字符串表达式的值为字符串数据类型。书写"&"连接的字符串表达式时要注意，"&"与前面的变量名之间必须有空格，否则，Visual Basic 会把"&"当做长整型的数据说明符。表 2-4 列出了这两种字符串运算符。

表 2-4　字符串运算符和字符串表达式

运算符	含义	优先级	字符串表达式	结果
+	连接	1	"中华"+"　人民"	"中华　人民"
&	通用连接	2	"first=" & 34	"first=34"

也可以用 Print 方法在"立即"窗口中检验字符串表达式的结果，如图 2-2 所示。

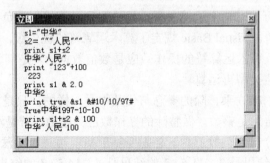

图 2-2　字符串运算符的验证

2.3.3　关系运算符和关系表达式

关系运算符用来进行关系运算，用关系运算符连接起来的表达式叫关系表达式。关系表达式的结果是逻辑数据类型，只有 True 和 False 两个值，当关系表达式所表达的比较关系成立时，结果为 True；否则，结果为 False。关系表达式的结果通常作为程序中语句跳转的开关。Visual Basic 中的关系运算符如表 2-5 所示。

表 2-5　关系运算符和关系表达式

运算符	含义	关系表达式	结果	运算符	含义	关系表达式	结果
=	等于	3*4=12	True	<=	小于等于	5/2<=10	True
>	大于	"abcde">"abr"	False	<>	不等于	"d"<>"D"	True
>=	大于等于	5*6>=24	True	Like	字符串匹配	"fist" like "f*"	True
<	小于	"abc"<"Abc"	False				

在进行关系比较时需要注意以下几点：

- 关系运算符"="与赋值运算符"="的写法一样，但却是两种不同的运算。关系运算符"="用来判断两个运算对象是否相等，而赋值运算符则是用来将等号右边表达式的值赋值给左边的变量；赋值运算符的左边只能是变量名，关系运算符"="的左边可以是表达式、常量、变量或函数；赋值运算符的优先级低于关系运算符。例如，语句 a=7=9，先求得表达式 7=9 的结果为 False，再将 False 赋值给变量 a。
- 关系运算的运算对象可以是字符串、数值、日期、逻辑型等数据类型。数值按大小比较；日期按先后比较，早的日期小于晚的日期；False(0)大于 True(-1)；字符串按 ASCII 码排序的先后比较，也就是先比较两个字符串的第一个字符，按字符的 ASCII 码值比较大小，ASCII 码值大的字符串大，如第一个字符相等，则比较第二个字符，直到比较出大小或比较完为止。汉字的字符大于西文字符。
- 关系运算符的优先级相同。
- 关系运算符"Like"用于字符的比较。如果第一个表达式是属于第二个表达式所描述的字符串，则结果为真；否则为假。在第二表达式中可以使用通配符"？"（表示任何一个字符）、"*"（表示任意个字符）、"#"（表示任何一个数字）、[字符列表]（字符列表中用逗号分隔单个字符，表示列表中的任何字符）、[! 字符列表]（表示没有列表中的字符）。例如：

```
"abc" like "a*"  'True
123 like "12?"  'True
456 like "45#"  'True
"this is a book" like "*a b[a,o,c]ok"   'True
```

2.3.4　逻辑运算符和逻辑表达式

逻辑运算符用来进行逻辑运算，用逻辑运算符连接的式子叫逻辑表达式。逻辑表达式的结果是逻辑型数据类型，即为 True 或 False 两种值之一。逻辑表达式的运算对象为逻辑型数据或数值型数据。

在程序中逻辑运算符通常连接多个关系表达式，以表达复杂的条件描述。例如描述条件，"身高大于 1.68 米的男性或者身高大于 1.58 米的女性"，可以用以下的逻辑表达式：

length>1.68 and sex="男" or not sex="男" and length>1.58。

如果逻辑运算的运算对象是数值型的数据，则按二进制位进行逻辑操作，二进制位"1"表示 True，"0"表示 False。例如 6 and −3，首先将两个数转化为二进制（两字节长的整数，注意负数是用它的补码表示），即为 <u>0000 0000 0000 0110</u> 和 <u>1111 1111 1111 1101</u>，两个数按位"与"，结果为二进制的 <u>0000 0000 0000 0100</u>，<u>0000 0000 0000 0100</u> 转化为十进制为 4，所以 6 and −3 的结果为 4。Visual Basic 中有六个逻辑运算符，只有 Imp 不满足交换律。表2-6 列出了所有的逻辑运算符。

表 2-6　逻辑运算符和逻辑表达式

运算符	含义	优先级	逻辑表达式	结果
Not	取反，将两个逻辑值互相转换	1	Not False	True
			Not True	False
And	与，两个操作数都为真，结果才为真，否则为假	2	True And True	True
			True And False	False
			False And True	False
			False And False	False
Or	或者，两个操作数中只要有一个为真，结果为真	3	True Or True	True
			True Or False	True
			False Or True	True
			False Or False	False
Xor	异或，两个操作数不同时为真，否则为假	3	True Xor True	False
			True Xor False	True
			False Xor True	True
			False Xor False	False
Eqv	等价，两个操作数相同时为真，否则为假	4	True Eqv True	True
			True Eqv False	False
			False Eqv　True	False
			False Eqv False	True
Imp	蕴含，当第一个表达式为真，且第二个表达式为假时，结果为假，否则为真	5	True Imp True	True
			True Imp False	False
			False Imp True	True
			False Imp False	True

也可以使用"立即"窗口验证逻辑表达式的结果（见图 2-3）。

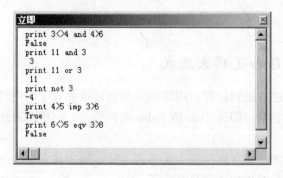

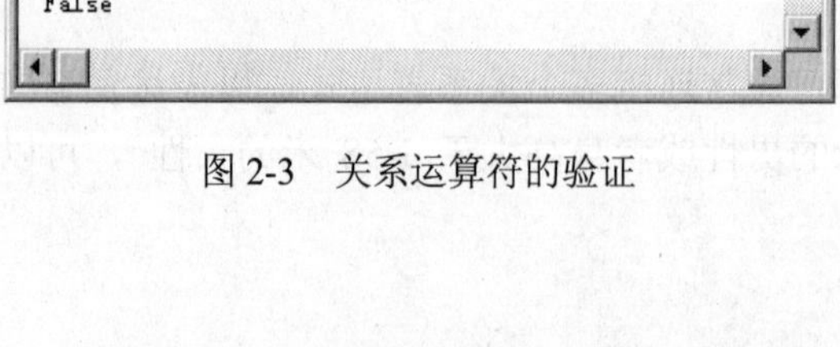

图 2-3　关系运算符的验证

2.3.5 表达式求值和运算符的优先级

任何表达式都是由运算符和操作数组成。运算符代表了一种对操作数的加工，在表达式求值的过程中，各种运算必须按一定的规则依次进行，这种次序就是运算符的优先级。运算符优先级高的先运算。

在 Visual Basic 中不同类型运算符的优先级如下：

算术运算符>字符运算符>关系运算符>逻辑运算符

Visual Basic 中还规定不同数据类型的数值数据在运算时，按精度高的数据类型进行运算。数值数据类型的精度从低到高的次序如下：

Integer<Long<Single<Double<Currency

比如 Integer 型与 Double 型运算，结果为 Double 型；当结果是 Single 型时，一律转化为 Double 型，故 Long 型与 Single 型运算时结果为 Double 型。

2.4 Visual Basic 常用内部函数

表达式的运算对象可以是函数，由函数组成的表达式叫函数表达式。函数是 Visual Basic 的一种程序模块，可以完成特定的功能。函数有用户自定义函数和内部函数。Visual Basic 提供的大量内部函数不必定义就可以供用户在编程时直接使用。这些内部函数包括数学函数和字符函数等。

2.4.1 函数的参数与函数的值

函数一定有一个返回的结果，这个结果就是函数的值。函数可以带零个或多个参数，参数用括号括起来，参数与参数之间用逗号隔开。例如表达式：

Sqr(16) + 2

其函数的函数名为 Sqr，有一个参数 16，函数的值为数值型数据（即 16 的平方根），整个表达式的值为 6。

在介绍函数的语法时，用 number 表示必要的数值表达式，string 表示必要的字符表达式，length 表示整数表达式，中括号表示可省略的参数。

2.4.2 数学函数

1. Abs()
功能：取参数的绝对值，返回的数据类型与参数相同。
语法：Abs(number)
说明：一个数的绝对值，即去掉正、负号后的值。
示例：

Dim sngX as single

```
sngX=Abs(-5.64)
```

2．Cos()

功能：求余弦值，结果为 Double 型。

语法：Cos(number)

number 是 Cos()必要的一个数值参数，它可以是任何数值表达式，单位是弧度。

说明：Cos()的参数是以弧度为单位，如果是角度数值，先要转化为弧度，即角度数乘以 π/180 得到弧度数值。Sin 函数、Tan 函数类似于 Cos 函数。

示例：

```
Dim dblY As Double
dblY=Cos(1.3)^2
```

3．Exp()

功能：求 e（约等于 2.718282）的某次方，返回 Double 型的数值。

语法：Exp(number)

说明：求以 e 为底数、number 为指数的幂。如果 number 的值超过 709.782712893，会出现错误。Exp 函数的反函数为 Log 函数。

示例：

```
Dim dblY As Double, dblZ As Double
dblY = 1.3
dblZ = (Exp(dblY) - Exp(-dblY)) / 2
```

4．Sqr()

功能：求参数的平方根，返回 Double 型的数值。

语法：Sqr(number)

number 的值必须大于或等于 0。

说明：求平方根还可以用幂运算（^(1/2)）来实现。

示例：

```
Dim x
x=Sqr(2.3)
```

5．Rnd()

功能：返回一个随机的[0,1）之间的 Single 型数值，其函数值小于 1 但大于或等于 0。

语法：Rnd[(number)]

若 number<0，Rnd(number)使用 number 作种子产生相同的数，例如第一次调用 Rnd(−3)的结果等于第二次调用 Rnd(−3)的结果。

若 number>0，Rnd(number)返回利用种子产生的序列的下一个数。

若 number=0，Rnd(number)返回最近产生的随机数。

若省略 number，等同于 number>0。

说明：因为种子相同，每次重新执行程序，程序都会产生相同的随机数序列。为了每次运行程序调用随机函数都会有不同的随机数序列，在调用 Rnd 之前，先使用无参数的

Randomize 语句初始化随机数生成器，该生成器具有根据系统计时器或具体数值得到的种子，这样再调用 Rnd 就会得到不同的随机数序列了。Randomize 语句的语法如下：

```
Randomize  [数值]
```

若不带数值，则根据系统计时器产生新的种子。要产生某个范围内的随机数，可使用以下公式：

```
Int((upperband-lowerband+1)*Rnd+lowerband)
```

upperband、lowerband 为范围的上、下边界。

示例：

```
intX%=Int(100*Rnd+1)          'intX 变量得到 1～100 之间的随机整数
```

表 2-7 列出了一些常用的数学函数。

表 2-7　常用数学函数

函数名	含义	示例	结果
Abs(number)	取绝对值	Abs(-2.4)	2.4
Cos(number)	余弦函数	Cos(0)	1
Exp(number)	指数函数 e^x	Exp(3)	20.0855369231877
Log(number)	e 为底的对数函数	Log(10)	2.30258509299405
Rnd(number)	随机数函数	Rnd	[0,1]之间的数
Sin(number)	正弦函数	Sin(0)	0
Sgn(number)	符号函数（正数为 1，负数为-1，零不变）	Sgn(-3.2)	-1
Sqr(number)	平方根	Sqr(9)	3
Tan(number)	正切函数	Tan(0)	0

2.4.3　字符函数

1．字符串编码与 StrConv()函数

由于 Windows 操作系统和 Visual Basic 中的字符串编码不同，在使用操作系统中的字符串数据时，必须对字符串进行编码转换。

在 Windows 操作系统中，字符采用 DBCS（Double-Byte Character Sets）编码。在 DBCS 中，西文字符采用 ASCII 编码，一个字符用一个字节表示；中文等其他象形文字的语言采用扩展编码，一个中文字符用两个字节表示。

在 Visual Basic 中，字符采用 Unicode 统一码标准字符集编码。在 Unicode 编码中，所有的字符都用两个字节表示。西文字符编码由 ASCII 码转换而来，低位字节保留 ASCII 码，高位字节为 0。

Visual Basic 中 Unicode 编码与 DBCS 编码的转换可以使用 StrConv()函数。

2．StrConv()

功能：字符转换函数，返回转换后的字符串。

语法：Strconv(string,conversion)

基本数据类型及运算类型

string 为必需的字符串表达式，conversion 为必需的整数参数，用来决定转换的类型。conversion 参数使用两个系统常量来进行编码转换：vbFromUnicode(128%)用来将 Visual Basic 的 Unicode 编码转换为 Windows 系统的 DBCS 编码，vbUnicode(64%)用来将 DBCS 编码转换为 Unicode 编码。

说明：当把 Byte 型数组转换为字符串时，应使用 Strconv()函数。

例 2-1 Strconv 函数的使用。

```
Private Sub Form_Click()
    Dim strS1 As String, strS2 As String, strS3 As String
    strS1 = "中华人民共和国 china"
    Print "strS1 的字符数为"; Len(strS1)      'len()求字符串的字符数(12)
    Print "strs1 的字节数为"; LenB(strS1)     'lenB()求字符串的字节数(24)
    strS2 = StrConv(strS1, vbFromUnicode) '转换为 DBCS 编码
    Print "strS2 的字符数为"; Len(strS2) 'len()求字符串的字符数(9)
    Print "strS2 的字节数为"; LenB(strS2)     'lenB()求字符串的字节数(19)
    Print "strS2="; strS2  '乱码
    strS3 = StrConv(strS2, vbUnicode)        '转换为 Unicode 编码
    Print "strS3 的字符数为"; Len(strS3)
    Print "strS3 的字节数为"; LenB(strS3)
    Print "strS3="; strS3
End Sub
```

上面的程序中，字符串"中华人民共和国 china"有 5 个西文字符，7 个中文字符，Unicode 编码下共(5+7)×2=24 个字节，DBCS 下有 7×2+5=19 个字节。从上例中可以看出，DBCS 编码在 Visual Basic 下不能正常显示。

3．Len()与 LenB()

功能：Len()求字符串的字符数；lenB()求字符串的字节数，或者求变量在内存中的字节数，结果为 Long 型。

语法：Len(string|varname)

LenB(string|varname)

string 与 varname 两个参数只能有一个而且必须有一个参数。varname 为非字符串数据类型的变量名。

说明：当参数为 string 时，Len()求字符串的字符数（一个字符 2 个字节）。而 LenB()函数求字符串的字节数，LenB()函数的语法与 Len()相同。

例 2-2 Len()与 LenB()函数的使用。

```
Private Sub Form_Click()
    Dim x As Double, s As String
    s = "中国 china"
    x = 345.5
    Print Len(s)     '7 个字符
    Print Len(x)     '8 个字节
    Print LenB(s)    '14 个字节
```

```
    Print LenB(x)      '8个字节
End Sub
```

4．Left()与 Right()

功能：截取字符串从左(右)边算起的指定个数的字符。

语法：Left(string,length)

　　　Right(string,length)

string，length 是必需的参数。以 Left()函数来说，length 必须大于或等于零，若等于零，则返回""空字符串；若大于零，则返回从左边算起的 length 个字符；若大于字符串的字符数，则返回整个字符串。

说明：与 Left()函数成对的是 Right()函数，Right()函数的语法与 Left()相同，只不过 Right()截取字符串从右边算起的指定个数的字符。

例 2-3　Left()与 Right()函数的使用。

```
Private Sub Form_Click()
    Dim s As String, s1 As String
    s = "中国 china"
    Print Left(s, 3)    '"中国 a"
    Print Left(s, 40)   '"中国 china"
    Print Right(s, 1)   '"a"
    Print Right(s, 0)   ' ""
    s1 = Right(s, 5)     '"china"
    Print LenB(s1)  '10 个字节
End Sub
```

5．Ltrim()、Rtrim()与 Trim()

功能：将指定字符串去掉前导空格（Ltrim()），尾随空格（Rtrim()），或者同时去掉前导和尾随空格（Trim()）。

语法：Ltrim(string)

　　　Rtrim(string)

　　　Trim(string)

string 为必需的参数。

说明：Trim()函数实际上包含了 Ltrim()和 Rtrim()的功能。

例 2-4　Ltrim()和 Rtrim()函数的使用。

```
Private Sub Form_Click()
    Dim s As String, s1 As String
    s = "  中国 china  "
    s1 = "1:"
    Print s1 + LTrim(s) '"1:中国 china  "
    Print s1 + RTrim(s) '"1:  中国 china"
    Print s1 + Trim(s)  '"1:中国 china "
End Sub
```

6．Mid()

功能：截取字符串从指定字符开始的若干个字符。

语法：Mid(string,start[,length])

string 和 start 为必需的参数，length 为可选的参数。Start 和 length 为 long 型数据。start 指出从字符串左边第几个字符开始截取，若 start 超过 string 的长度，函数返回空字符串。length 为截取的字符个数，若 length 省略或超过 string 的长度，则截取到字符串的最后一个字符。

说明：Mid()常用于字符串的查询和匹配。

例 2-5　字符串的截取。

```
Private Sub Form_Click()
    Dim s As String, s1 As String
    Dim x As Long, x1 As Long
    s = "M21-451"
    s1 = "T431-46"
    x = InStr(s, "-")     'instr()从字符串中查找子字符串
    x1 = InStr(s1, "-")
    Print Mid(s, x + 1, Len(s) - x + 1) '"451"
    Print Mid(s1, x1 + 1, Len(s1) - x1 + 1) '"46"
End Sub
```

7．String()

功能：返回指定长度、重复指定字符的字符串。

语法：String(number,character)

number 决定返回字符串的长度，character 为整数表达式或字符串表达式。若 character 为整数，则重复 number 个 character 对应的编码字符，若 number 大于 255，则将 number Mod 256 得到字符码。若 character 为字符串表达式，则重复 number 个字符串的首字符。

说明：String()用来产生重复的字符串，常用于连接运算。

例 2-6　字符串的产生。

```
Private Sub Form_Click()
    Dim s As String, snumber As String, sname As String, score As Long
    s = "学号    姓名    成绩"
    Print s
    Print String(20, 42) '42为"*"的 ascii 码
    snumber = "21"
    sname = "张三"
    score = 295
    s = snumber + String(6, "  abc") + sname + String(4, "  abc") & score
        'string(6,"  abc")产生 6 个空格
    Print s
End Sub
```

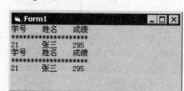

上例中程序运行结果如图 2-4 所示。

上面介绍了一些常用的字符串函数，其他字符函数及其说明如表 2-8 所示。

图 2-4　例 2-6 运行结果

表 2-8　常用字符串函数

函数名	含义	示例	结果
InStr([number],string1, string2[,M])	在 string1 中从第 number 个字符开始查找子串 string2,省略 number 从头开始找。若找到返回找到的位置；若找不到，则返回 0	Instr(3,"fgcdefg","fg")	6
Joint(A[,D])	将数组 A 各元素按 D 分隔符连接成字符串。若 D 省略，则用空格作为分隔符；若 D 为零长度字符串"",则无分隔符	A=array("123","abc", "c"): Join(A,"")	"123abc"
Left(string,number)	取出字符串左边的 number 个字符	Left("人民 abc",2)	"人民"
Len(string|varname)	字符串字符长度或变量内存空间字节数	Len("人民 abc")	5
LenB(string|varname)	字符串字节数或变量内存空间字节数	LenB("人民 abc")	10
Ltrim(string)	去掉字符串左边的空格	Ltrim(" abc")	"abc"
Mid(string,number1[,number2])	截取字符子串	Mid("abcdedg",2,3)	"bcd"
Replace(string,string1,string2, [,number1][,number2][,M])	在字符串 string 中从 1 或 number1 开始用 string2 替代 string1（有 number2 则替代 number2 次）	Replace("中国人民和中国","中国","china")	"china 人民和 china"
Right(string,number)	截取字符串右边的 number 个字符	Right("abcdefg",3)	"efg"
Rtrim(string)	去掉字符串右边的空格	Rtrim(" a ")	" a"
Space(number)	产生有 number 个空格的字符串	Space(3)	" "
Split(string[,d])	将字符串 string 按分隔符 D（或省略为空格）分隔成字符数组。与 join 的作用相反。	S=Split("123,56,ab",",")（其中 S 应为 Variant 类型）	S(0)="123" S(1)="56" S(3)="ab"
String(number,character)	返回由 number 个 character 首字符组成的字符串	String(3,"abcdefg")	"aaa"
StrReverse(string)	将字符串反序	Strreverse("abed")	"deba"
Trim(string)	去掉字符串两边的空格	Trim(" ab ")	"ab"

提示：[，M]表示是否区分大小写，M=0 区分，M=1 不区分，省略 M 为区分大小写。

2.4.4　类型转换函数

1. Asc()

功能：返回一个 Integer，代表字符串中首字符的 ASCII 码。

语法：Asc(string)

string 不能是零长度字符串。

说明：在一般情况下，返回 0～255 之间的整数，在 DBCS 下范围是–32 768～65 535。

例 2-7　Asc 函数的使用。

```
Private Sub Form_Click()
    Dim number As Integer
    number = Asc("A"): Print number        '值为 65
    number = Asc("a"): Print number        '值为 97
    number = Asc("apple"): Print number  '值为 97
    number = Asc("李"): Print number       '值为-16146
End Sub
```

2．Chr()

功能：将 ASCII 码转换成字符。

语法：Chr[$](number)

number 正常范围为 0～255，在 DBCS 下范围是–32 768～65 535。

说明：可省略的$表示函数返回字符串。Chr()与 Asc()互为反函数，例如 Asc(Chr(122))
的结果还是 122。

例 2-8　Chr 函数的使用。

```
Private Sub Form_Click()
    Dim s As String
    s = Chr(65): Print s      '值为"a"
    s = Chr(-16146): Print s '值为"李"
End Sub
```

3．Ucase()与 Lcase()

功能：Ucase()将字符串中的字符转换成大写字母，Lcase()将字符串中的字符转换成小
写字母。

语法：Ucase(string)

　　　Lcase(string)

说明：Ucase ()和 Lcase ()互为反函数。

例 2-9　Ucase 与 Lcase 函数的使用。

```
Private Sub Form_Click()
    Dim upperstring As String, lowerstring As String
    upperstring = UCase("Hello World!"): Print s      '结果为"HELLO WORLD!"
    lowerstring = LCase("Hello World!"): Print s       '结果为"hello world!"
End Sub
```

4．Str()

功能：将数值转换为数字字符串。

语法：Str[$](number)

说明：Str()函数将非负数值转换成字符串后，会在转换后的字符串左边增加一个空格，即数值符号位。例如 str(123)的结果为" 123"而不是"123"。

例 2-10　Str 函数的使用。

```
Private Sub Form_Click()
    Dim s As String
    s = "3*4="
    Print s + Str(12)          '输出结果为"3*4= 12"
    Print "-" + s + Str(-12)   '输出结果为"-3*4=-12"
End Sub
```

5. Val()

功能：将数字字符串转换为数值。

语法：Val(string)

说明：将第一个数字字符起到第一个非数字字符止的数字字符串转换为数值。小数点、0~9、正负号、科学记数法标识、进制符号（&O 和&H）都被认为是数字符号。

例 2-11　Val 函数的使用。

```
Private Sub Form_Click()
    Print Val("&HFFFF")      '输出结果为-1
    Print Val("24.5and 54")  '输出结果为24.5
End Sub
```

表 2-9 列出了 Visual Basic 的常用转换函数。

表 2-9　常用转换函数

函数名	含义	示例	结果
Asc(string)	将首字符转换为 ASCII 码值	Asc("A")	65
Chr$(number)	将 ASCII 码转成字符	Chr$(65)	"A"
Fix(number)	直接舍去小数部分的取整	Fix(-3.5)	-3
		Fix(3.5)	3
Hex[$](number)	十进制转成十六进制	Hex(100)	64
Int(number)	取整（结果小于或等于原数）	Int(-3.5)	-4
		Int(3.5)	3
Lcase$(string)	大写字母转换成小写字母	Lcase$("Abc")	"abc"
Oct[$](number)	十进制转成八进制	Oct$(100)	144
Round(number)	四舍五入取整	Round(-3.5)	-4
		Round(3.5)	4
Str$(number)	数值转换成字符串	Str$(123.45)	" 123.45 "
Ucase$(string)	小写字母转换成大写字母	Ucase$("Abc")	"ABC"
Val(string)	数字字符串转换为数值	Val("123abc")	123

2.4.5　日期函数

1. Date( )

功能：返回系统日期。

语法：Date[( )]

说明：Date 函数的返回值是系统日期的年月日。

2．Now( )

功能：返回系统日期和时间。

语法：Now

说明：Now 函数的返回值是系统日期的年月日和时间的时分秒。

3．Time( )

功能：返回系统时间。

语法：Time[( )]

说明：Time 函数的返回值是系统时间的时分秒。

例 2-12　Date，Now 和 Time 函数的使用。

```
Private Sub Form_Click()
    Print Date    '输出结果形式为 2004-12-1
    Print Now     '输出结果形式为 2004-12-1 11:35:10
    Print Time    '输出结果形式为 11:35:10
End Sub
```

其他常用日期函数如表 2-10 所示。

表 2-10　常用日期函数

函数名	含义	示例	结果
Date[()]	返回系统日期	Date()	2001-6-20
DateSerial(year,month,day)	返回一个日期	Dateserial(1,6,20)	2001-6-20
DateValue(string)	返回一个日期	Datevalue("1,6,20")	2001-6-20
Day(string|number)	返回日期号（1～31）	Day("97,5,3")	3
Hour(string|number)	返回小时（0～24）	Hour("1:12:56 PM")	13
Minute(string|number)	返回分钟（0～59）	Minute("1:12:56 PM")	12
MonthName(number)	返回月份名	MonthName(2)	二月
Now	返回系统日期和时间	Now	2001-6-20 1:12:56 PM
Second(string|number)	返回秒（1～59）	Second("1:12:56 PM")	56
Time[()]	返回系统时间	Time	1:12:56 PM
WeekDay(string|number)	返回星期号（1～7）星期日为 1，星期六为 7	Weekday("2001-6-20")	4
WeekDayName(number)	返回星期名	Weekdayname(7)	星期六
Year(string|number)	返回年代号（1753～2078）	Year(365) 从 1899-12-30 后 365 天的年份	1900

2.4.6　其他函数

1．Tab()

功能：与 Print 方法一起使用，可以定位输出字符位置。

语法：Tab[(n)]

n 为整数，确定输出位置的列。如果当前位置大于 n 列，则在下一行的 n 列输出；如果 n 小于 1，则在第一列输出；如果 n 大于行宽，则在第（n Mod 行宽）列输出。

说明：Tab 与 Print 一起使用，可以格式化输出。

2．Spc()

功能：与 Print 方法一起使用，可以定位输出字符位置。

语法：Spc(n)

n 为从当前位置输出的空格数。如果 n 大于行宽，则输出（n Mod 行宽）个空格。

说明：Spc() 与 Tab() 有类似的功能，但 n 的含义不同。

例 2-13 Tab 和 Spc 函数的使用示例。

```
Private Sub Form_Click()
    Print "数学";Tab(20);"语文"
    Print "78";Tab(20);"83" '78位于数学下，83位于语文下
    Print "数学";Spc(20);"语文"
    Print "78";Spc(22);"83" '78位于数学下，83位于语文下
End Sub
```

程序运行结果如图 2-5 所示。

3．Format()

Format 函数用于格式化数据。其语法如下：

Format(表达式[，格式字符串])

具体使用格式见第 3 章。

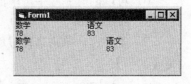

图 2-5 例 2-13 运行结果

4．Shell()

功能：执行一个可执行文件，执行成功返回任务 ID，否则返回 0。

语法：Shell(filename[,windowstyle])

filename 为指明可执行文件的字符串，包括可执行文件的路径和文件名。windowstyle 可用以下六个系统常量 vbHide(0)、vbNormalFocus(1)、vbMinimizedFocus(2)、vbMaximizedFocus(3)、vbNormalNoFocus(4)、vbMinimizedNoFocus(6) 来表示隐藏窗口、正常窗口、有输入焦点的最小化窗口、最大化窗口、正常无焦点的窗口、最小化无焦点窗口。

说明：Shell() 函数以异步方式运行，不等 Shell 执行完，后面的语句就开始执行。

例 2-14 单击窗体时用 Shell 函数启动记事本程序，使记事本程序启动后具有正常窗口，并成为当前窗口（记事本程序可执行文件的文件名为 notepad.exe，设记事本程序可执行文件所在的路径是 C:\ winnt\system32\）。

程序代码如下：

```
Private Sub Form_Click()
    I=Shell("C:\ winnt\system32\notepad.exe",1)
End Sub
```

基本数据类型及运算类型

习　题　2

一、选择题

1. 下面哪个是 Visual Basic 的合法直接常量【　　】。

    A）π　　　　　　　B）%100　　　　　　C）True　　　　　　D）&H12ag

2. 下面哪个是 Visual Basic 的合法变量名【　　】。

    A）123_a　　　　　B）Integer　　　　　C）False　　　　　D）sinx

3. Len("VB 程序设计")的返回值为【　　】。

    A）6　　　　　　　B）12　　　　　　　C）10　　　　　　D）7

4. 骰子是一个正六面体，用 1～6 这六个数分别代表这六面，掷一次骰子可能出现的数应表示为【　　】。

    A）Int(Rnd(6)+1)　　　　　　　　　B）Int(Rnd*6)

    C）Int(Rnd*7)　　　　　　　　　　D）Int(Rnd*6+1)

5. 语句 Print Sgn(–3^2)+Abs(–3^2)+Int(–3^2)运行时输出的结果为【　　】。

    A）17　　　　　　　B）27　　　　　　　C）1　　　　　　D）–1

6. 可以同时删除字符串前导和尾部空白的函数是【　　】。

    A）Ltrim　　　　　B）Trim　　　　　　C）Rtrim　　　　　D）Mid

7. 若在窗体单击事件过程中有语句，a=4:b=3:Print a > b。则单击窗体时输出的结果是【　　】。

    A）True　　　　　　B）False　　　　　　C）0　　　　　　D）1

8. Visual Basic 表达式 3 \ 3 * 3 / 3 Mod 3 的值是【　　】。

    A）–1　　　　　　　B）1　　　　　　　C）–3　　　　　　D）3

9. 表达式 Sqr(a+b)^3*2 中优先进行运算的是【　　】。

    A）Sqr 函数　　　　B）+　　　　　　　C）^　　　　　　D）*

10. 下列表达式中，正确的 Visual Basic 逻辑表达式是【　　】。

    A）x > y And < z　　　　　　　　　B）x > y > z

    C）x > y And > z　　　　　　　　　D）x > y And y > z

二、填空题

1. 表达式 123+23 Mod 10 \ 7 + Asc("a")的值是＿＿＿＿＿＿＿＿。

2. 若 a$="87654321",则表达式 Val(left$(a$,4)+mid(a$,4,2))的值是＿＿＿＿＿＿。

3. 数学式[10x+sin(2x)]/(xy)的 Visual Basic 表达式为＿＿＿＿＿＿＿＿＿＿。

4. 数学式 $\sin^2(a+b)/(3x)+5e^2$ 的 Visual Basic 表达式为＿＿＿＿＿＿＿＿＿＿。

5. 表示 10≤x<20 的关系表达式为＿＿＿＿＿＿＿＿＿＿。

6. 存储 3.2345 可用＿＿＿＿＿＿＿＿＿数据类型且内存容量最小。

7. 执行语句 s=Len(Mid("VisualBasic",1,6))后，s 的值是＿＿＿＿＿＿＿＿＿。

8. 设 a=10，b=5，c=1，则执行语句 Print a > b > c 后，窗体上显示的是＿＿＿＿＿＿。

9. 执行语句 Print String(4,"string")后，窗体上显示的是＿＿＿＿＿＿＿＿＿。

10. 执行语句 Print Ucase(Mid("中国 china",2,3))后，窗体上显示的是＿＿＿＿＿＿。

第 3 章 程序控制结构

本章要点

和一般程序设计语言一样，Visual Basic 也具有结构化程序设计的三种基本结构，即顺序结构、选择结构和循环结构。它们是程序设计的重要基础。

本章首先介绍 Visual Basic 中的一般输入输出语句（包括用 InputBox 函数实现输入，用 MsgBox 函数、Print 方法、打印机实现输出），进而介绍程序的三种基本控制结构，重点是由 If 或 Select Case 语句实现的选择结构，由 For 语句、Do While 语句或 While 语句实现的循环结构，并就三种基本结构的应用介绍一些典型问题的算法实例。

3.1 输入输出语句

输入常指将数据通过键盘或鼠标送入计算机内存中，一般是通过一个内存变量来接收所输入的数据。而输出即指将计算机内存中的信息（一般是内存变量的值）送往计算机屏幕显示或打印机打印等。Visual Basic 中实现数据的输入的一种常用方法就是用 InputBox 输入对话框，实现数据输出比较常用的方法则是利用 MsgBox 函数和 Print 方法。此外，也可通过文件方式实现从磁盘文件输入数据或向磁盘文件输出数据（这种方式的输入输出实现见第 10 章）。

3.1.1 InputBox 函数

如果在程序中想通过键盘给某个内存变量 x 赋值，Visual Basic 是如何实现的呢？请看下面例句：

```
x=InputBox("请输入一个数","给 x 赋值","666",100,200)
```

该语句运行后将首先出现如图 3-1 所示的对话框，如果操作者单击对话框的"确定"按钮，则 x 将得到一个字符串类型的值"666"；如果操作者将对话框中原来的"666"改为"888"后再单击"确定"按钮，则 x 将得到一个字符串类型的值"888"。同时请注意该对话框的标

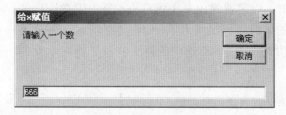

图 3-1 InputBox 例子

题栏内容、文本框内出现的文字，还有对话框出现的位置（将出现在距屏幕左边 100 单位、距屏幕顶边 200 单位的地方）。这些内容都与上述语句中括号里所填的参数有关。

InputBox 函数的一般使用格式如下：

```
x = InputBox(提示内容 [,标题] [,函数的默认值] [,横向坐标] [,纵向坐标])
```

该函数总共可设置五个参数，其中第一个参数必不可少。下面给出各参数的含义：

- 提示内容：必填参数，为字符串类型，该字符串内容将出现在对话框中作为提示信息。如果要以多行形式显示提示信息，则该字符串中间要插入回车控制符 Chr(13) 和换行控制符 Chr(10)，或插入 Visual Basic 内部常数 vbCrLf（代表回车换行）。
- 标题：可选参数，为字符串类型，该字符串内容将出现在对话框的标题栏。
- 函数的默认值：可选参数，为字符串类型。若设置了此参数，则直接单击"确定"按钮时，将用此参数的值作为函数的值。
- 横向坐标、纵向坐标：均为数值类型的可选参数。这一对数决定对话框左上角点相对于屏幕左上角点的位置坐标，屏幕左上角点是坐标原点(0,0)。横向向右为正方向，纵向向下为正方向。

该语句执行时，出现类似图 3-1 所示的对话框，并等待用户输入内容。当用户单击"确定"按钮后，对话框消失，同时函数返回所输入的值，函数的值类型为字符串型，函数值最后赋给左边的变量 x。

注意：对于括号内的可选参数，可以省略任意几个，也可全省略。如果仅仅省略中间的参数，则相应的逗号不能省略，要留着逗号占位。

又如：

```
dim S As String, Name As String
S="请输入" + Chr(13) + Chr(10) + "您的姓名"
Name = InputBox(S, , ,100,200)
```

InputBox 函数省略了中间两个参数，且提示信息将分两行显示。若在显示的对话框中输入"王兵"，则单击"确定"按钮后，变量 Name 得到的值为"王兵"。

3.1.2 MsgBox 函数和 MsgBox 过程

有时需要在程序执行过程中向用户报告某些消息，比如程序要求用户在文本框中给 x 变量输入一个 6 位以上的字符串作为密码字符，如果用户输入的不是 6 位以上的字符串时，程序就弹出一个消息框，警告用户这样的信息"错误：您输入的字符串不足 6 位"，如图 3-2 所示。下列语句段就可实现这样的功能（关于 If 语句的格式和意义将在本章的 3.3 节介绍）：

图 3-2 MsgBox 例子

```
x = InputBox("请输入密码字符")
If Len(x)<6 Then
'如果 x 中的字符串不足 6 个字符，那么就执行下列语句
```

```
        y=MsgBox("错误: 您输入的字符串不足 6 位",VbOkOnly,"密码消息")
End If
```

图 3-2 的消息框是在计算机执行到上述程序段的第 3 行语句时出现的,直到用户单击消息框的"确定"按钮后,消息框才会关闭,同时返回一个函数值 1 赋给左边的变量 y。

一般地,MsgBox 函数的使用格式如下:

```
y = MsgBox(提示内容参数,[按钮类型参数],[标题内容参数])
```

即 MsgBox 函数中共可以填入 3 个参数,只有第一个参数必不可少。各参数含义如下:

- 提示内容参数:设置消息框将出现的提示信息,为字符串类型参数。
- 按钮类型参数:设置消息框将出现何种按钮、按钮个数以及显示图标的类型等,可以为某些正整数或 Visual Basic 的特定内部常量。
- 标题内容参数:设置消息框标题栏将显示的文字,为字符串类型。

表 3-1 列出了 MsgBox 函数中可以使用的按钮类型参数及其对应的含义。

表 3-1   MsgBox 函数中"按钮类型参数"的设置值及其意义

分组	内部常数	按钮值	含义
按钮数目	vbOkOnly	0	只显示"确定"按钮
	vbOkCancel	1	显示"确定"、"取消"按钮
	vbAbortRetryIgnore	2	显示"终止"、"重试"、"忽略"按钮
	vbYesNoCancel	3	显示"是"、"否"、"取消"按钮
	vbYesNo	4	显示"是"、"否"按钮
	vbRetryCancel	5	显示"重试"、"取消"按钮
图标类型	vbCritical	16	关键信息图标: 红色 STOP 标志
	vbQuestion	32	询问信息图标: ?
	vbExclamation	48	警告信息图标: !
	vbInformation	64	信息图标: I
默认按钮	vbDefaultButton1	0	第 1 个按钮为默认
	vbDefaultButton2	256	第 2 个按钮为默认
	vbDefaultButton3	512	第 3 个按钮为默认
模式	vbApplicationModal	0	应用模式
	vbSystemModal	4096	系统模式

注意:

- 表 3-1 中的四组方式可以组合使用(用"+"号连接),既可用内部常数形式,也可用按钮值形式。
- 以应用模式建立的消息框,必须响应消息对话框后才能继续当前的应用程序;而以系统模式建立消息框时,所有的应用程序都将被挂起,直到用户响应了消息对话框为止。

MsgBox 函数显示消息框时,等待用户选择一个按钮。用户选择不同的按钮,MsgBox 函数将返回一个不同整数函数值。MsgBox 函数返回的整数函数值与所选择按钮的对应关系如表 3-2 所示。

表 3-2　MsgBox 函数返回的整数函数值与所选按钮的对应关系

函数返回值（内部常数、整数）		对应被单击的按钮
vbOk	1	确定
vbCancel	2	取消
vbAbort	3	终止
vbRetry	4	重试
vbIgnore	5	忽略
vbYes	6	是
vbNo	7	否

如果不需要函数值，则可以使用 MsgBox 过程的形式。该形式的语句格式为：

MsgBox 提示内容参数,[按钮类型参数],[标题内容参数]

这时，赋值符号和接收函数值的变量都要省掉，同时也要省掉函数的小括号，参数的含义和使用方法完全和函数形式的 MsgBox 相同。

例 3-1　编写程序，当用户单击图 3-3 所示的 Command1 按钮时，程序弹出输入框，要求用户输入信息。当用户输入信息，并单击"确定"按钮后，接着弹出含有"是"和"否"按钮的消息框（标题为默认内容）。若用户单击"是"按钮，则程序继续运行；若用户单击"否"按钮，则程序退出。

【分析】　首先在设计时画出如图 3-3 所示的界面，修改窗体的 Caption 属性为"InputBox 与 MsgBox 使用例子"，然后双击命令按钮 Command1，进入代码编辑窗口，在按钮的 Click()事件过程中填写代码。包含"是"和"否"按钮的消息框要用到 vbYesNo参数。

图 3-3　InputBox 与 MsgBox 使用例子

程序如下：

```
Private Sub Command1_Click()
    x = InputBox("请输入信息")
    y = MsgBox(x, vbYesNo)
    If y = 7 Then '如果用户单击"否"按钮，那么
        End '结束程序
    End If
End Sub
```

3.1.3　Print 方法

Print 方法的作用是在一些对象上输出信息，其一般使用格式如下：

[对象].Print [Spc(*n*) | Tab(*n*)] [表达式列表] [结束符]

- 对象：可选参数。可以是窗体名称、图片框名称或打印机对象。若向程序所在的当前窗体输出信息，则可省去该窗体对象的名称。

- Spc(n)：可选的参数。等效于 Space(n)，用来在输出中插入空格字符，n 为要插入的空格字符个数。

- Tab(n)：可选参数；用来将插入点定位在绝对列号上；这里，n 为列号。若插入点当前所处列位置小于或等于 n，则 Tab(n) 将插入点移到第 n 列；若插入点当前所处列位置已经超过 n，则 Tab(n) 将插入点移到下一行的第 n 列；若 n<1，则 Tab(n) 将插入点移到当前行或下一行的第 1 列。使用无参数的 Tab 将插入点定位在下一个打印区的起始位置（每个打印区占 14 列，即第 1 个打印区占第 1~14 列，第 2 个打印区占第 15~28 列，……，第 i 个打印区占第(i-1)*14+1~i*14 列）。

- 表达式列表：可选参数，是要打印的数值表达式或字符串表达式。如果省略，则打印空格符号。如果有多项表达式，则每项表达式之间用逗号或分号或空格隔开。

- 结束符：可选参数，指定下一个字符的插入点位置，可以是 Tab(n)、Tab、分号（;）、逗号（,）。Tab(n)和 Tab 的作用同前面描述。若使用分号（;）则直接将插入点定位在前一个被显示的字符之后。若使用逗号（,）则将插入点定位在下一个打印区的起始位置（作用同 Tab）。如果末尾既没有分号（;）也没有逗号（,），则插入点将跳到下一行第 1 列。

例 3-2 Print 方法的使用示例。本程序执行后，输出的结果如图 3-4 所示。

```
Private Sub Form_Click()
    x = 50 : y = "库存书"
    Print "ABC1"; "■■■■■"
    Print "ABC2", "□□□□□"
    Picture1.Print
    Picture1.Print "1234567890"
    Picture1.Print Tab(3); "111"; y; "="; x; "本"
    Picture1.Print Spc(3); "222"; y; "="; x; "本"
End Sub
```

图 3-4　Print 方法输出示例

3.1.4　格式输出

输出数据的格式由 Format 函数确定，Format 函数的一般格式如下：

```
Format (表达式,格式字符串)
```

- 表达式：要格式化的数值、日期或字符串类型表达式。
- 格式字符串：一个加双引号的字符串，它说明前面的表达式按什么格式输出。格式字符串有三类：数值格式、日期格式和字符串格式，分别如表 3-3、表 3-4 和表 3-5 所示。

程序控制结构

表 3-3　常用数值格式字符串及其含义

符号	作用	数值表达式	格式字符串	显示结果
0	实际数字小于符号位数，数字前后加 0；大于按实际数值显示或小数按四舍五入	1234.567	"00000.0000"	01234.5670
		1234.567	"000.00"	1234.57
#	实际数字小于符号位数，数字前后不加 0；大于按实际数值显示或小数按四舍五入	1234.567	"#####.####"	1234.567
		1234.567	"###.##"	1234.57
.	加小数点	1234	"0000.00"	1234.00
,	千分位	1234.567	"##,##0.0000"	1,234.5670
%	数值乘以 100，加百分号	1234.567	"####.##%"	123456.7%
$	在数字前强加 $	1234.567	"$###.##"	$1234.57
+	在数字前强加 +	−124.567	"+###.##"	±124.57
−	在数字前强加 −	1234.567	"− ###.##"	−1234.57
E+	用指数表示	0.1234	"0.00E+00"	1.23E − 01
E−	与 E+ 类似	1234.567	".00E-00"	.12E04

表 3-4　常用日期和时间格式字符串及其含义

符号	作用	符号	作用
d	显示日期（1~31），个位前不加 0	dd	显示日期（1~31），个位前加 0
ddd	显示星期缩写（Sun~Sat）	dddd	显示星期全名（Sunday~Saturday）
ddddd	显示完整日期（yyyy-m-d）	dddddd	显示完整长日期（yyyy 年 m 月 d 日）
w	星期为数字（1~7，1 是星期日）	ww	一年中的第几个星期（1~53）
m	显示月份（1~12），个位前不加 0	mm	显示月份（01~12），个位前加 0
mmm	显示月份缩写（Jan~Dec）	mmmm	显示月份全名（January~December）
y	显示一年中的第几天（1~366）	yy	两位数显示年份（00~99）
yyyy	四位数显示年份（0100~9999）	q	季度数（1~4）
h	显示小时（0~23），个位前不加 0	hh	显示小时（00~23），个位前加 0
m	在 h 后显示分（0~59），个位前不加 0	mm	在 h 后显示分（0~59），个位前加 0
s	显示秒（0~59），个位前不加 0	ss	显示秒（00~59），个位前加 0
tttt	显示完整时间（小时、分和秒），默认格式为 hh: mm: ss	AM/PM am/pm	12 小时的时钟，中午前 AM 或 am，中午后 PM 或 pm
A/P,a/p	12 小时的时钟，中午前 A 或 a，中午后 P 或 p		

表 3-5　常用字符串格式字符串及其含义

符号	作用	字符串表达式	格式字符串	显示结果
<	强迫以小写显示	HELLO	"<"	hello
>	强迫以大写显示	hello	">"	HELLO
@	实际字符位数小于符号位数，字符前加空格	ABCDEF	"@@@@@@@@"	□□ABCDEF
&	实际字符位数小于符号位数，字符前不加空格	ABCDEF	"&&&&&&&&"	ABCDEF

说明：

（1）时间分钟的格式说明符 m、mm 与月份的说明符相同，区分的方法是，跟在 h、hh 后的为分钟，否则为月份。

（2）非格式说明符–、：、/ 等，照原样显示。

下面的示例显示了用 Format 函数做格式化输出的一些不同用法。对于日期分隔号（/）、时间分隔号（:），以及 AM/PM 等文本而言，其真正的显示格式会因计算机上的国际标准不同而有所差异。

```
Dim MyTime, MyDate, MyStr
MyTime = #17:04:23#
MyDate = #January 27, 1993#
MyStr = Format(MyTime, "h:m:s")              '返回 "17:4:23"
MyStr = Format(MyTime, "hh:mm:ss AMPM")      '返回 "05:04:23 PM"
MyStr = Format(MyDate, "dddd, mmm d yyyy")   '返回 "Wednesday, Jan 27 1993"
'如果没有指定格式，则返回字符串
MyStr = Format(23)   '返回 "23"
'用户自定义的格式。
MyStr = Format(5459.4, "##,##0.00")          '返回 "5,459.40"
MyStr = Format(334.9, "###0.00")             '返回 "334.90"
MyStr = Format(5, "0.00%")   '返回 "500.00%"
MyStr = Format("HELLO", "<")                 '返回 "hello"
MyStr = Format("This is it", ">")            '返回 "THIS IS IT"
```

3.1.5 打印机输出

1. 打印机对象

Visual Basic 6 提供的打印机对象（Printer）允许用户使用安装在 Windows 中的打印机。使用打印机对象的 Print 方法可以把以往输出到屏幕的内容输出到打印机，而利用 PaintPicture 方法可用来打印图形。

（1）打印机对象的常用属性

- FontCount：打印机可用的字体总数。
- FontName：字体名称。其值是字符串表达式，指定所用的字体名。如 Printer.FontName ="宋体"。
- FontSize：字体大小。属性值为数值表达式，以磅为单位指定所用字体的大小。
- PrintQuality：打印质量。设置或返回打印机的分辨率，是整型数（–1～–4 对应分辨率从低到高）如设置草稿质量 Printer.PrintQuality=–1。

（2）打印机对象的常用方法

- Print：打印。向打印机输出文本或数据。
- Pset、Line、Circle：分别为画点、画线、画圆。
- PaintPicture：打印图形。
- EndDoc：文档结束。用于终止发送给 Printer 对象的打印操作，将文档释放到打印设备或后台打印程序。如果在运行 NewPage 方法后立即调用 EndDoc，则不会打印额外的空白页。

- **NewPage**：用以结束 Printer 对象中的当前页并前进到下一页。
- **KillDoc**：删除文档。立即终止当前的打印。

（3）语句示例

```
Printer.Print "Visual Basic 编程"
Printer.NewPage
Pi = 3.1415926
Printer.Print "Pi=";Pi
Printer.EndDoc
```

下列语句在（0，0）坐标点处将图片框 Picture1 中的图片按原尺寸打印：

```
Printer.PaintPicture Picture1.Picture, 0, 0, Picture1.Width, Picture1.
Height
```

2. 打印 Visual Basic 代码

打印前先要设置好打印机。选择"文件"|"打印设置"命令，会出现一个"打印设置"对话框，用户可以选择打印机的名称以及打印机纸的大小。

在工程窗口内选择要打印哪个窗体或模块中的代码，接着选择"文件"|"打印"命令，出现如图 3-5 所示的"打印"对话框。

图 3-5　打印对话框

在"范围"选项区域中选择"当前模块"单选按钮，在"打印内容"选项区域中选中"代码"复选框。打印质量分为高、中、低和草稿四种，选择好后单击"确定"按钮即可打印。

3. 打印 Visual Basic 窗体

选择"文件"|"打印"命令，不仅可以打印代码，也可打印窗体。只要在图 3-5 对话框的"打印内容"选项区域中选中"窗体图像"复选框即可。

此外，使用窗体的 PrintForm 方法也可以打印窗体中的文本及图像，其语法为：

```
[窗体名.] PrintForm
```

其中，窗体名为要打印的窗体。注意，当窗体中包含用绘图方法绘制的图形时，只有把窗体 AutoRedraw 属性设为 True，图形才会被打印。

3.1.6 字型

Font 对象包含格式化文本所需要的信息。这些文本，有的要在应用程序界面中显示，有的要打印输出。

经常用显示文本的对象（例如 Form 对象或 Printer 对象）的 Font 属性来标识 Font 对象。这些文本显示对象的 Font 属性包含六种子属性，这六种子属性的设置既可以在属性窗口单击 Font 属性值所在栏的省略号，弹出"字体"对话框，在"字体"对话框进行各方面的参数指定。此外，也可用程序语句设置这六种子属性，而且用语句设定可以更加灵活方便。

1. 设定字体各类属性的语句

设置字体类型语句：[对象名.]FontName [=字体类型]

设置字的尺寸语句：[对象名.]FontSize [=数值]

设置是否加粗语句：[对象名.]FontBold [=True / False]

设置是否倾斜语句：[对象名.]FontItalic [=True / False]

设置是否加删除线：[对象名.]FontStrikethru [=True / False]

设置是否加下划线：[对象名.]FontUnderline [=True / False]

2. 说明

- 若省略对象名，则默认对当前窗体对象中的字体属性进行设置。
- 若省略赋值符号及其右边的内容，则只能作为属性值被引用，返回当前属性值。
- 若属性值是逻辑值，则赋值号右边取 True 表示设置，取 False 表示不设置。
- 字的尺寸用数字表示，单位是磅。数值越大字也越大，五号字大约是 10.5 磅，默认是小五号字，尺寸大约是 9 磅。FontSize 的最大值为 2160 磅。
- 字体类型用字符串表示。有哪些能设置的字体类型取决于 Windows 中包含的字体。

3. 示例

```
Text1.FontName="隶书"        '将文本框的字体类型设置为隶书
Label1.FontName="楷体"       '将标签的字体类型设置为楷体
FontName="System"            '将当前窗体的字体类型设置为 System
FontSize=10.5                '将当前窗体的字体尺寸设置为 10.5 磅
FontBold =True               '将当前窗体的字体设置为加粗
```

3.2 顺 序 结 构

当程序中没有控制流程转向的语句（分支语句、循环语句、跳转语句等）时，语句被执行的顺序严格遵守书写的先后顺序，这样的程序结构叫顺序结构。顺序结构是程序的三种基本结构的最常见、最简单的一种，一般由赋值语句、输出数据语句和输入数据语句组成。

3.2.1 赋值语句

赋值语句实现的功能是将数据赋给某个内存变量（即把数据送到一个内存单元暂存），如把数 "5" 放到命名为 "X" 的变量内存单元，可以用这样的语句实现 X=5。如果要把名为 "X" 的变量中的值改成一个比原值大 1 的数，可以用这样的语句实现 X=X+1。一般赋值语句的格式如下：

```
[Let] 变量名 = 数据
```

- Let：为可选项，加 Let 是为了兼容过去的 Basic 语法。现在一般不加。
- 变量名：一个符合 Visual Basic 变量命名规则的标识符。
- 数据：可以是 Visual Basic 支持的各种数据常量、有值的变量、表达式、函数等。

示例语句：

```
Dim x As Integer, y As Integer, c AS String
x=7           'x 得到数值 7
y=x           'y 得到 x 的值
c="Book"      'c 得到字符串数据"Book"
x=2*x+1       '以 x 变量原来的值为参数，计算表达式 "2*x+1" 的值，结果再赋给 x
```

特别强调：符号 "=" 在赋值语句中的意思是先把右边的数据确定下来，再把该数据送到左边的变量中（左边必须是一个变量），它并不表示数学上的 "相等" 意思。因此，在程序语言中，诸如 "x=x+1" 这样的语句是司空见惯的，而如果按数学上的 "相等" 意思去理解，该写法是不可思议的。必须这样理解赋值语句 "x=x+1"：两边的 x 代表的值是不同的。两边都用 x 表示仅是指同一内存单元，而左右两边则代表两个不同时刻（右先、左后），右边的 x 代表的是原值（老 x 值），左边的 x 代表的是新值（新 x 值）。变量之 "变" 的含义就是靠这种赋值语句反复执行而实现的。牢固树立起这样的概念，对今后编程是有利的。

当然，符号 "=" 在 Visual Basic 中有时也带有 "相等" 的意思，那是在把 "x=y" 当成关系表达式时，比较 x 和 y 值是否相等，由此决定该表达式的值是 True 还是 False。那么，"x=y" 这种书写形式在什么时候是赋值语句？什么时候是关系表达式呢？这要看其出现的位置：独立出现时，是赋值语句；而出现在条件判断句子中或输出列表项中，则是关系表达式。

例如，若依次有下列三行语句代码：

```
x=5 : y=8      '单独出现，是两个赋值语句
x=y            '单独出现，是赋值语句；这里把 y 的值赋给 x 变量（这样 x，y 的值就都是 8 了）
Print x=y      '作为输出的一项内容，所以 "x=y" 是表达式，此表达式的值是 True
```

3.2.2 输出数据

输出数据是通过输出语句将常量、变量的值、对象属性的值或表达式的值向容器控件、显示器、打印机、磁盘文件输送。要把握三个方面的要点：

- 常见的输出语句类型：MsgBox 消息框、Print 方法和写文件的语句（见第 10 章）。
- 输出的数据表达形式：常量（如 5、True、"Book"）、变量、对象属性的值（如 Text1.Text）、表达式（如 2*x+1）和函数（如 Sqr(16)）等。
- 输出的位置：容器控件（如窗体、图片框、文本框等）、显示器、打印机和磁盘文件。

3.2.3 顺序结构的特征

组成顺序结构的语句基本上是一些输入、输出语句。输入语句除了可以由 InputBox 实现外；赋值语句也是一类广泛使用的输入语句，它是在程序运行时实现将预定的数据输入到内存变量中。输出语句则是将内存中的内容向外部设备（包括显示程序界面的显示器屏幕）输送。不像 C 语言那样，Visual Basic 中不可以单纯将一个表达式作为一个语句。

写顺序结构的程序时，必须明白这一点：解决一个问题应该先做什么、后做什么，必须严格地将先要做的事情写在前面，后做的事情写在后面。这一点对初学者来说，往往容易忽视，结果常常出现一些可笑的逻辑性错误。

例 3-3 编写一个华氏温度与摄氏温度之间转换的程序，窗口如图 3-6 所示。

要使用的转换公式为

```
F=9/5*C+32        (1)   '将摄氏温度转换为华氏温度，F 为华氏温度值
C=5/9*（F-32）     (2)   '将华氏温度转换为摄氏温度，C 为摄氏温度值
```

要求用按钮实现转换：单击"转华氏"按钮，将摄氏温度转换为华氏温度；单击"转摄氏"按钮，则将华氏温度转换为摄氏温度。

【分析】 单击"转华氏"按钮时，应该用公式（1）计算 F 的值；而单击"转摄氏"按钮时，应该是用公式（2）计算 C 的值。

计算 F，首先应该知道 C 的值，因此第一步是给 C 赋值。C 的值从 Text2 中来。其次是计算 F 的值。最后是将 F 的值输出到界面进行显示（将 F 的值赋给 Text1）。"转华氏"按钮的事件过程代码如下：

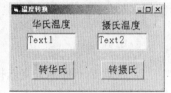

图 3-6　温度转换程序

```
Private Sub Command1_Click()   ' "转华氏"按钮被单击时执行的代码
    Dim C As Single, F As Single
    C = Text2
    F = 9 / 5 * C + 32
    Text1 = F
End Sub
```

同样，理解上述道理后，很快就可以写出"转摄氏"按钮的事件过程代码：

```
Private Sub Command2_Click()   ' "转摄氏"按钮被单击时执行的代码
    Dim C As Single, F As Single
    F = Text1
    C = (F - 32) * 5 / 9
```

程序控制结构

```
        Text2 = C
End Sub
```

这题虽然非常简单，但属于一个典型的顺序结构问题，初学者往往将上述每一过程体的第 2 句与第 4 句顺序搞反。请一定深刻理解谁先谁后。

3.3 分 支 结 构

在程序设计中经常遇到这类问题，需要根据不同的情况采用不同的处理方法。例如一元二次方程的求根问题，要根据判别式小于零或大于等于零的情况，采用不同的数学表达式进行计算。对于这类问题，如果用顺序结构编程，显然力不从心，必须借助分支结构。实现分支结构的语句有 If 语句和 Select Case 语句。

3.3.1 单分支选择

有时，程序中的某一语句段是否要执行，需要视某个条件而定。例如，类似银行开户设置密码的情况，某程序要求用户设置的密码必须在 6 位字符以上，密码先从 InputBox 中输入给字符变量 x。若 x 小于 6 个字符，就弹出消息框警告并要求重输；否则，就不弹出消息框警告。因此"弹出消息框警告并要求用户重新输入"这部分语句是在 x 长度小于 6 的条件下才被执行的，于是这部分程序可以这样写：

```
If Len(x)<6 Then
    MsgBox    "密码长度不足 6 字符，请重输"
    x=InputBox("请输入 6 位以上的密码字符")
End If
```

以上就是一种单分支选择结构，用 If 语句实现单分支选择结构的一般格式如下：

```
If <条件>Then
    <语句段>
End If
```

上面是写成块 If 的形式。如果语句段部分只有一句，这时可以省略后面的"End If"，写成如下行 If 的形式：

```
If <条件> Then <语句段>
```

<条件> 部分是一种逻辑值(True / False)，一般用关系表达式或逻辑表达式表示，但也可以用数值表达式表达（如果是数值表达式，则 Visual Basic 将非 0 值当成 True, 将 0 当成 False）。执行机制为：若<条件>部分是 True，则执行<语句段>；若<条件>部分是 False，则不执行<语句段>。

单分支选择结构用程序流程图表示如图 3-7 所示。

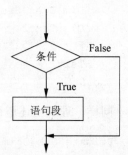

图 3-7　单分支结构流程图

3.3.2 二分支选择

如前面提到的一元二次方程的求根问题，要根据判别式小于零或大于等于零的情况，采用不同的数学表达式进行计算。判别式大于等于零可以直接开平方，求得的是实数根；判别式小于零则需要取判别式的绝对值开平方，求得的是虚数根。假设一元二次方程的形式为

$$a*x^2+b*x+c=0$$

则求根的程序段可以这样写

```
...'先给 a、b、c 指定值（此处省略了）
Deta=b^2-4*a*c   '计算判别式的值
If Deta>=0 Then '判别式大于等于零，求实数根
   x1 = -b / (2*a) + Sqr(Deta) / (2*a)
   x2 = -b / (2*a) - Sqr(Deta) / (2*a)
Else '判别式小于零，则求虚数根
   x11 = -b / (2*a) : x12=Sqr(Abs(Deta))/(2*a)   '第一个根的实部 x11，虚部 x12
   x21 = -b / (2*a) : x22=-Sqr(Abs(Deta))/(2*a) '第二个根的实部 x21，虚部 x22
End If
```

这里，Deta>=0 是一种条件表达式，当此条件表达式的值为 True 时，就选择执行 If 与 Else 之间的语句而跳过 Else 与 End If 之间的语句；当此条件表达式的值为 False 时，就选择执行 Else 与 End If 之间的语句而跳过 If 与 Else 之间的语句。

一般情况下，二分支 If 语句的一般格式如下：

```
If  <条件> Then
    <语句段 1>
Else
    <语句段 2>
End If
```

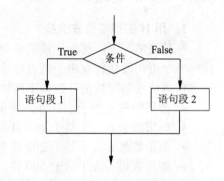

图 3-8　二分支结构流程图

二分支选择 If 语句的执行机制为若<条件>部分是 True，则执行<语句段 1>；若<条件>部分是 False，则执行<语句段 2>。

二分支选择结构用程序流程图表示如图 3-8 所示。

3.3.3 If 结构的嵌套

If 结构嵌套是指下列几种情况：在 If 与 Else 之间的<语句段 1>又是一个完整的 If 结构；或在 Else 与 End If 之间的<语句段 2>是一个完整的 If 结构；或<语句段 1>和<语句段 2>各是一个完整的 If 结构。

如果<语句段 1>或<语句段 2>是一个完整的 If 结构，则称它们为被嵌套的内层 If 结构（低一个层次，也可称为子 If 结构），而原来的 If…End If 结构则称为外层 If 结构。

下面列举一个使用 If 嵌套结构的典型例子。由给定的三个数值变量 a、b、c 的值，判断其能否构成一个三角形的三边，先给出两大结论：能、不能。而对"能"的情况下需要

第 3 章

程序控制结构

细分出两种结论，能构成直角三角形，或者构成非直角三角形。这种情况就需要在<语句段 1>或<语句段 2>的区域嵌入一个内层 If 结构。下面将<语句段 1>作为子 If 结构，程序段如下：

```
......'定义 a,b,c 为数值型变量（此处省略）
a=InputBox("请输入变量 a 的值")  '给定变量 a 的数值
b=InputBox("请输入变量 b 的值")  '给定变量 b 的数值
c=InputBox("请输入变量 c 的值")  '给定变量 c 的数值
If (a+b>c) And (b+c>a) And (c+a>b) Then '外层 If 的两大情况之一
      If (a^2+b^2=c^2)Or (b^2+c^2=a^2)Or(c^2+a^2=b^2) Then '内层 If 情况一
           Print "a，b，c 能构成直角三角形"
      Else  '内层 If 情况二
           Print "a, b, c 能构成非直角三角形"
      End If
Else '外层 If 的两大情况之二
      Print "a，b，c 不能构成三角形"
End If
```

上述例程中，斜体部分代码相当于普通二分支 If 结构的<语句段 1>部分，它是一个被嵌套的内层子 If 结构。为了区分外层和内层结构的层次关系，在书写中建议按层次关系缩进书写，即每低一个层次的语句要向右缩进一定距离，同一层次的语句缩进距离相同。这是写程序的一种规范，可以大大增加程序的可读性。建议初学编程的人们养成这种良好习惯。

3.3.4 多分支选择

1．用 If 实现多分支选择

在某些情况下，同一性质的语句段有多个，而只能从中选择一个语句段执行，到底选择哪一个语句段执行取决于符合哪个条件。例如商场购物价格按数量打折时，某种商品 A 的零售单价按购物数量分为如下四档：

- 如果数量 n 小于 100 件，则单价为 20 元一件。
- 如果数量 n 大于等于 100 件但小于 200 件，则单价为 18 元一件。
- 如果数量 n 大于等于 200 件但小于 500 件，则单价为 16 元一件。
- 如果数量 n 大于等于 500 件，则单价为 14 元一件。

若用变量 Price 表示单价，变量 Total 表示总价，变量 n 是购物数量，则 Total=Price*n。而 Price 的取值可能是 14、16、18、20 四种，依条件而定。这段程序如果用 If 语句实现，可以这样写：

```
n=InputBox("请输入商品 A 的购物数量")
If n<100 Then  '依据 n 值的不同，确定 Price 的值
  .Price=20
ElseIf n<200 Then
  Price=18
ElseIf n<500 Then
  Price=16
Else
  Price=14
```

```
End If
Total=Price*n   '由 n 值和确定的 Price 值计算总价
```

计算机碰到上述程序段时是这样执行的：首先判断 n<100 是否成立，若 n<100 为 True，则执行 Price=20，同时跳过其他的 Price 赋值语句而转入 End If 语句之后；若 n<100 为 False，则继续考虑下一个条件 n<200 是否成立，如果 n<200 为 True（即表明 n 的值是处在大于等于 100 而小于 200 的范围），则执行 Price=18，同时跳过其他的 Price 赋值语句而转入 End If 语句之后；若 n<200 为 False，则继续考虑下一个条件 n<500 是否成立，如果 n<500 为 True（即表明 n 的值是处在大于等于 200 而小于 500 的范围），则执行 Price=16，同时跳过其他的 Price 赋值语句而转入 End If 语句之后；若 n<500 为 False，则只剩下 n 大于等于 500 这最后一种情况了，于是执行 Price =14。总之，从开头的 If 到最后的 End If，中间有且只有一个 Price 语句被执行。结束这一选择结构后，Price 将取得 20、18、16 和 14 这四种值的其中一个。

一般情况下，多分支结构 If 语句的格式如下：

```
If <条件 1> Then
   <语句段 1>
ElseIf <条件 2> Then
   <语句段 2>
...
ElseIf <条件 n> Then
   <语句段 n>
[ Else
   <语句段 n+1> ]
End If
```

多分支选择 If 语句的执行机制为 Visual Basic 按<条件 1>，<条件 2>，……，这样的顺序依次测试条件，一旦遇到<条件 i>的值为 True（或非 0），则执行该条件下的语句段并跳过选择结构后面的其他语句段。

多分支选择结构用程序流程图表示如图 3-9 所示。

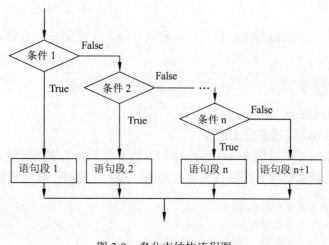

图 3-9　多分支结构流程图

提示：

- 不管有几个分支，程序执行了一个分支后，其余分支就不再执行。
- 注意 ElseIf 不能拆开写成 Else If。
- 当多分支中有多个条件同时为 True 时，则只执行第一个 True 条件所对应的语句段。因此，要注意对多分支中表达式的书写次序，防止某些值被过滤掉。

例 3-4　将百分制成绩转化成等级制成绩显示出来。转化规则如下：

百分制成绩等级

分数≥90 优

80≤分数＜90 良

70≤分数＜80 中

60≤分数＜70 及格

分数＜60 不及格

下面编写程序，在窗体单击事件中实现成绩转换并显示，用 mark 变量表示百分制成绩。

```
Private Sub Form_click()
    Dim mark As Single
    mark = InputBox("请输入百分制成绩")
    If mark >= 90 Then
      Print "优"
    ElseIf mark >= 80 Then
      Print "良"
    ElseIf mark >= 70 Then
      Print "中"
    ElseIf mark >= 60 Then
      Print "及格"
    Else
      Print "不及格"
    End If
End Sub
```

以上是先判断高分段的写法，也可先判断低分段。比如第一个 If 语句可写成

```
If mark < 60 Then
    Print "不及格"
```

那么其他语句应如何写？请自己完成。

2．用 Select Case 实现多分支选择

多分支选择结构还可以用 Select Case 语句（情况语句）实现。这种语句结构清晰，表达直观，一般在多分支结构中使用得更多。Select Case 语句的一般格式如下：

```
Select  Case <变量或表达式>
        Case <表达式列表 1>
                <语句段 1>
        Case <表达式列表 2>
```

```
        <语句段 2>
    ...
    Case    <表达式列表 n>
        <语句段 n>
    [Case Else
        <语句段 n+1> ]
End Select
```

其中，<变量或表达式>可以是数值类型的或字符串类型的变量、表达式。<表达式列表 i>类型必须与<变量或表达式>一致，可以是下面四种形式之一：

- 单个常量或单个有确定值的表达式，如 5、"A"、2*b+1（要求 b 已经有确定值）。
- 一组逗号分隔的枚举值，如 1，3，5，7 或者"A"，"B"，"C"等形式。
- <表达式 1> To <表达式 2>，如 1 To 10 或者"A" To "Z"等形式。
- Is 关系运算符表达式，如 Is < 100 或者 Is >"M"等形式。

第一种情况是与某一固定值比较，后三种情况是与设定值的范围比较。四种形式在数据类型相同的前提下也可混合使用。例如：

```
Case "0" To "9" '表示测试表达式的值在字符"0" ~ "9"的范围内
Case 0,2 ,4,8,16,32,64 '表示测试表达式的值为 100 以内 2 的正整数次幂
Case 2,4 ,6,8,10,Is>10 '表示测试表达式的值为 10 以内的正偶数或大于 10 的数
```

Select 语句的作用是比较 Select Case 关键词后面的<变量或表达式>的结果与 Case 子句中的哪一个值相同，遇到一个完全相匹配的 Case 值后，就执行相应的语句段；如果有多个 Case 关键词后面的值与测试值匹配，则根据自上而下判断原则，只执行第一个与之匹配的语句段。其程序流程如图 3-10 所示。

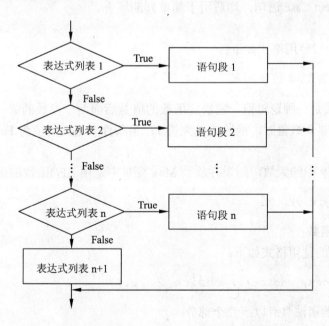

图 3-10 Select Case 多分支选择结构流程图

程序控制结构

例 3-5 程序在窗体单击时要求输入一个字符，然后将输入字符的类别信息打印出来，类别分为四类：大写英文字母，小写英文字母，阿拉伯数字和其他字符。

用 strC 变量接收所输入的字符，然后判断 strC 的类别，程序代码如下：

```
Private Sub Form_click()
    Dim strC As String
    strC = InputBox("请输入一个字符")
    Select Case strC
        Case "A" To "Z"
            Print strC + "是大写英文字母"
        Case "a" To "z"
            Print strC + "是小写英文字母"
        Case "0" To "9"
            Print strC + "是阿拉伯数字"
        Case Else
            Print strC + "是其他字符"
    End Select
End Sub
```

一般的多分支选择既可用 If…Then…ElseIf 语句写，也可用 Select Case 语句写（Select Case 语句更加直观），但某些情况下只能用 If…Then…ElseIf 语句实现。如需要对多个变量进行条件判断时，只能用 If…Then…ElseIf 语句实现。

3.3.5 条件函数

Visual Basic 中提供了两个条件函数：IIF()函数和 Choose()函数，前者可以代替 If 语句，后者可以代替 Select Case 语句，均适用于简单判断场合。

1. IIF()函数

IIF()函数的一般使用格式如下：

```
X=IIF(条件表达式,值1,值2)
```

其中，条件表达式是一种逻辑值，它决定函数的值是后面两个参数的哪一个，当条件表达式的值为 True 或非 0 数值时，函数的值为值 1；当条件表达式的值为 False 或 0 数值时，函数的值为值 2。

例如，求 x、y 中的大数，结果存放到 Max 变量中，用 IIF()函数的语句如下：

```
Max = IIF(x>y,x,y)
```

2. Choose()函数

Choose()函数的使用格式如下：

```
x=Choose(index, choice_1, choice_2,...)
```

Choose 函数的语法具有以下几个部分。

- Index：是必要的参数，为数值表达式，它的运算结果是一个数值，在 1 和可选择的项目数之间。

- Choice_i：也是必要的参数，可为 Variant 类型表达式，包含可选择项目的其中之一。

说明：

- Choose 会根据 index 的值来返回选择项列表中的某个值。如果 index 是 1，则 Choose 会返回列表中的第 1 个选择项 choice_1；如果 index 是 2，则会返回列表中的第 2 个选择项 choice_1，以此类推。
- 当 index 小于 1 或大于列出的选择项数目时，Choose 函数返回 Null（不含任何有效数据的空值）。
- 如果 index 不是整数，则会先四舍五入为与其最接近的整数。

例如，可以根据输入的整数值 1～4，用 Choose 函数选择一种四则运算符：

```
Dim No As Integer, Op As String
No=InputBox("请输入一个 1~4 的整数")
Op=Choose(No,"+","-","×","÷")
```

例 3-6　下列程序运行时，若键入 2，则该程序的运行结果是_____。

```
Private Sub Command1_Click()
    x = InputBox("请输入一个数")
    Select Case x
        Case Is < -3
            Print (2 * x + 1) / (3 * x + 3)
        Case -3 To 3
            Print 4 * x ^ 2 + 1
        Case Is > 3
            Print (5 * x + 1) / (6 * x-3)
    End Select
End Sub
```

【分析】　本题主要考查 Select 语句的相关知识。因输入变量 x 的值是 2，所以只有–3 To 3 这个值范围与 x 的值匹配。故输出的是表达式的值为 $4 * x \wedge 2 + 1 = 4 * 2 \wedge 2 + 1 = 17$。

3.4　循　环　结　构

在给定条件成立时多次重复执行一组语句，可以通过循环结构来实现。Visual Basic 中提供了两种类型的循环语句：一种是计数型循环语句，另一种是条件型循环语句。

3.4.1　For…Next 循环

For 循环语句是计数型循环语句，适用于循环次数预知的场合。这种循环次数已知的循环语句由下列 For…Next 结构实现：

```
For<循环变量>=<初值>To <终值> [Step <步长>]
<语句块 1>
```

```
[Exit For]
<语句块 2>
Next <循环变量>
```

- <循环变量>：必须为数值型变量。
- <步长>：为数值型常量。一般为正数，此时初值应小于等于终值；若为负值，初值应大于等于终值；若为 0，则形成无限循环；若省略，默认为 1。
- <语句块 1>、<语句块 2>：分别是一句或多句语句，它们共同构成循环体。
- Exit For：若有此语句，则执行该语句时会中途退出循环，转到"Next <循环变量>"下面的语句开始执行。

在正常循环情况下，循环的次数由下式计算：n = Int((<终值> – <初值>)/<步长>+1)。

For 语句执行的流程图如图 3-11 所示，执行机制解释如下：

（1）循环变量被赋初值，赋初值语句仅被执行一次。

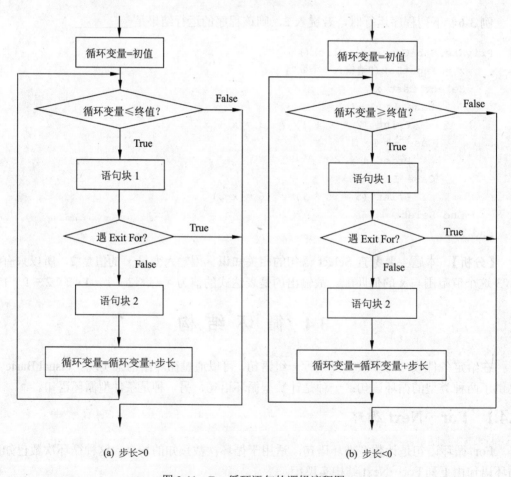

(a) 步长>0　　　　　　(b) 步长<0

图 3-11　For 循环语句的逻辑流程图

（2）判断循环变量的值是否在终值内（有两种含义：相对于正步长，若循环变量≤终值；或相对于负步长，若循环变量≥终值，都属于循环变量的值在终值内）。若在，执行循环体；若超出了，则结束循环，执行 Next 语句的下一个语句。

（3）每执行循环体一次之后，循环变量的值要在当前值基础上加步长，然后转（2）继续判断，以决定下一步是进入循环体还是结束循环。

注意，以上（2）～（3）之间可能要反复多次，且循环刚结束后，循环变量的值绝对不是刚好等于终值，而是超出终值一个步长值。

比如，有下列循环语句段：

```
For I=2 To 13 Step 3
    Print I ,  '打印 I 的值，之后不换行
Next I
Print    '打印换行
Print "I=", I
```

循环将执行四次，每次输出 I 的值分别为 2、5、8、11。

循环结束后，紧接着的下面行输出的结果将是 I=14。

例 3-7 对 1～10000 区间的奇数从最小数开始逐个累加求和,检测总和首次超过 32767 时就终止循环。并输出：（1）最后所加的那个数；（2）一共加了多少个数；（3）实际总和。

```
Private Sub Command1_Click()
    Dim n As Long, sum As Long
    n = 0: sum = 0
    For i = 1 To 10000 Step 2
        sum = sum + i
        n = n + 1
        If sum > 32767 Then
            Exit For
        End If
    Next i
    Print "最后被加的那个数是: "; i
    Print "一共所加的数个数是: "; n
    Print "实际总和是: "; sum
End Sub
```

例 3-8 依次打印 ASCII 码值为 48～66 的所有字符,并打印出每个字符的 ASCII 码值。

```
Private Sub Command1_Click()
    Dim strC As String
    Print "ASCII 值", "字符"
    For i = 48 To 66
        strC = Chr(i)
        Print i, strC
```

程序控制结构

```
    Next i
End Sub
```

例 3-9 任意输入一串字符，由计算机找出其中有多少个英文字母"A"（大小写都算）。

```
Private Sub Command1_Click()
    Dim N As Integer, strC As String
    strC = InputBox("请任意输入一串字符")
    N = 0
    For i = 1 To Len(strC)
        If Mid(strC, i, 1) = "A" Or Mid(strC, i, 1) = "a" Then
            N = N + 1
        End If
    Next i
    Print strC + " 中含有"; N; "个字母 A 或 a"
End Sub
```

3.4.2 Do 循环

Do 语句用于控制循环次数未知的循环结构。Do 语句有两种语法形式。

形式 1：

```
Do [{While|Until}<条件>]
    <语句块 1>
    [Exit Do]
    <语句块 2>
Loop
```

形式 2：

```
Do
    <语句块 1>
    [Exit Do]
    <语句块 2>
Loop [{While|Until}<条件>]
```

说明：

- 形式 1 为先判断后执行，有可能一次也不执行（当开始的<条件>为 False 时）。形式 2 为先执行后判断，至少会执行一次。两种形式的 Do 循环分别如图 3-12 和图 3-13 所示。
- 关键词 While 用于指明条件为真（True）时执行循环体语句，Until 正好相反。
- 当省略{While|Until}<条件>子句时，循环结构仅由 Do…Loop 关键字构成，表示无条件循环。这时在循环体内应该有 Exit Do 语句，否则为死循环（无限循环）。

例 3-10 十进制整数转换为二进制整数程序。从文本框输入一个十进制整数 m，将 m 转换为二进制数，再将该二进制数以字符串形式输出。

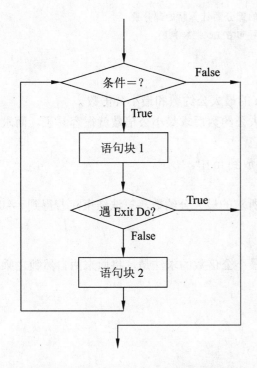

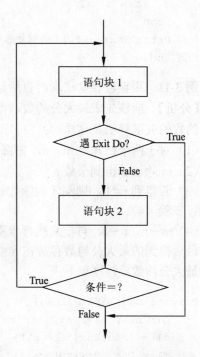

图 3-12   Do While…Loop 循环流程图   图 3-13   Do…Loop While 循环流程图

【分析】 将十进制整数 m 转换成二进制整数时，需要反复将 m 除以 2 取余数。最先得到的余数是二进制数的最低位（最右边位），最后得到的余数是二进制数的最高位（最左边位）。每得到一位二进制数后，继续用当前的部分商除以 2。如此反复，直到部分商为 0 才结束。

可以设置两个字符串变量：n1 用来存放每次所得余数（数字字符），n 用来存放二进制数的字符串形式。n 开始为空串，只要把每次得到的 n1 字符连接到 n 的左边，最后就会形成二进制数的字符串形式。设置两个数值变量 m、r 分别用来表示某次除以 2 后得到的部分商和余数，当前的部分商 m 除以 2 所得的余数 r 可以这样求出：r= m Mod 2。而当前的部分商 m 除以 2 后所得的新部分商可以这样求出：m＝m \ 2（右边的 m 代表当前部分商，左边的 m 代表新的部分商）。这两句是要反复执行的，除非当前的 m 已经为 0。程序如下：

```
Private Sub Command1_Click()
    Dim m As Integer          'm代表十进制数
    Dim n1 As String          'n1存放一位二进制数的字符值
    Dim n As String           'n存放一个二进制数组成的字符串
    Dim r As Integer
    m = Val(Text1)
    n = ""                    '初始化n为空字符串
    Do While m <> 0           '只要当前部分商m（被除数）不为0就进入循环
        r = m Mod 2           '得到一位二进制数
        n1 = Trim(Str(r))     '将所得的二进制数位转化成一位字符
        n = n1 & n            '将所得一位字符连接到字符串n中
```

程序控制结构

```
        m = m \ 2                    '由当前的部分商计算新的部分商
    Loop                             '返回循环句首 Do 继续判断
    Print Text1; "的二进制数形式为"; n
End Sub
```

例 3-11 用辗转相除法求两自然数 m、n 的最大公约数和最小公倍数。

【**分析**】 应该先求最大公约数，得到最大公约数后求最小公倍数就很容易了。而求最大公约数的关键算法是这样的：

（1）对于两个已知数 m、n，先将大数存放到 m 中。

（2）m 除以 n 得到余数 r。

（3）若得到 r＝0，则刚才的除数 n 即为所求的最大公约数，算法结束；若得到 r≠0，则执行步骤（4）。

（4）m←n，n←r，再重复执行步骤（2）。

最后得到的最大公约数存放在 n 中，而最小公倍数的求法是，将原来两自然数之乘积除以最大公约数。程序如下：

```
Private Sub Form_Click()
    Dim n1%, m1%, m%, n%, r%
    n1 = InputBox("输入 n1")
    m1 = InputBox("输入 m1")
    If m1 > n1 Then '为求最小公倍数，增加 m、n 两个变量，并确保 m>n
        m = m1: n = n1
    Else
        m = n1: n = m1
    End If
    Do
        r = m Mod n
        If r = 0 Then Exit Do
        m = n
        n = r
    Loop
    Print m1; ","; n1; "的最大公约数为"; n
    Print "最小公倍数= ", m1 * n1 / n
End Sub
```

如当 m、n 输入的值分别为 32、48 时，将输出结果最大公约数为 16，最小公倍数为 96。

类似辗转相除法，也可用辗转相减法求两自然数 m、n 的最大公约数和最小公倍数。辗转相减法求两自然数的最大公约数的算法如下：

（1）对于两个已知数 m、n，计算差值 r。r=m−n（若 m>n），或 r=n−m（若 n>m），r=0（若 n=m）。

（2）若 r＝0，则 m 或 n（m＝n）即为所求的最大公约数，算法结束；若 r≠0，则执行步骤（3）。

（3）m←min(m,n)，n←r，再重复执行步骤（1）。min（m，n）表示取 m，n 中的小者。

具体程序请读者自行完成，并上机验证结果是否正确。

3.4.3 循环的嵌套

如果在一个循环的循环体内又包含一个完整的循环结构，则称循环嵌套。嵌套可以继续下去形成多个层次，这种循环的多层嵌套又叫多重循环。循环嵌套一般最常见的达到二重，其次是三重，三重以上一般不常用。

若结构 A 是一个循环结构，结构 B 是 A 的循环体，且 B 也是一个完整的循环结构，则称 A 为 B 的外循环，B 为 A 的内循环。

循环嵌套的执行机制是，外循环 A 每执行一次，其内循环 B 要执行多次直到循环 B 结束，然后才会执行下一次外循环；下一次外循环执行时，同样其内循环 B 要执行多次直到循环 B 结束；如此继续，直到最外层的循环执行完毕，整个多重循环才结束。

循环的嵌套既可出现在 For 循环语句中，也可出现在 Do…Loop 语句中。

例 3-12 打印九九乘法表（运行界面如图 3-14 所示，在图片框中打印）。

【分析】 图 3-14 的九九乘法表中被乘数依次取值 1～9，乘数也依次取值 1～9，因此可以用这两个变量作为循环变量。比如 I 代表被乘数，J 代表乘数。如果要求打印完一行再打印下一行，则 I 每取一个值时，J 要依次取完 1～9 中所有值；然后 I 再取下一个值，J 又要依次取完 1～9 中所有值；如此继续，直到 I 取完所有值，整个程序才结束。因此可以用二重循环来实现，I 作为外循环变量，J 作为内循环变量。

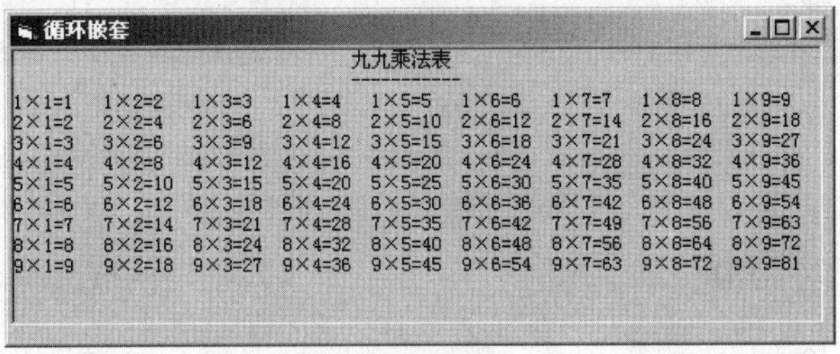

图 3-14　九九乘法表运行界面

此外，要打印的每个算式可以用一个字符串表达，该字符串由被乘数 I、乘号"×"、乘数 J、等号"="和乘积数 I*J 组成。此外还有两点关键之处：同一行的每个表达式的起始位置要逐步右移，相邻两表达式起始字符的位置差距为固定列数（此处相差 9 列）；打印完一行才换行。程序如下：

```
Private Sub Picture1_Click()
    Dim se As String                'se 存放算式字符串
    Dim I, J As Integer
    Picture1.Print Tab(35);"九九乘法表"
    Picture1.Print Tab(35);"----------"
    For I = 1 To 9
        For J = 1 To 9
            se = I & "×" & J & "=" & I *J
            Picture1.Print Tab((J - 1) * 9 + 1); se;
    Next J
```

程序控制结构

```
        Picture1.Print
    Next I
End Sub
```

【思考】如果要打印成如图 3-15 和图 3-16 所示的结果，那么程序应分别如何改动？

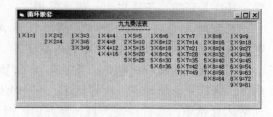

图 3-15 呈下三角形的九九乘法表运行界面   图 3-16 呈上三角形的九九乘法表运行界面

对于循环的嵌套，要注意以下事项：

- 内循环变量和外循环变量不能同名。
- 内循环必须全部包含在外循环的循环体内，不能交叉。

例如，以下（1）、（2）程序段是错误的，而（3）、（4）是正确的。

（1）内、外循环交叉错误

```
For ii = 1 To 9
    For jj = 1 To 9
        ...
Next ii
    Netx jj
```

（2）内、外循环变量同名错误

```
For ii = 1 To 9
    For ii= 1 To 5
        ...
    Next ii
Netx ii
```

（3）两个并列循环结构

```
For ii = 1 To 9
    ...
Next ii
For ii = 1 To 9
    ...
Netx ii
```

（4）正确的嵌套循环结构

```
For ii = 1 To 9
    For jj = 1 To 5
        ...
    Next jj
    ...
Netx ii
```

3.5 辅助控制语句

3.5.1 GoTo 型控制

1. GoTo 语句

使用 GoTo 语句将无条件地转移到指定的语句去执行。GoTo 语句的格式如下：

```
GoTo {<语句标号>|<行号>}
```

程序执行到 GoTo 语句时，将无条件地转移到<语句标号>或<行号>指定的语句。
在同一过程中应有要转移到的语句标号或行号，且应该是唯一的。如果是语句标号，标号命名要符合标识符命名规则，标号后面要有一个冒号（:）；如果是行号，行号应为十进制整数。

GoTo 语句常与条件语句配合使用。例如：

```
If a>10 Then GoTo 333
...
333
    Print
```

程序执行到 If 语句时，若 a>10 成立，则执行行号为 333 的 Print 语句；否则执行 If 语句下面的语句（…的地方）。又如：

```
Start:
Print a
If a>10 Then GoTo Start
abc:
Print b
```

程序执行到 If 语句时，若 a>10 成立，则执行语句标号为 Start 的 Print a 语句，否则执行 If 语句下面标号为 abc 的 Print b 语句。

注意：滥用 GoTo 语句会使程序结构混乱，可读性变差；因此，结构化程序设计中要求尽量少用或不用 GoTo 语句，而用选择结构或循环结构来代替。

2．On-GoTo 语句
On-GoTo 语句类似于情况语句，用于多分支程序设计。格式为：

```
On <数值表达式> GoTo <行号或语句标号列表>
```

示例：

```
On m GoTo 11,22,Start,Loop1
```

执行该语句时，若 m 的值为 1，则转移到行号为 11 的语句；若 m 的值为 2，则转移到行号为 22 的语句；若 m 的值为 3，则转移到语句标号为 Start 的语句；若 m 的值为 4，则转移到语句标号为 Loop1 的语句；若 m 的值不在 1～4 的范围，则执行本语句的下一个语句。

3.5.2　Exit 语句

在 Visual Basic 中，有多种形式的 Exit 语句，用于退出某种控制结构的执行，这在以后的循环结构、过程中会经常碰到。Exit 的多种形式包括 Exit For、Exit Do、Exit Sub、Exit Function 等，分别表示退出一个 For 循环结构，退出一个 Do 循环结构，退出一个子过程，退出一个函数过程。

3.5.3　End 语句

独立的 End 关键词也能构成一个语句，该语句结束一个程序的运行，可以放在任何事件过程中。

若 End 和某些关键词结合构成语句，可以用于结束一个过程或块结构。这些 End 语句有 End Sub、End Function、End If、End Select、End With 和 End Type，它们分别与相应的语句配对使用。

3.5.4　With 语句

With 语句的语法形式为：

```
With <对象>
    <语句块>
End With
```

当需要对某个对象执行一系列语句时（比如需要使用对象的多种属性、方法），可以用 With 语句，使这些许多对象执行语句都可以省掉对象的名称。这有两点好处：一是省去很多对象名而节省输入时间，二是 Visual Basic 执行这一系列语句时更快（因为不需要对每个语句去解释对象名）。

如对同一个标签的多个属性赋值，可以用 With 语句写成下面左边的形式（1），它等价于下面右边的形式（2）。

（1）用 With 结构使用标签

```
With Label1
    .Height=2000
    .Width=3000
    .FontName="隶书"
    .Caption="欢迎使用 Visual Basic"
End With
```

等价于

（2）用常规语句使用标签

```
Label1.Height=2000
Label1.Width=3000
Label1.FontName="隶书"
Label1.Caption="欢迎使用
Visual Basic"
```

注意：

- With 语句只能对同一个对象使用，即 With 结构里面的语句都是对同一对象执行的，不能用一个 With 结构来设置多个不同对象。
- With 结构里面的语句块省略了对象名，但不能省略点号（.）。

3.6　常用算法举例

3.6.1　累加、连乘

循环结构最常见的应用就是求累加和连乘。

1．累加

累加是求多个数的和，算法的实现原理是，设置两个变量，其一如 Sum 用来存放结果，另一个变量如 n 用来先后存放每一个要加的数；Sum 中初始值置为 0（因为若干相加的数再多加一个数 0，对结果无影响），然后反复执行 Sum＝Sum＋n 这样的语句，只是每次执行此语句时 n 取不同的加数，这样执行一次后，Sum 中的新值就比原值多了一个当前 n 的值；全部可能的 n 值都加入后，Sum 中的值就是累加和。可见，累加算法可以将加数变量 n 作为循环变量。

例 3-13 先求 1～20 中所有能被 5 整除的数之和，然后将范围扩大到求 1～200 中所有能被 5 整除的数之和。

程序用 MaxN 代表要加的那个最大数，先取 20 计算，判断结果正确后（与人工计算对比），说明算法无逻辑性错误，然后再取 200 计算。这是一种调试程序的策略。

```
Private Sub Command1_Click()
    Dim Sum As Long, n As Integer, MaxN As Integer
    MaxN = InputBox("输入 MaxN")
    Sum = 0
    For n = 1 To MaxN
        If n Mod 5 = 0 Then
            Sum = Sum + n
        End If
    Next n
    Print 1; "~"; MaxN; "中能被 5 整除的数之累加和 = "; Sum
End Sub
```

2. 连乘

连乘是求许多个数相乘的乘积，算法的实现原理是，设置两个变量，其一如 T 用来存放结果，另一个变量如 n 用来先后存放每一个要相乘的数；T 中初始值置为 1（因为若干相乘的数再多乘以一个数 1，对结果无影响），然后反复执行 T=T*n 这样的语句，只是每次执行此语句时 n 取不同的乘数，这样执行一次后，T 中的新值就是原值的 n 倍（n 是当时的乘数）；全部可能的 n 值都乘入后，T 中的值就是连乘之总乘积。可见，连乘算法可以将乘数变量 n 作为循环变量。

例 3-14 求 20 的双阶乘 20!!（即 T＝20×18×⋯×2）。

程序用 MaxN 代表要乘的那个最大数，先取一个小数比如 6 进行计算，判断结果正确后（与人工计算对比），说明算法无逻辑性错误，然后再取 20 计算。

程序如下：

```
Private Sub Command1_Click()
    Dim T As Double       '连乘结果较大，要用 Double 型变量存放
    Dim n As Integer, MaxN As Integer
    MaxN = InputBox("输入 MaxN")
    T = 1
    For n = 2 To MaxN Step 2
        T = T * n
    Next n
    Print MaxN; "!! = "; T
End Sub
```

设计累加、连乘算法程序时要注意：
- 存储累加结果的变量初始化值应该为 0，而存储连乘结果的变量初始化值应该为 1。

程序控制结构

- 连乘的结果一般很大，为了防止变量发生溢出错误，所以存储连乘结果的变量一般要定义为 Double（至少也得为 Long）类型。
- 给存储结果的变量赋初值是在循环之前进行。

3.6.2 求素数

素数是大于等于 2 的正整数，它只能被 1 和自己整除。判别某数 m 是否为素数最简单的方法是：

对于 m，从 i=2，3，…，m–1 中判别 *m* 能否被 i 整除，只要有一个 i 能整除 m，就说明 m 不是素数，否则 m 是素数。

例 3-15 求 100 以内的所有素数。

```
Private Sub Command1_Click()
    Dim i As Integer, m As Integer, tag As Boolean
    For m = 2 To 100                '对100以内的每个数逐个判断
     tag = True                     'tag值为True时表示m为素数
      For i = 2 To m - 1            '内循环对一个具体数m进行判断
          If (m Mod i) = 0 Then tag = False    'm能被i整除，该m不是素数
      Next i
      If tag Then Print m           'm不能被i=2～m-1整除，m是素数，显示
    Next m
End Sub
```

其实，数学上已经证明，判断一个数 m 是否为素数，不必用 2～m–1 中所有数去除 m，而只要用 2～Sqr(m)这些数去除 m 即可。这样可减少计算机的运算时间。求素数的具体程序代码可以有多种写法，可以思考改写本程序。

3.6.3 最大、最小值问题

在若干个数中求最大值，一般先假设一个较小的数为最大值的初值，若无法估计较小的值，则取第一个数为最大值的初值；然后将每一个数与存放最大值的变量比较，若该数大于最大值，则用该数替换最大值变量中的内容；依次逐一比较。

例 3-16 随机产生 10 个 100～200 之间的整数，求最大值。

```
Private Sub Command1_Click()            '变量Max用来存放最大值
    Max = 100
    For i = 1 To 10
        x = Int(Rnd * 101 + 100)    '随机产生1个100～200之间的整数
        Print x;
        If x > Max Then Max = x
    Next i
    Print
    Print "最大值="; Max
End Sub
```

在若干个数中求最小值，一般先假设一个较大的数为最小值的初值，若无法估计较大的值，则取第一个数为最小值的初值；然后将每一个数与存放最小值的变量比较，若该数小于最小值，则用该数替换最小值变量中的内容；依次逐一比较。因此，算法与求最大值类似。

例 3-17 任意输入一串字符，求其中 ASCII 码最小的字符。

```
Private Sub Command1_Click()
    Dim min As String * 1, c As String
    c = InputBox("请任意输入一串字符")
    min = Mid(c, 1, 1) 'min 变量存放最小值字符，初始化为第一个字符
    For i = 2 To Len(c)
        ci = Mid(c, i, 1)      '得到 c 字符串中第 i 个字符 ci
        If ci < min Then min = ci
    Next i
    Print c; "中 ASCII 码最小的字符是: "; min
End Sub
```

3.6.4 穷举法

"穷举法"也称为"枚举法"或"试凑法"，就是将可能出现的各种情况一一测试，判断是否满足条件，一般采用循环来实现。

例 3-18 百元买百鸡问题。假定小鸡每只 5 角,公鸡每只 2 元,母鸡每只 3 元。现在有 100 元钱要求买 100 只鸡,编程列出所有可能的购鸡方案。

设母鸡、公鸡、小鸡各为 x、y、z 只，根据题目要求，列出方程为：

$$x+y+z=100$$
$$3*x+2*y+0.5*z=100$$

三个未知数，两个方程，此题有若干组解。

解决此类问题采用"试凑法"，把每一种情况都考虑到。

方法一：思路最简单，三个未知数分别作为一个三重循环的循环变量，试凑每一种组合。

方法二：从三个未知数的关系，利用两重循环来实现。

方法一程序如下：

```
Private Sub Command1_Click()
    Dim x%, y%, z%    ' x、 y、z 分别表示母鸡数、公鸡数、小鸡数
    Picture1.Print "母鸡数", "公鸡数","小鸡数"
    t1 = Time              '获取系统当前时间，用于记录
    For x = 0 To 33
    For y = 0 To 50
        For z = 0 To 100
        If 3 * x + 2 * y + 0.5 * z = 100 And x + y + z = 100 Then
        Picture1.Print x, y, z
        End If
```

程序控制结构

```
            Next z
        Next y
      Next x
      t2 = Time        't2 记录循环结束后的系统时间
      Picture1.Print "方法一用时"; t2 - t1; "秒"
End Sub
```

方法二程序如下：

```
Private Sub Command1_Click()
        Dim x%, y%, z%
        Picture1.Print "母鸡数", "公鸡数","小鸡数"
        t1 = Time
        For x = 0 To 33
          For y = 0 To 50
                If 3 * x + 2 * y + 0.5 * (100-x-y) = 100 Then
                    Picture1.Print x, y, 100-x-y
                End If
            Next y
        Next x
        t2 = Time
        Picture1.Print "方法二用时"; t2 - t1; "秒"
    End Sub
```

两种情况的运行结果如图 3-17 所示（机器型号为 CPU 赛扬 1.7GHz、256MB DDR 内存的笔记本电脑）。

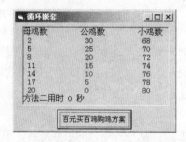

图 3-17　三重循环与二重循环方法的对比

可见，方法二优于方法一。在实际中最好尽量减少循环的层数，这样可以减少运行时间。

3.6.5　递推法

"递推法"又称为"迭代法"，其基本思想是把一个复杂的计算过程转化为简单过程的多次重复。每次重复都从旧值的基础上递推出新值，并由新值代替旧值。

　　例 3-19　猴子吃桃子问题。小猴在一天摘了若干个桃子，当天吃掉一半又多吃一个，第二天接着吃了剩下的桃子的一半又多吃一个，以后每天都吃尚存桃子的一半零一个，到第 7 天早上要吃时只剩下一个了。问小猴那天共摘下了多少个桃子？

　　【分析】　这是一个"递推"问题，可以先从最后一天的桃子数推出倒数第二天的桃子数，再从倒数第二天的桃子数推出倒数第三天的桃子数，……，以此递推。

设第 n 天的桃子数为 x_n，那么它与前一天桃子数 x_{n-1} 的关系是 $x_n = 0.5*x_{n-1} - 1$，也就是 $x_{n-1} = 2*(x_n + 1)$。这个式子就是由第 n 天的桃子数推算第 n–1 天桃子数的公式，写成程序语句则为 x = 2*(x + 1)，用同一个 x 变量名，只是右边的 x 代表的是第 n 天的桃子数，而左边的 x 则代表第 n–1 天的桃子数。x 的初始值为第 7 天的桃子数（即 1）。

于是，编写程序如下：

```
Private Sub Command1_Click()
    Dim n%, i%
    x = 1  '第 7 天的桃子数
    Print "第 7 天的桃子数为:1 只"
    For i = 6 To 1 Step -1
        x = (x + 1) * 2
        Print "第"; i; "天的桃子数为:"; x; "只"
    Next i
End Sub
```

程序运行结果如图 3-18 所示。

图 3-18　猴子吃桃递推结果

习　题　3

一、选择题

1. InputBox 函数的函数值类型为【　　】。

　　A）数值　　　　　B）字符串

　　C）变体　　　　　D）数值或字符串（视输入的数据而定）

2. 下列事件过程

```
Private Sub Command1_Click()
    a = 3 : b = 4
    Print a = b
End Sub
```

运行后输出的结果是【　　】。

　　A）False　　　　B）3　　　　　　C）4　　　　　　D）显示出错信息

3. 下列事件过程

```
Private Sub Command1_Click()
    MsgBox Str(123+456)
End Sub
```

运行时，在消息框中显示的提示信息是【　　】。

　　A）123+456　　B）"579"　　　　C）579　　　　　D）显示出错信息

4. 下列事件过程

```
Private Sub Command1_Click()
    a=InputBox("")
    b =InputBox("")
    Print a + b
End Sub
```

运行时，若输入 5 和 6，则输出的结果是【   】。

    A）11　　　　　　　B）56　　　　　　　C）5+6　　　　　　　D）出错

5. 下列事件过程

```
Private Sub Command1_Click()
    For j=1 to 20
        a = a + j \ 7
    Next j
    Print a
End Sub
```

运行时，输出的 a 值是【   】。

    A）21　　　　　　　B）41　　　　　　　C）63　　　　　　　D）210

6. 有下列事件过程：

```
Private Sub Command1_Click()
    For j = 7 to 90 step 5
        Print j
    Next j
End Sub
```

上述程序共执行循环体的次数是【   】。

    A）14　　　　　　　B）15　　　　　　　C）16　　　　　　　D）17

7. 若有下列程序语句：

```
y=Choose(2,"A", "B","C", "D")
Print y
```

则输出的 y 值为【   】。

    A）"A"　　　　　　　B）"B"　　　　　　　C）"C"　　　　　　　D）"D"

8. 若循环的开头语句为下列语句：

```
For j = -3 to 20 Step 0
    Print j;
Next j
```

则其循环体将被执行的次数是【   】。

    A）0　　　　　　　B）1　　　　　　　C）无限循环　　　　　　　D）23

9. 有下列 For 循环，则后面说法错误的是【   】。

```
For k=n To m Step d
```

```
        Print "*"
Next k
```

   A）若 m>n，则必须要求 d>0，如果此时 d<0 则循环体被执行的次数将为 0

   B）若 m<n，则必须要求 d<0，如果此时 d>0 则循环体被执行的次数将为 0

   C）若 m<n 且 d<0，或 m>n 且 d>0，则循环体被执行的次数将为 INT(1+(m-n)/d)

   D）循环结束后 k 的值恒为 m

10．语句序列 x=5：y=IIf(x>5,"Yes","No")：Print y 输出的 y 值为【　　　】。

   A）x>5　　　　　　B）Yes　　　　　　C）No　　　　　　D）False

二、填空题

1．有下列程序过程：

```
Private Sub Command1_Click()
    Dim a As String, b As String, x As Integer, s As Integer
    a = "A Worker Is Over There": x = Len(a)
    For j = 1 To x - 1
        b = Mid(a, j, 2)
        If b = "er" Then s = s + 1
    Next j
    Form1.Print s
End Sub
```

上述程序运行后的输出结果是_____。

2．下列程序的功能是，输出 100 以内能被 3 整除且个位数为 6 的所有整数，但程序不完整，请在【1】和【2】空白处填上正确的数据或语句。

```
Private Sub Command1_Click()
    Dim m As Integer, n As Integer
    For m = 0 To  【1】
      n = m*10+6
      If   【2】   Then Print n
    Next m
End Sub
```

3．下面程序运行后输出的结果依次是 【1】 、 【2】 。

```
Private Command1_Click()
    Dim a
    For j=1 To 10
        a=j^2
    Next j
    Print a; j^2
End Sub
```

4．要使以下内循环体被执行 12 次，请在空格处填上适当的数。

```
For j=1 to 3
    For k= 2 To _____ Step 2
        x=x+j*k
    Next k
Next j
```

5. 若有下列循环语句:

```
For j=-3.5 to 5.5 Step -0.5
    Print j;
Next j
```

则其循环体被执行的次数将是_____。

6. 要使以下 do 循环体执行 3 次，空处应补填的最小数是_____。

```
x=1
Do
    x=x+2
Loop While x<=_____
```

7. 下面程序运行后输出的结果是_____。

```
Private Command1_Click()
    S=0
    For j=1 To 20
        If j Mod 5 <>0 Then
            S=S+j
        End if
    Next j
    Print S
End Sub
```

8. 有下列事件过程:

```
Private Command1_Click()
    C=1
    Do Until C>1
        C=C+1
    Loop
    Print C
End Sub
```

程序运行后单击命令按钮，输出结果是_____。

9. 有下列事件过程:

```
Private Sub Command1_Click()
    a=100:s=0
    Do
```

```
        s=s+a : a=a+1
    Loop While a<100
    Print a
End Sub
```

程序运行后单击命令按钮，输出结果是_____。

10．下列程序求解"鸡兔共笼"问题。若鸡兔混合笼子中共有 99 个头、210 条腿；求所有可能的鸡兔只数（注意每种情况必须既有鸡又有兔）。设鸡的只数为 x，请补充程序中位置【1】、【2】和【3】所缺的内容；且要求位置【1】处填的数尽可能小（刚好为符合题意的最大鸡数）。

```
Private Sub Command1_Click()
    Dim x As Integer
    For x = 1 To  【1】
        If  【2】  Then
            Print x;  【3】
        End If
    Next x
End Sub
```

第4章 数组与类型

本章要点

数组是任何高级语言都具有的一种数据结构。数组的基本功能是存储一系列类型相同的变量，并且可以用相同名称引用这些变量，引用时使用数字下标（索引）来识别不同的变量。当使用多个类型和功能一致的数据时，使用数组可以缩短和简化程序。

本章全面介绍各种数组的概念、定义和使用方法，包括静态（定长）数组、动态（可变长）数组；数值型数组、字符串数组、日期型数组、变体数组；一维数组、二维数组、多维数组；控件数组。同时还介绍了自定义数据类型和枚举类型的定义和使用方法。本章内容是对简单变量的扩充，是程序设计的重要语言基础之一。

4.1 数组的概念

到目前为止所使用的变量一次只存放一个值，这样的变量是相当有用的，但毕竟是有限制的。许多变量要求大量信息的存储和有效的操作。

例如用户要记录一个班级的同学的名字，可以为每一个同学定义一个变量用来记录他们的名字，例如 student1、student2、…。但是这样做显然是一种非常笨的方法，因为这些变量的类型都是相同的，并且功能相似，都是用来记录学生名字的。采用数组的方法就会简单得多，利用数组只需要定义一个数组变量 student，然后利用数组的索引就可以识别数组中的每一个元素。如图 4-1 所示，显示了用一维数组存储学生姓名的方法。数组可以声明为任何基本数据类型，包括用户自定义类型，但是一个数组中的所有元素一定具有相同的数据类型。

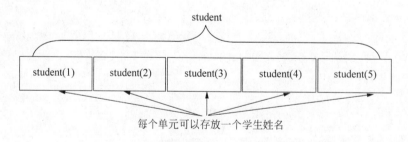

图 4-1　名字为 student 的数组

4.1.1　数组的定义

数组并不是一种数据类型，而是一组相同类型数据的集合。用一个统一的名字（数组名）代表逻辑上相关的一批数据，每个元素用下标变量来区分，下标变量代表元素在数组中的位置。使用数组，可以很方便地操作大量的相关数据，与循环语句结合，只要几行程序代码，就可重新计算几千个数据组或显示一个大表。

Visual Basic 规定，数组必须先声明后使用，声明时要指定数组名、类型、维数和数组的大小。按数组声明时下标的个数确定数组的维数，Visual Basic 中的数组有一维数组、二维数组……，最多 60 维。按声明时数组的大小是否确定可分为静态（定长）和动态（可变长）两类数组。

数组的声明与变量的声明基本相似，只是增加了一个指定数组大小的参数，格式为：

```
Dim 数组名([第 1 维下标范围[,第 2 维下标范围…]])  [As 数据类型]
```

"数组名"是一个标识符，命名规则与普通变量相同，它指定数组的名字。

"第 i 维下标范围"指定数组中元素每一维的下标范围，它出现的次数则代表了数组的维数。下标范围的指定方法有两种：一是只用一个正整数指定最后那个元素的下标（上界），而第一个元素的下标（下界）则默认为 0；另一种方法是用"n1 To n2"的形式分别指明下标的下界 n1 和上界 n2（n1 和 n2 只能是常量形式的整数，不能用变量名）。如果数组名后仅有小括号，而没有指定任何下标范围，则声明的是一个动态数组。

"数据类型"是一个数据类型关键字，它指定数组各元素的数据类型。"As 数据类型"子句是可选的，用来说明数组元素的数据类型，如果缺省，则与变量的声明一样，默认为是变体类型数组。

Dim 语句用于数组声明的简单形式，完成四个任务：

- 建立数组名。
- 建立数组的数据类型。
- 指定数组中元素的数目。
- 初始化数组中每个元素的值。数值数组元素的值为 0，字符串数组元素的值为空字符串，Variant 数组元素的值为特别值 Empty。

与普通变量一样，每个数组都有一个指定的名字。数组名遵循与普通变量相同的命名约定，其类型包括以类型符%、&、!、#、@或$为后缀标识的标准数据类型。当给定一个数据类型时，数组的每个元素值都是该同一数据类型。

与普通变量一样，数组也有数据类型 Variant。在这样的情况下，数组的各个元素可以含有由 Variant 支持的不同类型的数据：数值、字符串和日期/时间值。因为在数组中存放数据时，必须引用数组的各个元素，数组元素的一个显著特性是带有一个跟在名字后面的下标（或索引号）。

声明数组，仅仅表示在内存中分配了一个连续的区域。

例如语句：

```
Dim student(1 To 5) As string
```

声明了一个一维定长数组，该数组的名字为 student，类型为字符串，共有五个元素，下标范围为 1～5。Student 数组的各元素是 student(1)、student(2)、…、student(5)。student(i)表示由下标 i 的值决定是哪一个元素，其内存分配图如图 4-1 所示。

在以后的操作中，一般是针对数组的某个元素进行的，以一维数组为例，数组元素的表示形式为：

数组名(下标号码)

下标表示顺序号，每个数组元素有一个唯一的顺序号，下标不能超出数组声明时的上、下界范围。一维数组的元素只带一个下标；如果是多维数组，数组元素将带有多个下标。数组元素的下标可以是整型的常量、变量、表达式，甚至又可以是一个数值型的数组元素。

数组元素的使用规则与同类型的简单变量相同。

4.1.2　静态数组和动态数组

1．静态数组

在声明时确定了大小的数组称为静态数组，其所需内存空间在程序执行之前分配。

（1）一维数组

声明格式：

Dim/Private/Public/Static　数组名(下标范围)　[As 数组类型]

功能：定义一个一维数组的大小，并分配相应的存储空间，数组大小为(上界-下界+1)。

说明：

- 下标范围的形式为"[下界 To] 上界"，这里的"下界"或"上界"都是具体的整数，如果省略"下界 To"部分，默认下界取 0。

- 除了可用 Dim 关键字声明数组外，还可以用 Public、Private 及 Static 关键字声明数组。Public 关键字声明的数组整个程序都可访问；Private 关键字声明的数组局限于该模块或窗体内的代码可以访问；而在一个过程的内部用 Static 关键字声明的数组，可以延长该数组单元存在的时间。关于这些关键字的含义将在第 6 章进行详细说明。

例如，下列数组声明可出现在窗体或模块的声明段，也可出现在一个过程内。

```
Dim Counters(14) As Integer            '15 个元素，下标从默认下界 0 到上界 14
Dim Sums(20) As Double                 '21 个元素，下标从默认下界 0 到上界 20
```

为了规定任意的下界，可用关键字 To 显式提供下界（上下界为 Long 数据类型）。

```
Dim Counters(1 To 15) As Integer       '下标值范围从 1 到 15
Dim Sums(100 To 120) As String         '下标值范围从 100 到 120
```

对于 Variant 类型的数组，它既可以存储任何同种标准数据类型的数据，也可存储不同种类的标准数据类型数据。比如有两个数组，一个包含整数，而另一个包含字符串。声明第三个 Variant 数组，则可将整数和字符串数组放置到第三个 Variant 数组中存储。下面的示例程序将五个元素的整型数组及五个元素的字符串型数组都放置在十个元素的变体型数组中（其中前五个元素放整数，后五个元素放字符串）。

```
Private Sub Command1_Click()
    Dim intX As Integer                    '声明计数器变量
    Dim countersA(1 To 5) As Integer       '声明一个整数类型的数组
    Dim countersB(1 To 5) As String        '声明一个字符串类型的数组
```

```
      Dim arrX(1 To 10) As Variant        '声明一个变体型的数组
      For intX = 1 To 5                    ' 循环给整型数组的各元素赋值
          countersA(intX) = 5
      Next intX
      For intX = 1 To 5                    ' 循环给字符串型数组的各元素赋值
          countersB(intX) = "hello"
      Next intX
      For intX = 1 To 5                    '将整型数组移居到变体型数组中前面
          arrX(intX) = countersA(intX)
          Print arrX(intX)                 '显示变体型数组的一个元素
      Next intX
      For intX = 6 To 10                   '将字符串型数组移居到变体型数组中后面
          arrX(intX) = countersB(intX - 5)
          Print arrX(intX)                 '显示变体型数组的一个元素
      Next intX
End Sub
```

（2）多维数组

格式：

```
Dim/Private/Public/static 数组名(下标1,下标2[,下标3…]) [As 数组类型]
```

功能：声明一个二维数组或多维数组并分配相应的存储单元。

说明：下标的个数决定了数组的维数，多维数组最大维数为60。每一维的大小为（上界–下界+1），数组的大小为每一维大小的乘积（所谓数组的大小是指数组元素的总个数）。

例如：

```
Dim Array(3，4)As Integer       '声明一个 4×5 的二维数组(共 20 个元素)
Dim MultiD(3, 1 To 10, 1 To 15)  '声明一个 4×10×15 的三维数组(共 600 个元素)
```

（3）Option Base 语句

如果在数组的下标说明中不使用[下界 To]，则下界的默认值为0。很多时候人们习惯于默认的下标从1开始，这时可以在 Visual Basic 的窗体层或标准模块层用 Option Base 语句重新设定数组的默认下界。

格式：

```
Option  Base  n
```

功能：改变数组下标的默认下界。

说明：n 为数组下标的默认下界，只能是 0 或 1。

该语句在程序中只能使用一次，且必须放在数组声明语句之前。

特别注意：声明静态数组时，下标范围不能用变量名表示（即使变量已赋值也不行）。

2．动态数组

数组到底应该有多大才合适，有时可能事先不可预知，所以希望在运行时具有改变数组大小的能力。

动态数组就可以在任何时候改变大小。在 Visual Basic 中，动态数组最灵活、最方便，有助于有效管理内存。例如可短时间使用一个大数组，然后在不使用这个数组时，将内存空间释放给系统。

如果不用动态数组，对于可能有很多数据需要存放的程序，就只好声明一个大小尽可能大的数组，然而在程序中许多时候并不需要那么多元素来存放数据，使大量的数组元素空闲着，浪费了许多宝贵的内存空间。过度使用这种方法，会导致操作速度变慢。

（1）创建动态数组步骤

（如果希望数组为公用数组，则）用 Public 语句声明数组，或者（如果希望数组为模块级，则）在模块公共区域用 Dim 语句声明数组，或者（如果希望数组为局部数组，则）在过程中用 Static 或 Dim 语句声明数组。给数组附以一个空维数表，这样就将数组声明为动态数组。

格式：

```
Dim/Private/Public/Static  数组名( )  [As 数组类型]
```

例：

```
Dim  DynArray( )
```

用 ReDim 语句分配实际的元素个数。

格式：

```
ReDim  数组名(下标 1,下标 2[,下标 3…])
```

例：

```
ReDim  DynArray(4 to 12)        '将动态数组 DynArray 的下标范围确定下来（从 4 到 12）
ReDim  DynArray(X+1)            '其中 X 是一个有值的变量，下标范围确定从 0 到(X+1)
```

ReDim 语句只能出现在过程中。与使用 Dim/Private/Public/Static 等关键字的声明语句不同，ReDim 语句是一个可执行语句，由于这一语句，应用程序在运行时执行一个操作。

对于数组的每一维，ReDim 语句都能改变该维的上下界，但是，数组的维数不能改变。

例如，用第一次声明在模块级所建立的动态数组 Matrix1：

```
Dim Matrix1() As Integer
```

然后，在过程中给数组分配空间：

```
Sub  CalcValuesNow()
   …
ReDim Matrix1(19,29)            '将动态数组 Matrix1 维数和下标范围确定下来
End  Sub
```

这里的 ReDim 语句给 Matrix1 分配一个 20×30 的整数矩阵（元素总大小为 600 的二维数组）。还有一个办法，用变量设置动态数组的边界：

```
ReDim Matrix1(X,Y)             '但要求该变量在此语句之前已经有确定的值
```

注意：可以将字符串赋值给大小可变的字节数组。一个字节数组也可以被赋值给一个可变长的字符串。一定要注意字符串中的字节数会随平台而变化，同一个字符串在 Unicode 平台上的字节数是它在非 Unicode 平台上的两倍。

提示：用 ReDim 语句重新定义数组时，可用变量名指定数组下标范围；而用 Dim 语句定义静态数组时，则不能用变量名来指定下标范围。这是两者的一个重要区别。

（2）保留动态数组的内容

每次执行 ReDim 语句时，当前存储在数组中的值都会全部丢失。Visual Basic 重新将数组元素的值置为 Empty（对 Variant 数组）、置为 0（对 Numeric 数组）、置为零长度字符串（对 String 数组）或者置为 Nothing（对于对象型数组）。

在为新数据准备数组，或者要缩减数组大小以节省内存时，这样做是非常有用的。有时希望改变数组大小又不丢失数组中原来的已有数据，使用具有 Preserve 关键字的 ReDim 语句就可做到这点。例如，使用 UBound 函数引用上界，使数组扩大，增加一个元素，而现有元素的值并未丢失：

```
ReDim Preserve DynArray(UBound(DynArray)+1)
```

在用 Preserve 关键字时，只能改变多维数组中最后一维的上界；如果改变了其他维或最后一维的下界，那么运行时就会出错。所以可这样编程：

```
ReDim Preserve Matrix(10,UBound(Matrix,2)+1)
```

而不可这样编程：

```
ReDim Preserve Matrix(UBound(Matrix,1)+1,10)
```

3．获得数组上、下界的方法

由于动态数组的大小常会因为 ReDim 改变，所以多了几分不确定的因素。Visual Basic 提供了两个函数求得数组的上界与下界，分别是 UBound 和 LBound。格式如下：

```
UBound(Arrayname[,Dimension])
LBound(Arrayname[,Dimension])
```

其中，Arrayname 表示数组的名字，如果 Arrayname 所代表的是多维数组，Dimension 参数可用来指定"哪一维的上（下）界"，例如：

```
Dim DynArray(5) As string
Dim UB,LB,U2B,L2B
UB=UBound(DynArray)          'UB=5
LB=LBound(DynArray)          'LB=0
Dim Matrix(1 To 5,3) As Integer
U2B=UBound(Matrix,2)         'U2B=3
L2B=LBound(Matrix,2)         'L2B=0
```

注意：使用 UBound 或 LBound 返回数组的上下界之时，该数组必须存在，即 Visual Basic 已经分配内存给该数组。对于静态数组而言，一经声明就存在了；但对于动态数组，声明时并没有配置内存，必须等到使用 ReDim 语句，内存才会实际分配。故一个尚未使用过 ReDim 语句配置内存的动态数组，UBound 或 LBound 无法返回其上下界。

4.2　数组的基本操作

4.2.1　数组的初始化

1. 数组元素的引用

前面我们已经说过，数组声明后，在以后的操作中，一般是针对数组的某个元素进行的，这就是数组元素的引用。

格式：

数组名(第一维下标号[，第二维下标号…])

说明：

- 下标的个数必须与数组定义时的维数一致。
- 下标可以是表达式，如果表达式的值是实型，系统自动取整。
- 下标的值必须在数组定义的各维的上下界之内。
- 要严格区分数组声明中的下标和数组引用中的下标。

例如：

```
Dim A(5) As Integer     '声明一个含有6个元素的一维数组A，5表示下标上界
A(5)=10                 '给数组A中下标为5的那个元素赋值10，5表示一个元素下标
```

2. 数组元素初始化

数组声明后，系统自动初始化数组中每个元素的值。数值数组元素成为 0，字符串数组元素为空字符串，Variant 数组元素的值为特别值 Empty。若需给数组的各元素赋具体值，常用的方法是使用循环语句对数组赋值。

例如：

```
Dim TestArray(10) As Integer
Dim i As Integer
For i=0 To 10
   TestArray(i) = i * i
Next i
```

4.2.2　数组的输入、输出和复制

1. 数组元素输入

当数组元素较少或只给几个元素赋值时，可采用赋值语句。如 Dim A(10)：A(1)=3：A(4)=7。

如果要给数组中的所有元素都提供值，可通过 For 循环实现。

```
Dim A(10,10)
For i=0 To 10
   For j=0 To 10
       A(i,j)=InputBox("输入" & i & "," & j & "的值")
```

```
        Next  j
Next  i
```

对于较大的数组，一般不用 InputBox 函数，而用 Array 函数为数组元素赋值。

格式：

数组变量名=Array(arglist)

功能：把一组数据赋给一个数组。

说明：

（1）利用 Array()函数对数组每个元素赋值时，声明的数组应为可调数组或连圆括号都可省略的数组，并且其类型只能是 Variant。

（2）所需的 arglist 参数是一个用逗号隔开的常数值表，这些值用于给 Variant 所包含的数组的各元素赋值。

例如：

```
Dim A As Variant
A=Array(10,20,30)        '其中: A(0)=10,A(1)=20,A(2)=30
```

（3）使用 Array()函数创建的数组的下界默认为 0，或是由 Option Base 语句指定的下界；上界由 Array()函数括号内的参数个数决定，如果不提供参数，则创建一个长度为 0 的数组。

2．数组元素的输出

数组元素的输出可以使用 For 循环和 Print 语句来实现。

例如，用 Array 函数给数组提供初值，然后用 For 循环将数组的值输出。

```
Static Number As Variant
Number = Array(1,2,3,4,5)
For i=0 To 4
    Print Number(i)
Next i
```

例 4-1　输出如图 4-2 所示的下三角数据。

```
Private Sub Form_Click()
    Dim sc(5, 5) As Integer, i%, j%
    For i = 1 To 5
        For j = 1 To i
            sc(i, j) = i * 5 + j
            Print sc(i, j); "  ";
        Next j
        Print '换行
    Next i
End Sub
```

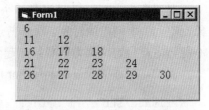

图 4-2　输出下三角数据

3．数组的复制

在 Visual Basic 6.0 以前的版本中，若要将一个数组的各个元素的值复制到另一个数组元素，必须通过 For…Next 循环来实现。然而在 Visual Basic 6.0 中，只要通过一句简单的赋值语句即可。

例：

```
Dim a(4) As Integer, b() As Integer
a(0)=0:a(1)=6:a(2)=12:a(3)=18:a(4)=24
b=a    '将数组 a 的各元素的值赋给 b
```

在该程序段中，b=a 语句相当于执行了：

```
ReDim b(UBound(a))
For i=0 to UBound(a)
  b(i)=a(i)
Next
```

注意：

● 赋值号两边的数据类型必须一致。

● 如果赋值号左边是一个动态数组，则复制时系统自动将动态数组 ReDim 成右边同样大小的数组。

● 如果赋值号左边的是一个大小固定的静态数组，则复制时出错。

4.2.3 For Each…Next 语句

For Each…Next 循环与 For…Next 循环类似，但它对数组或对象集合中的每一个元素重复执行一组语句，而不是重复执行一定的次数。如果不知道一个集合有多少元素，For Each…Next 循环非常有用。这里提到的集合是指包含一组相关对象的对象。

For Each…Next 循环的语法如下：

```
For Each element In group    'element 为变量名，group 为数组名或集合名
    Statements               'Statements 代表对每个元素重复执行的语句
Next element                 'For、Each、In、Next 为固定关键字
```

使用 For Each…Next 时的几点限制：

对于集合，element 可以是一个 Variant 变量的名字，或一般的 Object 对象变量，或"对象浏览器"中列出的对象。对于普通数组，element 只能是 Variant 变量名。For Each…Next 不能与用户自定义类型的数组一起使用，因为 Variant 不可能包含用户自定义类型。

例如，下面的子过程利用 For Each…Next 结构输出字符型数组 a 中的每个元素：

```
Private Sub Form_Click()
    Dim a() As String              '声明可变数组 a
    Dim x As Variant               '声明一个变体型变量
    N = InputBox("请输入一个整数")   '随意指定一个数
    ReDim a(1 To N) As String      '按指定的数 N 调整数组 a 的大小
    For i = 1 To N                 '用常规 For…Next 循环语句给数组 a 各元素赋值
      a(i) = "第" & i & "个元素"
    Next i
```

```
      For Each x In a          '用 For Each…Next 结构输出数组 a 各元素的值
          Print x              '注意用到 Variant 变量 x
      Next
End Sub
```

4.3　控　件　数　组

1．控件数组的概念

一组相同类型的控件，如果它们使用相同的控件名，而依靠一个不同的下标索引来区分，这样的一组控件就组成控件数组。控件数组中的每一个控件都是数组中的一个元素，它们具有相同的属性，建立时系统给每个元素赋一个唯一的索引号（Index）。控件数组共享同样的事件过程，其事件名与单控件相应的事件名相同，但事件中会增加一个 Index 参数，该参数的值就是引起该事件的那个控件的下标值，正是依靠下标来标识到底是那个控件触发了事件过程。

一个控件数组至少应有一个元素，元素数目可在系统资源和内存允许的范围内增加；数组的大小也取决于每个控件所需的内存和 Windows 资源，在控件数组中可用到的最大索引值为 32767。同一控件数组中的不同元素可以有自己的属性设置值。常见的控件数组作用包括实现菜单控件和选项按钮分组。

在设计时，使用控件数组添加控件所消耗的资源比直接向窗体添加多个相同类型的控件消耗的资源要少。当希望若干控件共享代码时，控件数组也很有用。例如，如果创建了一个包含三个选项按钮的控件数组，则无论单击哪个按钮时都将执行该相同的代码段。

例如，一个名为 **cmdName** 的按钮数组，将共享下列单击事件：

```
Private Sub cmdName_Click(Index As Integer)
    ...
    If Index=3 Then
        ...'Index 是从 0 开始的，此处是处理第四个命令按钮的操作语句
    End If
    ...
End Sub
```

2．控件数组的建立

控件数组建立的方式有两种。

（1）在设计时建立控件数组的步骤

① 窗体上画出控件，进行属性设置，这是建立的第一个元素。

② 选中该控件，进行"复制"操作。

③ 进行"粘贴"操作，在"粘贴"时系统询问创建控件数组吗？单击"是"按钮。

只要进行若干次"粘贴"操作就可建立所需个数的控件数组元素。控件数组创建后，余下的就是进行事件过程的编程。注意，如果要创建菜单控件数组，必须在"菜单编辑器"中创建（关于"菜单编辑器"的介绍见第 7 章）。

（2）运行时添加控件数组

Visual Basic 提供了在运行时利用语句动态地添加控件元素到控件数组的方法，利用语

句添加控件的前提是在设计时至少要创建控件数组一个元素。操作步骤如下：

① 设计时，在窗体上画出某控件，设置该控件的 Index 值为 0，表示该控件为数组，这是建立的第一个元素，并可对一些取值相同的属性进行设置，如所有文本框的字体都取一样大小。

② 在编程时通过 Load 方法添加其余的若干个元素，也可以通过 Unload 方法删除某个用 Load 方法添加的元素。

Load 方法和 Unload 方法的使用格式：

```
Load  object (<index% >)
Unload  object (<index%>)
```

其中，参数 object 是控件数组的控件名称，参数 index% 是控件在数组中的索引值。

注意：

- 试图对数组中已存在的索引值使用 Load 语句时，Visual Basic 将生成一个错误。
- 可用 Unload 语句删除所有由 Load 语句创建的控件，然而，Unload 无法删除设计时创建的控件，无论它们是否是控件数组的一部分。

③ 通过 Left 和 Top 属性确定每个新添加的控件数组元素在窗体的位置，并将 Visible 属性设置为 True。

注意： 在运行时可以创建一个控件的新实例，新控件必须是控件数组的成员。使用控件数组时，每个新成员继承数组的公共事件过程。

使用控件数组机制不可能在运行时创建一种新类型的控件。也就是说，任何控件数组只能在设计时建立，运行时只能为已有控件数组添加控件元素。

例 4-2 创建一个包含数字按钮和操作按钮控件数组。

（1）选择数组中第一个元素 CommandButton，并将其名称属性设为 cmdCtlArr。

（2）再选择一个 CommandButton，将其添加到数组中，并将其名称设置为 cmdCtlArr，此时将显示如图 4-3 所示的一段信息，单击"是"按钮，确认建立控件数组。

图 4-3 创建控件数组对话框

（3）绘制的第一个控件具有索引值 0，指定给第二个控件的索引值为 1。每个新数组元素的索引值与其添加到控件数组中的次序相同。这样添加控件时，大多数可视性属性（如高度、宽度和颜色），将从数组中第一个控件复制到新控件中（即新控件的这些属性的值与原控件的相同）。

（4）用这种方法添加的控件仅仅共享 Name 属性和控件类型，其他属性与最初绘制控件时的值相同，因此必须对每个按钮设置其他属性。

（5）保存工程。

例 4-3 在控件数组中添加和删除控件。

本例设定的控件是选项按钮。在这个示例中，用户可以添加选项按钮，改变图片框背景颜色。如图 4-4 所示，在窗体上面绘制一个图片框、一个标签、两个选项按钮和三个命令按钮。

给出应用程序中对象的属性设置值，如表 4-1 所示。

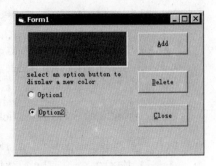

图 4-4　在运行时添加控件

表 4-1　例 4-3 对象属性设置表

对象	属性	设置值
PictureBox	Name	picDisplay
Label	Caption	select an option button to display a new color
Option1	Name	optButton
	Index	0
Option2	Name	optButton
	Index	1
第一个 CommandButton	Name	cmdAdd
	Caption	&Add
第二个 CommandButton	Name	cmdDelete
	Caption	&Delete
第三个 CommandButton	Namecmd	Close
	Caption	&Close

编写如下代码：

```
Dim MaxId As Integer '"通用一声明"区定义 MaxId 变量作为控件数组下标上界
```

所有选项按钮共享 Click 事件过程，该过程给图片框设置不同颜色：

```
Private Sub optButton_Click (Index As Integer)
    picDisplay.BackColor=QBColor(Index+1)
End Sub
```

通过"添加"命令按钮的 Click 事件过程添加新的选项按钮。本例中，在执行 Load 语句前，代码将检查确认加载的选项按钮数不超过 10 个。加载控件之后，必须将其 Visible 属性设置为 True。

```
Private Sub cmdAdd_Click()
    If MaxId=0 Then  MaxId=1         '设置 MaxId 初值为 1
    If MaxId>8 Then  Exit Sub        '只允许 10 个选项按钮
    MaxId = MaxId + 1                 '选项按钮计数递增
    Load optButton(MaxId)            '创建新选项按钮
    optButton(0).SetFocus            '重置选项按钮焦点
```

数组与类型

```
        optButton(MaxId).Top=optButton(MaxId-1).Top+400
                                            '将新按钮放置在上一个按钮下方
        optButton(MaxId).Visible=True       '显示新按钮
        optButton(MaxId).Caption="Option" & MaxId+1
    End Sub
```

通过"删除"命令按钮的 Click 事件过程删除选项按钮：

```
Private Sub cmdDelete_Click()
    If MaxId <= 1 Then Exit Sub         '保留最初的两个按钮
    Unload optButton(MaxId)             '删除最后的按钮(即下标最大的按钮)
    MaxId = MaxId - 1                   '按钮计数递减
    optButton(0).SetFocus               '重置按钮选项
End Sub
```

通过"关闭"按钮的 Click 事件过程结束应用程序：

```
Private Sub cmdClose_Click()
    Unload Me
End Sub
```

例 4-4　在控件数组中使用 For Each…Next 语句。在窗体上建立若干文本框组成的控件数组，然后使用 For Each…Next 语句搜寻文本框数组中所有成员的 Text 属性，查找内容为 Hello 的字符串。若找到了显示 True，未找到显示 False。

程序中，使用控件类型的变量 MyObject。注意，定义控件类型的变量所用关键字为 Control。逻辑变量 Found 作为是否找到 Hello 字符串的标志变量。程序代码如下：

```
Private Sub Form_Click()
    Dim Found As Boolean, MyObject As Control
    Found = False                       '设置变量初始值
    For Each MyObject In Text1          '对每个成员做一次检查
      If MyObject.Text = "Hello" Then   '如果 Text 属性值等于 Hello
        Found = True                    '将变量 Found 的值设成 True
        Exit For                        '退出循环
      End If
    Next
    Print Found
End SubNext
```

4.4　自定义类型

使用 Visual Basic 提供的数据类型基本上已经可以满足用户的要求，但有时会需要存放一组不同类型的数据。例如一个管理学生的教务系统中，一个学生通常要有许多特征，如学生的姓名、年龄、性别等。如果每一个特征都用一个变量表示，当有许多学生时很可能产生混乱。这时，就可以把学生的所有特征构造为一个数据类型。

1. 自定义数据类型的定义

在 Visual Basic 中构造数据类型可以用 Type 语句定义，它由若干个标准数据类型组成。Type 的语法如下：

```
[Private|Public] Type Typemnae
    elementname[([subscripts])] As xxx
    [elementname[([subscripts])] As xxx ]
    ⋮
End Type
```

以下是各参数的含义：

- Typemnae：自定义类型名，取名规则和一般标识符相同。
- elementname：元素名，表示自定义类型中的一个成员。
- subscripts：下标，表示是数组。
- xxx：类型名，为标准数据类型的关键字。

注意：

- Type 语句只能在模块级使用。如果要在类模块或对象模块中使用，则必须在 Type 前面加上关键字 Private。
- 不要将自定义类型名和该类型的变量名混淆，自定义类型名就如同 Integer、Single 等类型名；而该类型的变量（在下面介绍）是 Visual Basic 根据变量的类型所分配的内存空间，用来存储自定义类型中的一组数据。
- 区分自定义变量和数组的异同。相同之处在于他们都是由若干个元素组成；不同之处，自定义类型的元素代表不同性质、不同类型的数据，以元素名表示不同的元素。而数组存放的是同种性质、同种类型的数据，它们具有相同的名字，用不同的下标表示不同的元素。为区别起见，自定义类型的元素常称作成员。

例如，下面的语句是定义学生记录数据类型的例子：

```
Private Type StudentRecord
    Student_ID As Integer            '学号
    Student_Name As String * 20      '姓名
    Student_Sex As String * 1        '性别
    Student_Age As Integer           '年龄
    Student_Home As String * 30      '家庭地址
    Student_Phone As String * 10     '电话号码
    Student_EmailAs String * 30      '电子邮件地址
    Student_Brithday As Date         '出生日期
End Type
```

2. 自定义类型变量的声明和使用

当在窗口模块或者普通模块中的通用声明区定义了 StudentRecord 的数据类型后，就可以和普通的数据类型一样使用它了，要定义这种类型的变量可以使用下面的语句：

```
Dim Varname As Typename
```

- Typename：自定义的数据类型名。
- Varname：自定义数据类型的变量名。

针对上述定义学生记录数据类型的例子，若在某窗体处有如下声明：

```
Dim student1 As StudentRecord
Dim student2 As StudentRecord
```

则定义了两个变量 student1、student2，属于 StudentRecord 自定义类型，要给这个变量赋值，必须为变量中的每一个成员赋值。访问自定义数据类型中的成员变量可以用类似于访问控件中的属性进行，形式如下：

```
变量名.元素名
```

例如，下面的代码就可以给 student1 进行初始化赋值：

```
student1.Student_ID=1
student1.Student_Name="张三"
student1.Student_Sex="男"
student1.Student_Age=18
student1.Student_Home="北京"
student1.Student_Phone=62683456
student1.Student_Email="zs@hotmail.com"
```

从上述我们可以看到，要表示 student1 变量中的每个元素，这样的书写太繁琐，可利用 With 语句进行简化。

```
With student1
    .Student_ID=1
    .Student_Name="张三"
    .Student_Sex="男"
    .Student_Age=18
    .Student_Home="北京"
    .Student_Phone=62683456
    .Student_Email="zs@hotmail.com"
End With
Student2=student1
```

注意：

- 在 "With 自定义类型变量名…End With" 之间，可省略自定义类型变量名，仅用 "." 和元素名表示即可。
- 在 Visual Basic 中提供了对同种自定义类型变量的直接赋值，它相当于将一个变量中的各元素的值对应赋给另一个变量的各元素。

当定义了用户自定义数据类型后，在程序中只要写出变量名和后面的点 "."，系统就会显示该用户类型的成员变量。

如果要使用多个相同自定义类型的变量，可声明自定义类型的数组，声明格式为：

```
Dim MyArr(下标范围)  As 自定义数据类型名
```

例如，声明一个上述 StudentRecord 类型的数组 A，包含 10 个变量，语句如下：

```
Dim  A(1 To 10)  As  StudentRecord
```

例 4-5 使用自定义类型的数组。定义一个含学号、姓名、成绩三个成员的学生信息数据类型，然后定义一个该类型的数组用来存放许多学生的信息。程序界面如图 4-5 所示，要求单击"添加"按钮时，将当前窗体文本框 Text1、Text2 和 Text3 的数据分别作为学号、姓名和成绩加入学生信息数组，并在标签 lblNum 中显示当前已有总记录数。单击"查找"按钮，可以按文本框 Text4 中指定的学号找到该学生的数组元素，并将该学生信息分别显示在相应文本框 Text1～Text3 中。

图 4-5 使用自定义类型数组

程序代码如下：

```
Private Type Student
   Xh As String
   Xm As String * 8
   Score As Single
End Type
Dim MyStu() As Student
Dim N As Integer
Private Sub Form_Load()
   N = 0            '初始化记录总数
End Sub
Private Sub CmdAdd_Click()       '添加记录
   N = N + 1
   ReDim Preserve MyStu(1 To N) As Student
   With MyStu(N)
      .Xh = Text1
      .Xm = Text2
      .Score = Text3
   End With
   lblNum.Caption = "当前总记录数为: " + Str(N)
End Sub
Private Sub CmdSearch_Click()   '查找记录
   Dim i As Integer
   For i = 1 To N
      If MyStu(i).Xh = Text4 Then
      Text1 = MyStu(i).Xh
      Text2 = MyStu(i).Xm
      Text3 = MyStu(i).Score
      End If
```

```
        Next i
    End Sub
```

4.5 枚 举 类 型

在处理实际问题时，常常要涉及一些非数值性数据，而这些数据难以用前面介绍的标准类型准确描述，只好采用一些替代方法。例如，性别有男女之分，用整数 0、1 分别表示；红、橙、黄、绿、青、蓝、紫七种颜色，用 1、2、3、4、5、6、7 分别表示；一周有七天，用 0、1、2、3、4、5、6 分别表示；一年有 12 个月，用 1~12 分别表示。显然，这种用数值代码来代表某一具体非数值数据的方法在程序设计中属于个别约定，虽可采用，但使用起来有诸多的不便，一方面这种描述方法不易明确数据与代码的对应关系，不直观，可读性差；另一方面，这些数值代码的整数形式容易混淆其真实含义，对这些数字代码进行的某些语法正确的运算，可能毫无意义，更可能导致不必要的错误。

Visual Basic 提供枚举类型来解决这类问题。所谓枚举，是将具有相同属性的一类数据值一一列举。

枚举类型提供了方便的方法处理有关的常数和使名称与常数数值相关联。例如，可以为与星期日期相关联的一组整数常数声明一个枚举类型，然后在代码中使用星期的名称而不使用其整数数值。

枚举可以通过在标准模块或公用类模块中的声明部分用 Enum 语句声明一个枚举类型来创建。枚举类型可以用适当的关键字声明为 Private 或 Public。

格式：

```
Private/Public Enum MyEnum
    Enumname1
    Enumname2
    ⋮
    Enumnamen
End Enum
```

在默认情况下，枚举中的第一个常数被初始化为 0，其后的常数则初始化为比其前面的常数大 1 的数值。例如在下面的枚举 Days 中，包含了一个数值为 0 的常数 Sunday，数值为 1 的常数 Monday，数值为 2 的常数 Tuesday 等。

```
Public Enum Days
    Sunday
    Monday
    Tuesday
    Wednesday
    Thursday
    Friday
    Saturday
End Enum
```

Visual Basic 提供了内置的枚举 vbDayOfWeek，包括了与星期的七天相对应的常数。如希望查阅预定义的枚举常数，在代码窗口键入 vbDayOfWeek，后跟一个点号，Visual Basic 将自动显示该枚举常数的内容。可以使用赋值语句显式地给枚举中的常数赋值。可以赋值为任何长整数，包括负数。例如，可能希望常数数值小于 0 以便代表出错条件。

在以下的枚举中，常数 Invalid 被显式地赋值–1，而常数 Sunday 被赋值 0。因为 Saturday 是枚举中的第一个元素，所以也被赋值 0。Monday 的数值为 1（比 Sunday 的数值大 1），Tuesday 的数值为 2 等。

```
Public Enum WorkDays
    Saturday
    Sunday=0
    Monday
    Tuesday
    Wednesday
    Thursday
    Friday
    Invalid=-1
End Enum
```

Visual Basic 将枚举中的常数数值看做长整数。如果将一个浮点数值赋给一个枚举中的常数，Visual Basic 会将该数值取整为最接近的长整数。

通过将相关的常数集组织进枚举类型中，就可以在不同的上下文环境中使用同一个常数名称。例如，可以使用在枚举 Days 和 WorkDays 中的同一个代表星期的名称。

当引用单个常数时，为了避免模糊引用，应在常数名称前冠以枚举名。下列代码引用 Days 和 WorkDays 枚举中的 Saturday 常数，并在立即窗口中显示它们的不同的数值。

```
Debug.Print  "Days.Saturday=" & Days.Saturday
Debug.Print  "WorkDays.Saturday=" & WorkDays.Saturday
```

当向一个枚举中的常数赋值时，也可以使用另一个枚举中的常数的数值。例如，下述 WorkDays 枚举的声明与前述的声明是等同的。

```
Public Enum WorkDays
    Sunday=0
    Monday
    Tuesday
    Wednesday
    Thursday
    Friday
    Saturday=Days.Saturday-6
    Invalid = -1
End Enum
```

声明枚举类型后，就可以声明该枚举类型的变量，然后使用该变量存储枚举常数的数值。下列代码使用 WorkDays 类型的变量存储与 WorkDays 枚举中的常数相关联的整数数值。

```
Dim MyDay As WorkDays
MyDay=Saturday                    'Saturday 的数值为 0
If MyDay<Monday Then              'Monday 的数值为 1
                                  '所以 Visual Basic 显示一个消息框
MsgBox "It's the weekend. Invalid work day!"
End If
```

注意：当在代码窗口中键入示例中的第二行代码时，Visual Basic 自动在"自动列出成员"列表中显示 WorkDays 枚举的常数。因为常数 Sunday 的数值也为 0，所以如果在示例中的第二行用"星期日"替换"星期六"，Visual Basic 也将显示消息框。

```
MyDay = Sunday          'Sunday 的数值也为 0
```

尽管通常只将枚举常数数值赋给枚举类型的变量，但也可以将任何长整数数值赋给该变量。当对与枚举常数不相关联的变量赋值时，Visual Basic 不会产生错误。

4.6　常用算法举例

4.6.1　分类统计

分类统计是经常遇到的运算，是将一批数据按分类的条件统计包含的个数。例如，将学生的成绩按优、良、中、及格、不及格分成五类，统计各类的人数，职工按各职称分类统计等。这类问题一般要求掌握分类条件表达式的书写，设置各类的计数变量进行相应计数。

例 4-6　输入一串字符，统计各字母出现的次数，大小写字母不区分。

【分析】　显然，对字母分类，共有 26 类，统计每类字母的出现次数需 26 个计数变量。

（1）26 个计数变量分别用来统计 26 个字母各出现的次数，用具有 26 个元素的数组实现比较方便，每个元素的下标表示对应的字母，元素的值表示对应字母出现的次数。

（2）从输入的字符串中逐一取出字符，统一转换成大写字符判断（使得大小写不区分）。

（3）界面设计，可以用一个文本框接收输入的字符串，而统计结果打印在图片框上。

程序如下：

```
Private Sub Command1_Click()
    Dim a(1 to 26) As Interger,c As String *1
    Le=Len(Text1)
    For i = 1 To le
        c = UCase(Mid(Text1, i, 1))
        If c >= "A" And c <= "Z" Then
            j = Asc(c) - Asc("A") + 1        '令字符"A"的类别下标为1，求出字符
                                             'c的下标
            a(j) = a(j) + 1
        End If
    Next i
```

```
    For j=1 to 26
        If a(j)>0 Then Picture1.Print " ";Chr$(j+64);"=";a(j);
    Next j
End Sub
```

4.6.2 数组排序

数据排序的方法很多，有比较交换法、选择法、冒泡法、希尔法、插入法等，不同的方法效率不同。在此，介绍数据排序的常用方法："选择排序法"及"冒泡排序法"。

1．选择法排序

选择法排序是最为简单且易理解的算法。假定有 n 个数的序列，要求按递增的次序排序（递减算法类似），算法的步骤如下：

（1）从 n 个数的序列中选出最小的数（递增），与第 1 个位置的数交换值。

（2）除第 1 个数外，其余 n–1 个数再按步骤（1）的方法选出次小的数，与第 2 个位置的数交换值。

（3）重复步骤（2），n–1 遍后，最后构成递增序列。

由此可见，数组排序必须用两重循环才能实现，内循环选择最小数，找到该数在数组中的有序位置；执行 n–1 次外循环即可确定前 n–1 个数的位置，也就确定了 n 个数的有序位置。若要按递减次序排序，只要每次选最大的数即可。

例 4-7 对已知存放在数组中的 n 个数，用选择法按递增顺序排序。

【分析】 假设数组中已存放六个数，排序过程如图 4-6 所示。其中右边有双下划线的数表示每一轮找到的最小数的下标位置，与欲排序序列中最左边有单下划线的数交换后得到图 4-6 中的结果。

```
                        原始数据    8 6 9 3 2 7
a(1)  a(2)  a(3)  a(4)  a(5)  a(6)  第一趟排序   2 6 9 3 8 7
      a(2)  a(3)  a(4)  a(5)  a(6)  第二趟排序   2 3 9 6 8 7
            a(3)  a(4)  a(5)  a(6)  第三趟排序   2 3 6 9 8 7
                  a(4)  a(5)  a(6)  第四趟排序   2 3 6 7 8 2
                        a(5)  a(6)  第五趟排序   2 3 6 7 8 9
```

图 4-6　选择法排序过程示意图

程序流程图如图 4-7 所示。
程序如下：

```
Option Base 1
Private Sub Command1_Click()
    Dim a%(1 To 6), p%, n%, i%, j%, t%
    n=6
    For i=1 To n
        a(i)=InputBox("输入第" & i & "个数据")
    Next i
    For i=1 To n-1          '进行 n-1 轮比较
        p=i                '对第 i 轮比较时，初始
                           '假定第 i 个元素最小
```

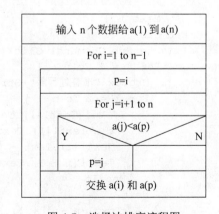

图 4-7　选择法排序流程图

数组与类型

```
    For j=i+1 To n            '在数组第 i~n 个元素中找最小元素的下标（记录在 p 中）
        If a(j)<a(p) Then p=j
    Next j
    t=a(i)                    '第 i~n 个元素中找出的最小元素与第 i 个元素交换值
    a(i)=a(p)
    a(p)=t
Next i
For i=1 To n                  '显示排序后的数组
    Print a(i);
Next i
End Sub
```

2. 冒泡法排序

冒泡法排序就是每次将两个相邻的数进行比较，然后将大数调换（或称"下沉"）到下面。若有 n 个数，其步骤是将相邻两个数 a(1)与 a(2)比较，按要求将这两个数排好序，再将 a(2)与 a(3)比较……，以此类推，直到将最后两个数比较并处理完毕。这时最大的数已换到最后一个位置。这是第一轮的比较和处理。每进行一轮，把所剩数中最大的一个移到最后位置。共进行若干轮处理。

例 4-8　对已知存放在数组中的 n 个数，用冒泡法按递增顺序排序。

【分析】

（1）假设数组中已存放六个数，排序过程如图 4-8 所示。

（2）创建应用程序的用户界面和设置对象属性。窗体上设置一个文本框控件数组和一个命令按钮，文本框控件数组（Text1(1)~Text1(8)）用来显示演示的八个数。

（3）编写程序代码。要求程序运行后自动产生八个两位随机整数，单击"排序"按钮（Command1）时，即启动排序过程，通过 MsgBox 函数来暂停程序运行。其演示如图 4-9 所示。

```
Const n = 8                  '声明符号常量
Option Base 1
Private Sub Form_Load()
    Randomize
    For i = 1 To n                    '产生 n 个随机数
        Text1(i).ForeColor = RGB(0, 0, 0)'用黑色显示
        Text1(i).Text = Int(90 * Rnd + 10)
    Next i
End Sub
Private Sub Command1_Click()
    For j = 1 To n - 1            '外循环
      MsgBox "准备进行第"+Str(j)+"次比较，按回车键继续"
      For i = 1 To n - j           '内循环
        If Val(Text1(i).Text) > Val(Text1(i + 1).Text) Then
          t = Text1(i).Text
          Text1(i).Text = Text1(i + 1).Text
          Text1(i + 1).Text = t
        End If
      Next i
        Text1(n - j + 1).ForeColor = RGB(255, 0, 0)     '沉底数用红色表示
```

```
        Next j
            MsgBox "排序完毕"
End Sub
```

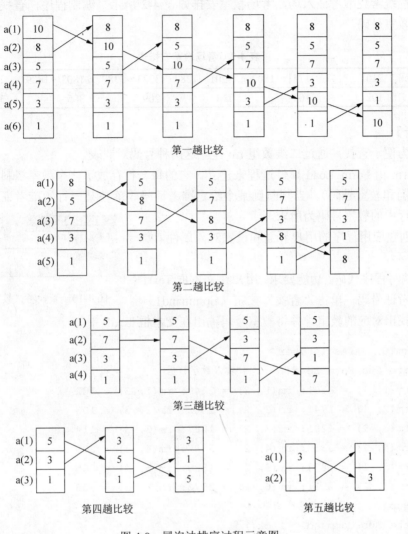

第一趟比较

第二趟比较

第三趟比较

第四趟比较   第五趟比较

图 4-8 冒泡法排序过程示意图

4.6.3 数组元素的查找、插入与删除

1. 查找数组中的元素

在日常生活中，人们几乎每天都要进行"查找"工作。例如，在电话号码簿中查阅"某单位"或"某人"的电话号码，在字典中查阅"某个词"的读音或含义等。利用数组可以比较方便地实现数据查找。常用的查找方式有顺序查找法、折半查找法。

顺序查找法的查找过程：从表中第 n 个数据开始，逐个数据与给定值进行比较，若某个数据与给定值相等，则查找

图 4-9 起泡排序法演示图

成功；否则，查找不成功。

例 **4-9** 利用顺序查找法查找考场教室号。

某课程统考凭准考证入场，考场教室安排如表 4-2 所示。编制程序，查找准考证号码所对应的教室号码。

表4-2　考场教室安排表

准考证号码	2101～2147	1741～1802	1201～1287	3333～3387	1803～1829	2511～2576
教室号码	102	103	114	209	305	306

【分析】

（1）为便于查找，通过二维数组 rm 建立这两种号码对照表。

数组 rm 由 Form_Load 事件过程来建立，它的每一行存放了一个教室资料（包含准考证号码范围和教室号码）。当判断到某个给定准考证号码落在某一行的准考证号码范围内时，则该行中的教室号码为所求。

（2）创建应用程序的用户界面和设置对象属性，如图 4-10 所示。

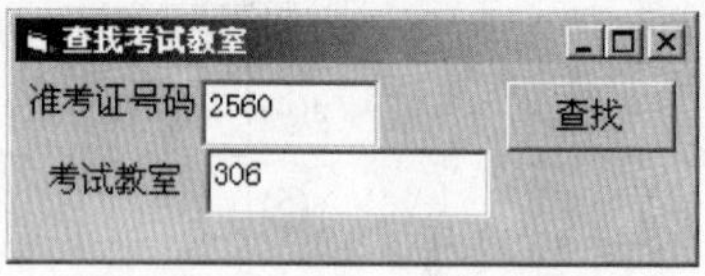

（3）编写程序代码。功能要求：用户在文本框 Text1 中输入准考证号码，单击"查找"按钮（Command1）后，则查找出对应的教室，并将教室号码输出在文本框 Text2 中。

图 4-10　查找考试教室界面图

```vb
Dim rm(6, 3) As Integer
Private Sub Form_Load()        '输入数组数据
    rm(1, 1) = 2101: rm(1, 2) = 2147: rm(1, 3) = 102
    rm(2, 1) = 1741: rm(2, 2) = 1802: rm(2, 3) = 103
    rm(3, 1) = 1201: rm(3, 2) = 1287: rm(3, 3) = 114
    rm(4, 1) = 3333: rm(4, 2) = 3387: rm(4, 3) = 209
    rm(5, 1) = 1803: rm(5, 2) = 1829: rm(5, 3) = 305
    rm(6, 1) = 2511: rm(6, 2) = 2576: rm(6, 3) = 306
End Sub
Private Sub Command1_Click()
    Dim no As Integer, flag As Integer
    flag = 0        '查找标记，0 表示未找到
    no = Val(Text1.Text)
    For i = 1 To 6
        If  no >= rm(i, 1) And no <= rm(i, 2) Then
        Text2.Text = rm(i, 3)     '显示教室号码
        flag = 1   '1 表示找到
        Exit For
        End If
    Next i
    If  flag = 0 Then
      Text2.Text = "无此准考证号码"
```

```
        End If
        Text1.SetFocus          '设置焦点
End Sub
```

利用折半查找法查找数据，首先要求所找数据是有序的，其查找过程是，先确定待查数据所在的范围，然后逐步缩小范围直到找到或找不到为止。

例 4-10 采用折半查找法查询学生成绩。

某学习小组 10 名学生的成绩情况如表 4-3 所示，现要求采用折半查找法，通过学号查询学生成绩。

表 4-3 学生成绩情况表

学号	1201	1202	1203	1205	1206	1207	1209	1210	1211	1215
数学	92	78	83	67	71	62	98	99	57	80
语文	86	71	74	75	55	80	83	80	67	78

【分析】

（1）折半查找法也称对半查找法，是一种效率较高的查找方法。对于大型数组，它的查找速度比顺序查找法（例 4-9 采用的是顺序查找法）快得多。

在采用折半查找法之前，要求将数组按查找关键字（如本例的学号）排好序（从大到小或从小到大）。

折半查找法的过程描述如下：

① 先从数组中间开始比较，判别中间的那个元素是不是要找的数据。

② 是，则查找成功；否，若被查找的数据是在该数组的上半部，则从上半部的中间继续查找，否则从下半部的中间继续查找。

③ 照此进行下去，不断缩小查找范围。

④ 至最后，因找到或找不到而停止查找。

对于 n 个数据，若用变量 Top、Bott 分别表示每次"折半"的首位置和末位置，则中间位置 M 为：

```
M=Mid=Int((Top+Bott)/2)
```

这样就将[Top, Bott]分成两段，即[Top, M-1]和[M+1, Bott]，若要找的数据小于由 M 指示的数据，则该数据在［Top, M–1］范围内；反之，则在［M+1, Bott］范围内。

查找学号为 1209 的学生成绩过程如下（学号放在数组 h()中）：

```
1201   1202   1203   1205   1206   1207   1209   1210   1211   1215
↑Top                        ↑Mid                        ↑Bott
```

令 h(Mid)的值与给定学号 1209 比较，h(Mid)<1209，说明若待查学生存在，必在区间[Mid+1,Bott]范围内，则令 Top=Mid+1，重新求得 Mid=Int((Top+Bott)/2)的值。

```
1201   1202   1203   1205   1206   1207   1209   1210   1211   1215
                            ↑Top          ↑Mid          ↑Bott
```

仍令 h(Mid)的值与给定学号 1209 比较，h(Mid)>1209，说明若待查学生存在，必在区间[Top,Mid–1]范围内，则令 Bott=Mid–1，求得 Mid 的新值。

1201　　1202　　1203　　1205　　1206　　1207　　1209　　1210　　1211　　1215
　　　　　　　　　　　　　　　　　　　　　　　　↑ Top　↑ Bott
　　　　　　　　　　　　　　　　　　　　　　　　↑ Mid

用 h(Mid)的值与给定学号 1209 比较，h(Mid)<1209，说明若待查学生存在，必在区间
[Mid+1,Bott]范围内，则令 Top=Mid+1，求得 Mid 的新值。比较 h(Mid)的值与给定学号 1209，
因为相等，则查找成功。

1201　　1202　　1203　　1205　　1206　　1207　　1209　　1210　　1211　　1215
　　　　　　　　　　　　　　　　　　　　　　↑ Top
　　　　　　　　　　　　　　　　　　　　　　↑ Bott
　　　　　　　　　　　　　　　　　　　　　　↑ Mid

（2）创建应用程序的用户界面和设置对象属性，如如图 4-11 所示。

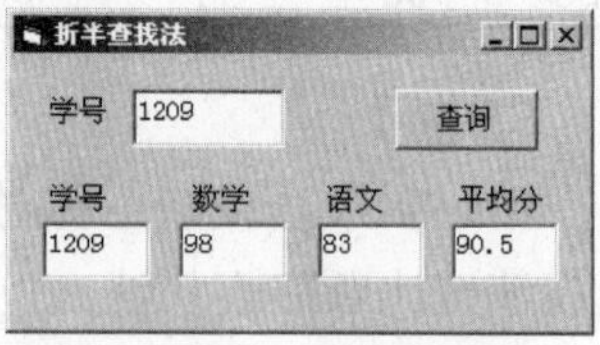

程序代码如下：

图 4-11　折半查找法界面图

```
Dim h(10) As Integer, d(10, 2) As Integer
Private Sub Form_Load()
    '学号存放在数组 h()中
    h(1) = 1201: h(2) = 1202: h(3) = 1203
    h(4) = 1205: h(5) = 1206: h(6) = 1207
    h(7) = 1209: h(8) = 1210: h(9) = 1211: h(10) = 1215
    '成绩存放在数组 d(,)中
    d(1, 1) = 92: d(1, 2) = 86
    d(2, 1) = 78: d(2, 2) = 71
    d(3, 1) = 83: d(3, 2) = 74
    d(4, 1) = 67: d(4, 2) = 75
    d(5, 1) = 71: d(5, 2) = 55
    d(6, 1) = 62: d(6, 2) = 80
    d(7, 1) = 98: d(7, 2) = 83
    d(8, 1) = 99: d(8, 2) = 80
    d(9, 1) = 57: d(9, 2) = 67
    d(10, 1) = 80: d(10, 2) = 78
End Sub
Private Sub Command1_Click()
Dim no As Integer, flag As Integer
Dim m As Integer, top As Integer, bott As Integer
    flag = -1              '置未找到标志
    top = 1: bott = 10     '设定范围
    no = Val(Text1.Text)   '取学号
    If no < h(top) Or no > h(bott) Then
      flag = -2            '若超出学号范围, 置特殊标志-2
    End If
    Do While flag = -1 And top <= bott
```

```
        m = (top + bott) / 2          '取中点
        Select Case True
        Case no = h(m)                '找到
            flag = m
            Text2.Text = h(m)
            Text3.Text = d(m, 1)
            Text4.Text = d(m, 2)
            Text5.Text = (d(m, 1) + d(m, 2)) / 2
         Case no < h(m)               '小于中间数据
             bott = m - 1             '上半部
         Case no > h(m)               '大于中间数据
             top = m + 1              '下半部
        End Select
        Loop
        If flag < 0 Then              '判断是否找不到
          Text2.Text = ""
          Text3.Text = ""
          Text4.Text = ""
          Text5.Text = ""
          MsgBox "无此学生!"
        End If
    Text1.SetFocus
End Sub
```

2. 数组元素的插入与删除

数组中元素的插入和删除一般是在已排好序的数组中插入或删除一个元素，使得插入或删除后数组还是有序的。这首先涉及查找问题，在数组中首先找到要插入的位置或要删除的元素，然后进行插入或删除。

（1）插入

例 4-11　在有序数组 a(1 to n)（原有 n–1 个元素）插入一个值为 Key 的元素。

【分析】

① 查找要插入的位置 k（1≤k≤n–1）。

② 腾出位置，从最后一个元素开始到第 k 个元素，逐个往后移动一个位置。

③ 第 k 个元素的位置腾出，就可将数据 Key 插入。

例如，要将值 16 插入到下列数组中，插入过程如图 4-12 所示。

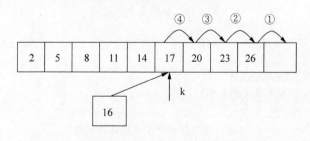

图 4-12　插入元素示意图

数组与类型

完整程序如下：

```
Private Sub Command1_click()
    Dim a%(1 to 10), i%, k%,key%
  For i=1 To 9    '通过程序自动产生有规律的数组
     a(i)=3*i-1
  Next
  Key=InputBox("输入要插入的数据")
'查找欲插入数 key 在数组中的位置，同时从最后元素开始后移，腾出位置
  For k=9 to 1 Step -1
    If a(k)>key Then
      a(k+1)=a(k)
    Else
      a(k+1)=key '将数插入
    End IF
  Next k
End Sub
```

（2）删除

删除操作首先也是要找到欲删除的元素的位置 k，然后从 k+1 到 n 个位置开始向前移动，最后将数组元素减 1。

例 4-12　在数组 a(1 to n)中删除一个值为 Key 的元素。

【分析】

① 查找要删除的位置 k（1≤k≤n）。

② 从 k+1 位置开始，到最后一个元素，每个元素往前移动一个位置。

③ 数组长度减 1。

④ 要将数组长度减 1，须将数组声明为动态数组。

例如，要将值 16 从数组中删除的过程如图 4-13 所示。

完整程序如下：

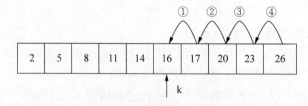

图 4-13　删除元素示意图

```
Private Sub Command1_click()
    Dim a%()
    Dim n%,i%, k%,key%
    n=InputBox("输入数组的长度")
    ReDim a(1 to n)
    For i=1 To n     '通过程序自动产生有规律的数组
      a(i)=3*i-1
```

```
    Next
    Key=InputBox("输入要删除的数据")
    For  k=1 to  n        '查找欲删除数 key 在数组中的位置
      If  a(k)=key  Then
        Exit For
      End If
    Next k
    For  i=k  to  n-1
        a(i)=a(i+1)
    Next i
    ReDim Preserve a(1 to n-1)
End Sub
```

习   题   4

一、选择题

1. 用下面语句定义的数组的元素个数是【   】。

```
Dim  A(-3 To 5) As Integer
```

  A）6   B）7   C）8   D）9

2. 以下程序的输出结果是【   】。

```
Option Base 1
Private Sub Command1_Click()
    Dim a(10), p(3) As Integer
    k=5
    For i=1 To 10
        a(i)=i
    Next i
    For i=1 To 3
        p(i)=a(i*i)
    Next i
    For i =1 To 3
        k=k+p(i)*2
    Next i
    Print k
End Sub
```

  A）33   B）28   C）35   D）37

3. 在窗体上面画一个命令按钮，然后编写如下事件过程：

```
Option Base 1
Private Sub Command1_Click()
    Dim a
    a=Array(1,2,3,4)
```

数组与类型

```
        j=1
        For i = 4 To 1 Step -1
            s = s + a(i)*j
            j=j*10
        Next i
        Print s
End Sub
```

运行上面的程序，单击命令按钮，其输出结果是【　　】。

A）4321　　　　　　　　B）12　　　　　　　　C）34　　　　　　　　D）1234

4. 在窗体上添加一个命令按钮（其 Name 属性为 Command1），然后编写如下代码：

```
Option Base 1
Private Sub Command1_Click()
    Dim a(4,4)
    For i=1 To 4
        For j=1 To 4
            a(i,j)=(i-1)*3+j
        Next j
    Next i
    For i=3 To 4
        For j=3 To 4
            Print a(j,i);
        Next j
        Print
    Next i
End Sub
```

程序运行后，单击命令按钮，其输出结果为【　　】。

A）6　9　　　　　　　B）7　10　　　　　　C）8　11　　　　　　D）9　12
　　7　10　　　　　　　　8　11　　　　　　　9　12　　　　　　　10　13

5. 对窗体编写如下代码：

```
Option Base 1
Private Sub Form_Click( )
    a=Array(237,126,87,48,498)
    m1=a(1): m2=1
    For i=2 To 5
        If a(i)>ml Then
            m1=a(i):m2=i
        End If
    Next i
    Print m1; m2
End Sub
```

程序运行后，单击窗体，输出结果为【　　】。

A）48　4　　　　　　B）237　1　　　　　C）498　5　　　　　D）498　4

6. 设在窗体上有一个名称为 Command1 的命令按钮，并有以下事件过程：

```
Private Sub Command1_Click()
    Static b As Variant
    b= Array(1,3,5,7,9)
    ...
End Sub
```

此过程的功能是把数组 b 中的五个数逆序存放（即排列为 9,7,5,3,1）。为实现此功能，省略号处的程序段应该是【   】。

A）
```
For i=0 To 4-1\2
    tmp=b(i)
    b(i)=b(4-i-1)
    b(4-i-1)=tmp
Next
```
B）
```
For i=0 To 5
    tmp=b(i)
    b(i)=b(4-i-1)
    b(4-i-1)=tmp
Next
```
C）
```
For i=0 To 5\2
    tmp=b(i)
    b(i)=b(5-i-1)
    b(5-i-1)=temp
Next
```
D）
```
For i=1 To 5\2
    tmp=b(i)
    b(i)=b(4-i-1)
    b(4-i-1)=tmp
Next
```

7. 以下有关数组定义的语句序列中，错误的是【   】。

A）
```
Private Sub Command1_Click()
    Static arr1(3)
    arr1(1)=100
    arr1(2)="Hello"
    arr1(3)=123.45
End Sub
```
B）
```
Dim arr2() As Integer
Dim size As Integer
Private Sub Command2_Click()
    size=InputBox("输入: ")
    ReDim arr2(size)
End Sub
```
C）
```
Option Base 1
Private Sub Command3_Click()
    Dim arr3(3) As Integer
    ...
End Sub
```
D）
```
Dim n As Integer
Private Sub Command4_Click()
    Dim arr4(n) As Integer
    ...
End Sub
```

8. 以下定义数组或给数组元素赋值的语句中，正确的是【   】。

A）
```
Dim a As Variant
a=Array(1,2,3,4,5)
```
B）
```
Dim a(10) As Integer
a=Array(1,2,3,4,5)
```
C）
```
Dim a%(10)
a(1)="ABCDE"
```
D）
```
Dim a(3),b(3) As Integer
a(0)=0: a(1)=1: a(2)=2: b=a
```

二、填空题

1. 在窗体画一个命令按钮，然后编写如下事件过程：

```
Private Sub Command1_Click()
    Dim a(1 To 10)
    Dim p(1 To 3)
    k=1
```

```
    For i=1 To 10
        a(i)=i
    Next i
    For i=1 To 3
        p(i)=a(2*i)
    Next i
    For i=1 To 3
        k=k*p(i)
    Next i
    Print k
End Sub
```

程序运行后，单击命令按钮，输出结果是_____。

2. 设有如下程序：

```
Private Sub Form_Click()
    Dim a() As Variant, i% ,Index As Integer
    a=Array(1, 3, 5, 7, 9, 11, 13, 15):Key=11
    For i=LBound(a) To UBound(a)
        If Key=a(i) Then
            Index=I:Exit For
        End If
    Next i
    Print Index
End Sub
```

程序运行后，输出结果是_____。

3. 下列程序用 Array 函数建立一个含有八个元素的数组，然后查找并输出该数组中元素的最大值。请填空。

```
Option Base 1
Private Sub Command1_Click()
    Dim arr1, Max as Integer
    arr1= Array(12,435,76,24,78,54,866,43)
    【1】 = arr1(1)
    For i=1 To 8
        If arr1(i)>Max Then 【2】
    Next i
    Print "最大值是:";Max
End Sub
```

4. 若有数组定义语句：Dim a(–2 To 2,3) As Single，则该语句定义的数组名为 __【1】__，数组的维数是 __【2】__，第 2 维的下标下界是 __【3】__，数组的大小是 __【4】__。

5. 若有自定义数据类型的声明如下：

```
Private Type MyType
```

```
        Xm AS String*8              '姓名
        Bm As String*20             '部门
        Gz As Single                '工资数
    End Type
```

现在要定义 100 个该类型的变量，用默认下界 0 和数组名 W，定义语句是 ___【1】___，给元素 W(99)赋如下值："王晓明"、"财务处"、1500，要求用 With 结构，则赋值语句为：

```
With   __【2】__
       __【3】__              '姓名
       __【4】__              '部门
       __【5】__              '工资数
End    __【6】__
```

数组与类型

<table>
<tr><td></td><td>第 5 章</td><td>常用标准控件</td></tr>
</table>

本章要点

控件的主要功能是用来获取用户的输入信息和显示输出信息。Visual Basic 6.0 中的控件包括内部控件和 ActiveX 控件。本章介绍内部控件，包括用来显示和输入文本的文本控件，提供功能选择的选择控件，作为命令触发的命令按钮控件，进行图形处理的图形控件，与时间事件有关的定时器控件，以及作为对象载体的框架控件等。控件为程序界面设计提供了方便。

5.1 控件基本知识

控件是 Visual Basic 应用程序的重要元素，用来获取用户的输入信息和显示输出信息，它组成了用户界面。启动 Visual Basic 6.0 以后，可以看到控件以图标的形式放在"工具箱"内，每种控件在"工具箱"内都有对应的图标。

Visual Basic 的控件可广义地分为三类：标准控件、ActiveX 控件和可插入的对象。

5.1.1 标准控件

标准控件也称为内部控件，例如文本框、标签和命令按钮等都是标准控件。内部控件总是出现在工具箱中，不像 ActiveX 控件和可插入对象那样可以添加到工具箱中，或从工具箱中删除。

启动 Visual Basic 6.0 后，工具箱中列出的是标准控件，如图 5-1 所示。若要显示工具箱，可选择"视图"|"工具箱"命令，或单击标准工具栏上的工具箱按钮 。

表 5-1 列出了工具箱中各标准控件的名称和作用。

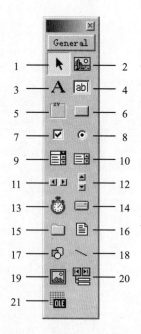

图 5-1　Visual Basic 工具箱

表 5-1　Visual Basic 6.0 的标准控件

编号	控件名	类名	描述
1	指针	Pointer	这不是一个控件，只有在选择 Pointer 之后，才能改变窗体中控件的位置
2	图片框	PictureBox	显示位图、图标或 Windows 图元文件、JPEG 或 GIF 文件，也可显示文本或者充任其他控件的可视容器

编号	控件名	类名	描述
3	标签	Label	为用户显示不可交互操作或不可修改的文本
4	文本框	TextBox	提供一个区域来输入文本、显示文本
5	框架	Frame	为控件提供可视的功能化容器
6	命令按钮	CommandButton	在用户选定命令或操作后执行它
7	复选框	CheckBox	显示 True/False 或 Yes/No 选项。一次可在窗体上选定任意数目的复选框
8	选项按钮	OptionButton	选项按钮，与其他选项按钮组成选项组，用来显示多个选项，用户只能从中选择一项
9	组合框	ComboBox	将文本框和列表框组合起来，用户可以输入选项，也可从下拉式列表中选择选项
10	列表框	ListBox	显示项目列表，用户可从中进行选择
11	水平滚动条	HScrollBar	对于不能自动提供滚动条的控件，允许用户为它们添加滚动
12	垂直滚动条	VScrollBar	条（这些滚动条与许多控件的内建滚动条不同）
13	定时器	Timer	按指定时间间隔执行定时器事件
14	驱动器列表框	DriveListBox	显示有效的磁盘驱动器并允许用户选择
15	目录列表框	DirListBox	显示目录和路径并允许用户从中进行选择
16	文件列表框	FileListBox	显示文件列表并允许用户从中进行选择
17	形状	Shape	向窗体、框架或图片框添加矩形、正方形、椭圆或圆形
18	线形	Line	在窗体上添加线段
19	图像	Image	显示位图、图标或 Windows 图元文件、JPEG 或 GIF 文件，单击时类似命令按钮
20	数据	Data	能与现有数据库连接并在窗体上显示数据库中的信息
21	OLE 容器	OLE	将数据嵌入到 Visual Basic 应用程序中

5.1.2 ActiveX 控件

ActiveX 是建立在微软公司的 Component Object Model（COM 组件对象模型）上的技术框架，它是一种技术集合，使得在环球网上交互内容得以实现。ActiveX 技术提供了一种把所有其他使网络生动起来的技术粘合剂，它包括了客户端和服务器端的技术。

ActiveX 控件是 ActiveX 部件的一种重要类型。所谓 ActiveX 部件是一段可重复使用的编程代码和数据，它由用 ActiveX 技术创建的一个或多个对象所组成。通过 ActiveX 技术，应用程序可以使用现有的部件。

ActiveX 部件共有四种类型：ActiveX 控件、ActiveX.exe、ActiveX.dll 和 ActiveX 文档。

ActiveX 控件是扩展名为.ocx 的独立文件，其中包括各种 Visual Basic 版本提供的控件（如 DataCombo 和 DataList 控件等）、在专业版和企业版中提供的控件（如 Listview，Toolbar，Animation 等）和许多第三方提供的 ActiveX 控件。

ActiveX 控件是 Visual Basic 工具箱的扩充部分。使用 ActiveX 控件的方法与使用其他标准内装控件的方法完全一样。在程序中加入 ActiveX 控件后，它将成为开发和运行环境的一部分，并为应用程序提供新的功能。

程序中要使用 ActiveX 控件，需先将它们加到工具箱中，添加 ActiveX 控件的步骤如下：

（1）在"工程（Project）"菜单中，选择"部件"菜单项以显示"部件"对话框，如

图 5-2（a）所示。该对话框中将列出所有已经注册的可加入的对象、设计者和 ActiveX 控件。

（2）选定控件名称左边的复选框。

（3）单击"确定"按钮，关闭"部件"对话框。所有选定的 ActiveX 控件将出现在工具箱中。

在图 5-2（a）中，选中 Microsoft Comm Control 6.0 复选框，单击"确定"按钮后将在工具箱中加入该控件的图标，如图 5-2（b）所示。

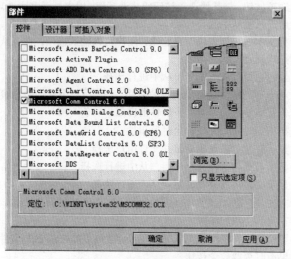

（a）添加 ActiveX 控件对话框

添加的
ActiveX
控件图标

（b）添加控件后的工具箱

图 5-2　添加 ActiveX 控件

要将 ActiveX 控件加入到"部件"对话框，可单击"浏览"按钮，并找到扩展名为.ocx 的文件。这些文件通常安装在\windows\system 或 system32 目录中。在将 ActiveX 控件加入可用控件列表中时，Visual Basic 自动在"部件"对话框中选定它的复选框。

ActiveX 控件的特点是，它有可视的界面，当用"工程"菜单中的"部件"添加了控件后，在工具箱中出现相应的图标。

5.1.3　ActiveX DLL 代码部件

ActiveX DLL 是 ActiveX 部件的四种类型之一，此部件类似于对象库。客户应用程序通过创建一个对象来使用代码部件，同时调用对象的属性、方法和事件，这个对象是根据部件提供的一个类创建的。

应用程序要创建定义在 ActiveX DLL 中对象的引用，可以按以下步骤操作：

（1）从"工程"菜单中选择"引用"菜单项。

（2）在"引用"对话框中，选择 ActiveX 部件的名称，它包含在应用程序中使用的对象。

（3）可以使用"浏览"按钮来搜索包含所需对象的类型库文件。类型库可以有.tlb 或.olb 文件扩展名，可执行文件（.exe）与动态链接库（DLL）也可以提供类型库。

代码部件的特点是没有界面，当选择"工程"|"引用"命令添加对象库的引用后，工具箱上没有图标显示，但可以在"对象浏览器"中查看其中的对象、属性、方法和事件。

5.1.4 可插入对象

可插入的对象，如 Microsoft Excel 工作表对象等能够添加到工具箱中，可以把它们当做控件使用。

可插入对象的使用像代码部件一样，通过选择"工程"|"引用"命令将其添加到工程中，其操作也与代码部件相同。

5.2 文 本 控 件

标准控件 Label 和 TextBox 是用于显示和输入文本的。应用程序在窗体中显示文本时使用 Label 控件，允许用户输入文本时用 TextBox 控件。

5.2.1 标签

Label 控件常用于输出文本信息，但输出的信息不能进行编辑修改，主要用于：

- 输出标题。用 Label 来标注本身不具有 Caption 属性的控件。例如可用 Label 控件为文本框、列表框、组合框等控件添加描述性的标签。
- 显示输出结果和标识窗体上的对象，如向用户提供帮助信息。
- 可编写代码改变 Label 控件显示的文本内容以响应运行时的事件。例如若应用程序需要用几分钟处理某个任务，则可用标签显示处理状况消息。

1. 属性

Label 的属性除了在 1.4.4 节中介绍的 Caption、Left、Top、Width、Height、Font、Forecolor、Visible 外，还包括有 Alignment、Appearance、Autosize、BackColor、BackStyle、Borderstyle、Enabled、Index 和 ToolTipText 属性。

- Alignment 属性：设置 Label 控件中文本的排列方式。其值可选择，0 为左对齐（默认值）；1 为右对齐；2 为居中对齐。
- Appearance 属性：返回或设置控件在设计时的绘图风格。其值可选择，0 为平面效果绘制控件；1 为（默认值）3D，带有三维效果的绘制控件。
- Autosize 属性：返回或设置一个值，以决定控件是否自动改变大小以显示其全部内容。其值为 True 时，能自动改变控件大小以显示全部内容；为 False 时（默认值），保持控件大小不变，超出控件区域的内容不能显示。
- BackColor 属性：返回或设置对象的背景颜色，设置方式和设置值与其 Forecolor 属性类似。
- BackStyle 属性：决定标签的背景样式是透明还是不透明。其值可以选择，1 或 Opaque（默认值）为不透明；0 或 Transparent 为透明。
- BorderStyle 属性：返回或设置对象的边框样式。其值可以选择，0（默认值）或 None 为无边框；1 或 FixedSingle 为固定单边框。
- Enabled 属性：返回或设置一个值，用来确定控件是否能够对用户产生的事件做出反应。其值可以选择，True（默认）为允许对象对事件做出反应；False 为阻止对象对事件做出反应。

- Index 属性：返回或设置唯一标识控件数组中一个控件的编号，仅当控件是控件数组的元素时是有效的。其值为 No Value（默认）不是控件数组的元素；0～32 767 是数组的元素，控件数组中的所有控件具有相同的 Name 属性。Visual Basic 自动地分配在控件数组中有效的下一个整数。
- ToolTipText 属性：返回或设置一个工具提示。设计时，可以在控件的 ToolTipText 属性中设置字符串。

2．事件

Label 控件除了 Click 事件外，还应了解 DblClick、Change、MouseMove、MouseDown 及 MouseUp 事件，其中 MouseMove、MouseDown、MouseUp 事件将在第 9 章中详细叙述。

（1）DblClick 事件

当在一个对象上双击鼠标按钮时，该事件发生。语法为：

```
Private Sub object_DblClick ([index As Integer])
```

其中，*object* 为事件发生的对象名（这里就是 Label 的名字）；*index* 为整数，如果是控件数组才有此参数，它用来唯一地标志一个在控件数组中的控件元素。其他事件中，object 与 index 的含义与此相同。

对于接收鼠标事件的对象，事件按以下次序发生 MouseDown、MouseUp、Click、DblClick。如果 DblClick 事件在双击时没有出现，则继续识别另一个 Click 事件。

（2）Change 事件

当 Label 控件的 Caption 属性值发生改变时此事件发生。Change 事件过程可协调在各控件间显示的数据或使它们同步。语法为：

```
Private Sub object_Change([index As Integer])
```

（3）MouseMove 事件

移动鼠标时发生该事件。语法：

```
Private Sub object_MouseMove([index As Integer,]button As Integer, shift
As Integer, x As Single, y As Single)
```

其中，button 为一个整数，它对应鼠标各个按钮的状态：button=1，左按钮按下；button=2，右按钮按下；button=4，中间按钮按下；button=0，无键按下。

shift 为一个整数，它对应于 Shift、Ctrl、Alt 键的状态：shift=1，Shift 键按下；shift=2，Ctrl 键按下；shift=4，Alt 键按下；若 Shift、Ctrl、Alt 一个也没按，则 shift=0；若 Ctrl、Alt 键同时按下，则 shift=2+4=6。

x 和 y 指定鼠标当前位置，其值由窗体的坐标系统确定。

对于 button、shift、x、y 参数的设置及含义，以下事件与此相同。

（4）MouseDown 和 MouseUp 事件

当按下鼠标按钮时，MouseDown 事件发生；释放鼠标按钮时，MouseUp 事件发生。

语法为：

```
Private Sub object_MouseUp([index As Integer,]button As Integer, shift As
Integer, x As Single, y As Single)
Private Sub object_MouseDown([index As Integer,]button As Integer, shift
As Integer, x As Single, y As Single)
```

3. 方法

在第 1 章中已经介绍了 Label 控件的 Move 方法，这里再介绍 Label 控件的 ZOrder 方法。ZOrder 将指定的控件放置在其图层的 Z 方向（垂直于平面的方向）的前端或后端，例如：

```
Label1.ZOrder 1 '将对象 Label1 置于后端
Label1.ZOrder 0 '将对象 Label1 置于前端
```

例 5-1 窗体上有红、绿、黄三种颜色的文字，每单击一次文字区，文字的颜色就改变一次。

【分析】 建立窗体 formColor，设置三个 Label 控件，其属性如表 5-2 所示。利用控件叠放顺序的变化来改变窗体上显示文字的颜色，叠放次序的改变通过 DblClick 事件来实现。

表 5-2　Label 属性

控件名	属性名	属性值	控件名	属性名	属性值
Form	名称	formColor	Label	名称	Label2
	Caption	文字层次变化		Caption、Font	与 Label1 相同
Label	名称	Label1		ForeColor	绿色
	Caption	Visual Basic 程序设计教程	Label	名称	Label3
	Font	楷体，加粗，3 号		Caption、Font	与 Label1 相同
	ForeColor	红色		ForeColor	黄色

将 Label1、Label2、Label3 完全叠放在一起，分别在三个控件对象的 DblClick 事件中写入如下代码：

```
Private Sub Label1_DblClick()
    Label1.ZOrder 1
End Sub
Private Sub Label2_DblClick()
    Label2.ZOrder 1
End Sub
Private Sub Label3_DblClick()
    Label3.ZOrder 1
End Sub
```

运行程序，双击文字区域，使发生事件的标签置于后端，后面的控件显现出来，使文字的颜色发生变化，如图 5-3 所示。

图 5-3　Label 控件

常用标准控件

5.2.2　文本框

文本框控件称为编辑字段或者编辑控件，用于文本编辑，用户可以在该控件区域内输入、编辑、修改和显示文本内容。

1. TextBox 控件的属性

TextBox 控件的 Alignment、Appearance、Autosize、BackColor、BackStyle、BorderStyle、Enabled、Index、Font 属性及参数设置与 Label 的对应属性相同。

（1）MultiLine 属性

设置是否可以输入多行文本，取值为 True 或 False。当值为 True 时，具有自动换行功能；当值为 False 时，只允许输入一行，一旦超过文本框宽度时，超过部分不显示。

（2）ScrollBars 属性

设置滚动条模式，有四种选择：0，无滚动条；1，水平滚动条；2，垂直滚动条；3，水平和垂直滚动条。当 MultiLine 属性为 True 时，该属性有效但此时不能自动换行。

（3）SelLength 属性

选中的字符数，只能在代码中使用，值为 0 时，表示未选中任何字符。

（4）SelStart 属性

选择文本的起始位置，只能在代码中使用，第一个字符的位置为 0，第二个字符的位置为 1。

（5）SelText 属性

选中的文本框的字符串，只能在代码中使用。

2. TextBox 控件的常用事件

TextBox 控件的常用事件有 Click、DblClick、Change、GetFocus、KeyDown、KeyUP、KeyPress、MouseMove、MouseDown、MouseUp 等事件，其中 GotFocus 事件在 1.4.3 小节中已经介绍，键盘与鼠标事件将在第 9 章中详细叙述。

（1）Click 事件

单击文本框控件时发生，其语法与 Label 控件的 Click 事件相同。

（2）DblClick 事件

双击 TextBox 控件时发生此事件，其语法与 Label 控件的 DblClick 事件相同。

（3）Change 事件

在文本框中输入新信息或在程序中改变 Text 属性值时，就会触发该事件。其语法及参数含义与 Label 控件的 Change 事件相同。

3. 方法

TextBox 常用的方法有 SetFocus、Move 和 ZOrder。其中 SetFocus 已经在 1.4.3 小节中进行了介绍，Move 和 ZOrder 方法的功能与 Label 控件的 Move 和 ZOrder 方法相同。

例 5-2　乘法运算器界面设计。界面如图 5-4 所示。

【分析】　在窗体上放置三个文本框、三个命令按钮

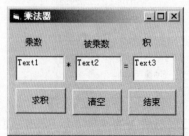

图 5-4　乘法运算器窗体设计

和五个标签控件。文本框用来输入和显示数的信息。五个标签分别用于标识三个文本框对象和两个运算符号：

```
Label1.Caption="乘数"
Label2.Caption="被乘数"
Label3.Caption="积"
Label4.Caption="*"
Label5.Caption="="
```

Form1 的标题设为"乘法器"：

```
form1.Caption="乘法器"
```

三个命令按钮标题分别设为"求积"、"清空"和"结束"：

```
Command1.Caption="求积"
Command2.Caption="清空"
Command3.Caption="结束"
```

以下是各命令按钮的事件过程：

```
Private Sub Command1_Click()
    Text3 = Text1.Text * Text2.Text
End Sub
Private Sub Command2_Click()
    Text1.Text = ""
    Text2.Text = ""
    Text3.Text = ""
    Text1.SetFocus
End Sub
Private Sub Command3_Click()
    Unload Form1
End Sub
```

以下是将图中文本框的初始信息清空的代码：

```
Private Sub Form_Initialize()
    Text1.Text = ""
    Text2.Text = ""
    Text3.Text = ""
End Sub
```

5.3 图 形 控 件

Visual Basic 6.0 包含四个图形控件：PictureBox 控件、Image 控件、Shape 控件和 Line 控件。其中 Image、Shape 和 Line 控件被称为轻量图形控件，它们只支持 PictureBox 的属

性、方法和事件的一个子集。因此，它们只需要较少的系统资源而且加载比 PictureBox 控件更快。

5.3.1　图片框、图像框的属性、事件和方法

PictureBox 控件和 Image 控件常用于图形设计和图像处理应用程序，PictureBox 称为图片框，Image 控件称为图像框。图片框和图像框可以显示的图像文件格式有位图文件、图标文件、图元文件、JPEG 格式文件和 GIF 格式文件。

位图是用像素来表示的图像，它以位集合的形式存储，其中每个像素对应一个或多个颜色信息位。位图文件的扩展名为.bmp。

图标是位图，其最大尺寸为 32×32 像素，文件扩展名为.ico。它是一个对象或概念的图形表示，一般在 Windows 中用来表示最小化的应用程序。

图元文件是将图像以图形对象形式（线、圆弧、多边形）而不是像素形式来存储的文件。标准图元文件的扩展名为.wmf，增强图元文件的扩展名为.emf。调整图像大小时，图元文件对图像的保存比位图更精确。

1．图片框的常用属性、事件与方法

（1）PictureBox 控件属性

① Picture 属性

PictureBox 控件显示的图片由 Picture 属性确定。Picture 属性可设置被显示的图片文件名，运行时使用 LoadPicture 函数载入图形，载入方法参见 5.3.2 节。

② AutoSize 属性

PictureBox 控件不提供滚动条，在图片框中载入的图形将保持图片的原始尺寸，也就是说，如果图形尺寸比控件大，则超过的部分将被裁剪掉。AutoSize 属性决定控件是否自动改变大小以显示其全部内容，若将其设置为 True，PictureBox 控件将自动调整大小以显示完整图形。

③ ScaleLeft、ScaleTop、ScaleWidth、ScaleHeight 和 ScaleMode 属性

每一个图形操作都要使用 Visual Basic 的坐标系统，在默认条件下，对象的左上角坐标为（0,0），水平坐标从左向右增大，垂直坐标自上而下增大，且所有坐标均为正，默认刻度单位为缇。1 缇是 1/20 磅、1/440 英寸、1/567 厘米。

坐标刻度由图片框的刻度属性 ScaleLeft、ScaleTop、ScaleWidth、ScaleHeight 和 ScaleMode 来确定。ScaleLeft 和 ScaleTop 属性设置左上角的坐标，ScaleWidth 和 ScaleHeight 属性将在现有的有效绘图区域确定新坐标系的刻度。

例 5-3　在窗体上设置一个图片框 Picture1，其 Width 与 Height 分别为 4000 与 3000，将 Picture1 的坐标系统的原点坐标设置在图形区域的中点，并以坐标原点为圆心画半径为 1000 缇的圆。

【分析】　现设置坐标属性：

```
Picture1.ScaleWidth=2000
Picture1.ScaleHeight=1500
Picture1.ScaleLeft=-1000
Picture1.ScaleTop=-750
```

```
'左上角坐标(-1000,-750),
'即坐标系统原点在图形区域的中点
```

在 Picture1 的 Click 事件输入以下代码：

```
Private Sub Picture1_Click()
    Picture1.Circle (0, 0), 500, vbBlack
End Sub
```

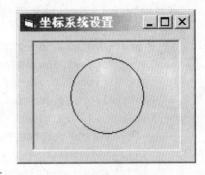

图 5-5　坐标系统设置

运行程序结果如图 5-5 所示。

ScaleMode 属性可决定对象坐标使用的度量单位。其属性的值及含义如表 5-3 所示。

表 5-3　ScaleMode 属性

值	含义	值	含义	值	含义
1	缇，twip（默认）	4	字符	7	厘米
2	磅，point，1/72 英寸	5	英寸	0	自定义
3	像素，pixel	6	毫米		

④ PictureBox 控件作为容器

PictureBox 控件可以用于其他控件的容器。在 PictureBox 控件上面可以加上其他控件，这些控件随 PictureBox 移动而移动，其 Top 和 Left 属性是相对 PictureBox 而言的，与窗体无关。

（2）图片框的常用事件

图片框的常用事件有 Click、DBlClick、Change、鼠标事件和键盘事件等，使用方法与 TextBox 控件相似。

其中 Chage 事件当改变图片框的 Picture 属性时发生。

（3）PictureBox 控件的常用方法

① Line 方法

在对象上画直线和矩形。语法如下：

```
[Object].Line [[Step] (x1, y1)]-[Step] (x2, y2) [, Color] [, B[F]]
```

其中，**Object** 为 PictureBox 控件对象；（x1, y1）为线段的起点坐标或矩形的左上角坐标；（x2,y2）为线段的终点坐标或矩形的右下角坐标；有 Step，表示其后面的坐标值是相对于当前作图位置的值；没有 Step，坐标值是相对于坐标系原点的值。B 表示画矩形；F 表示用画矩形的线条颜色来填充矩形，F 必须与 B 一起使用。若只用 B 而不用 F，则矩形的填充颜色和方式由 FillColor 和 FillStyle 属性决定。

例 5-4　用 Line 方法在窗体上画同心矩形。

【分析】在窗体上设置一个 PictureBox 控件，如图 5-6 所示，用 PictureBox 控件的 Line 方法以不同的颜色画 25 个同心矩形，并以同色填充，颜色由函数 QBColor 设置，线条宽度由 PictureBox 控件的属性 DrawWidth 确定。

图 5-6　同心矩形

```
Private Sub Picture1_Click()
    Dim CX, CY, F, F1, F2, I          '声明变量
    Picture1.ScaleMode=3              '设置 ScaleMode 为像素
    CX = Picture1.ScaleWidth / 2      '水平中点
    CY = Picture1.ScaleHeight / 2     '垂直中点
    Picture1.DrawWidth=8              '设置 DrawWidth
    For I = 50 To 0 Step -2           '画 25 个矩形
        F = I / 50     '执行中间步骤
        F1 = 1 - F: F2 = 1 + F        '计算
        Picture1.ForeColor=QBColor(I Mod 15)   '设置前景颜色
        Picture1.Line (CX * F1, CY * F1)-(CX * F2, CY * F2), , BF
    Next I
End Sub
```

注意：函数 QBColor（color）返回一个 Long，用来表示所对应颜色值的 RGB 颜色码，color 取值为 0～15 的整数。例如，QBColor(4)返回颜色码为 128，代表红色。

② Circle 方法

在对象上画圆、椭圆或弧。语法如下：

```
Object.Circle [Step] (x, y), radius, [color, start, end, aspect]
```

其中，**Object** 为 PictureBox 控件对象；（x, y）为 Single 类型，是圆、椭圆或弧的中心坐标；**Step** 表示采取当前作图位置的相对值；start、end 分别表示起始角度、终止角度，取值为 0～2π时，画圆弧，取值为负值时，画扇形，负号表示画圆心到圆弧的径向线；aspect 指定长短轴比率，默认值为 1，画圆，大于或小于 1 时，画椭圆。

例如：

```
Circle(15,15),15              '画一个半径为 15 的圆
Circle(15,15),15, , , , 0.5   '画一个纵轴与横轴之比为 0.5 的椭圆。
```

注意：使用 Circle 方法时，可以省略中间的参数，但逗号不能省。

③ Cls 方法

清除运行时 PictureBox 所生成的图形和文本。语法如下：

```
Object.Cls
```

④ Point 与 PSet 方法

Point 方法用于返回图形框上指定点的 RGB 颜色，若指定点在对象外面，则返回值为 −1，该方法对图像上控件无效。PSet 方法用于在图形框指定位置上画点。其语法如下：

```
Object.Point(x, y)
Object.PSet [Step] (x, y), [color]
```

其中，（x, y）为所画点的坐标，**Step** 表示当前作图的相对值。

PSet 方法采用背景颜色可清除某个位置上的点。

例5-5 用 PSet 方法画函数曲线，界面如图 5-7 所示。
在 PictureBox 控件对象的 Click 事件中输入以下代码：

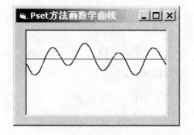

```
Private Sub Picture1_Click()
    Dim xt As Integer
    Picture1.Line (0, 1500)-(5000, 1500), vbRed
    For xt = 0 To 5000
        Picture1.PSet (xt, 300 * Cos(xt * 3.1415926/
        1800) + 600 * Sin(3 * xt * 3.1415926 / 1800)+
        1500), vbBlue
    Next
End Sub
```

图 5-7　PSet 方法画数学曲线

⑤ Print 方法

利用 PictureBox 控件的 Print 方法，可以在控件中打印文本、图像、动画。语法：

```
[对象].Print [Spc(n) | Tab(n)] [表达式列表] [结束符]
```

各部分的含义详见 3.1.3 节关于 Print 方法的介绍。这里是在图片框中运用打印方法，所以"对象"部分在具体语句中应该用具体的图片框名称替代。

⑥ Scale 方法

```
[对象.]Scale(x1, y1)-(x2, y2)
```

该方法定义图片框的坐标范围，指定左上角位置为坐标$(x1, y1)$，右下角位置为坐标$(x2, y2)$。其功能与 Scale 系列属性等价。

2．图像框的常用属性、事件与方法

与 PictureBox 控件相同，Image 控件也用来显示图形。但 Image 控件使用较少的系统资源，所以重画起来比 PictureBox 控件要快。它只支持 PictureBox 控件的一部分属性、事件和方法。可以把 Image 控件放在容器里，但是 Image 控件不能作为容器使用。

（1）Image 控件属性

Image 控件也使用 Picture 属性来确定控件显示的内容。但 Image 控件没有 AutoSize 属性，它使用 Stretch 属性来指定一个图形是否要调整大小，当 Stretch 值为 True 时，图形调整大小以与控件相适合；当值为 False 时，控件调整大小以与图形相适应。Image 控件也不能设置对象的坐标系统，它没有 ScaleLeft，ScaleTop，ScaleWidth，ScaleHeight 和 ScaleMode 属性。

（2）Image 控件事件

Image 控件具有 Click 事件、DblClick 事件、鼠标事件、键盘事件，但没有 Change 事件，在程序运行过程中，不会因为 Picture 属性的改变而发生 Change 事件。

（3）Image 控件方法

Image 控件只具有 Move、Refresh、ZOrder 等方法，不支持 PictureBox 控件的图形方法。

5.3.2 图形文件的装入

将图形载入到 PictureBox 控件或 Image 控件，可利用函数 LoadPicture 设置控件的 Picture 属性。

语法：

```
LoadPicture([filename], [size], [colordepth],[x,y])
```

其中，filename 指定图片文件名。如果 filename 是光标或图标文件，size 指定图像大小，colordepth 指定颜色深度，（x, y）指定光标或图标的宽度与高度。例如：

```
PicSample.Picture = LoadPicture("D:\usos\cap.bmp")
Image1.Picture = LoadPicture("c:\Windows\Winlogo.cur", vbLPLarge,
vbLPColor)
'vbLPLarge, vbLPColor 分别表示载入的光标使用系统大图标和 256 色
```

LoadPicture 函数的设置允许从图标（.icon）和光标（.cur）文件中选择特定颜色深度和大小的图像以支持多种显示设备。

运行时，若要从 PictureBox 或 Image 控件中删除一个图形，可使用不指定文件名的 LoadPicture 函数。例如：

```
Image1.Picture = LoadPicture
```

图片对象 Picture 可看成一个不可见的图片框，作为图像的一个显示区使用。例如，以下代码装入一个带位图的图片对象，使用该位图可设置图片框控件的 Picture 属性：

```
Private Sub Command1_Click()
    Dim objPic As Picture   '定义一个图片对象变量
    Set objPic = LoadPicture("Butterfly.bmp") '给对象变量赋值的语句要加 set
    Set Picture1.Picture = objPic '此句可以不要 set 关键字
End Sub
```

5.3.3 直线与形状

Shape、Line 控件为轻量图形控件，它们比 PictureBox 控件显示速度快并且包含 PictureBox 控件中可用的属性、方法、事件的子集。每种控件只用于一种目的。

Shape 控件和 Line 控件可用来在窗体上画图形，但这两种控件不支持任何事件。Shape 控件的 Shape 属性如表 5-4 所示，它预定义了图 5-8 所示的图形形状。

通过使用 FillStyle 属性，可以对图形进行填充，其中预定义的填充格式包括实线、透明线、水平线、垂直线、向上对角线、向下对角线、十字线和对角十字线。

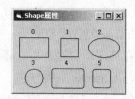

图 5-8 Shape 属性确定的形状

表 5-4　Shape 控件的预定义图形

图形名称	数值	常量	图形名称	数值	常量
矩形	0	vbShapeRectangle	圆形	3	vbShapeCircle
正方形	1	vbShapeSquare	圆角矩形	4	vbShapeRoundedRectangle
椭圆形	2	vbShapeOval	圆角正方形	5	vbShapeRoundedSquare

通过使用 BorderStyle 属性，可以设置图形的边框格式，预定义的格式包括透明、实线、虚线、点线、点划线、双点划线和内实线。

利用 Line 控件，可在窗体中画一条直线。通过设置对象的一系列属性，可以得到各种不同外观的直线。其中，最重要的直线对象属性：BorderWidth 属性可调节直线的粗细；BorderStyle 属性决定直线的线型；BorderColor 确定直线的颜色；X1、X2、Y1、Y2 属性控制线的两个端点的位置。

5.4　按　钮　控　件

命令按钮（Command Button）可以控制一个过程的开始、中断和结束，当用户按下按钮时，引发一定的事件，从而执行相应的动作。

1．属性

除每个控件都具有的属性外，命令按钮还具有一些特殊的重要属性，如表 5-5 所示。

表 5-5　命令按钮的重要属性

属性	描述
Appearance	决定按钮在运行时是否以三维形式显示，取值为 1（三维）、0（平面）
BackColor、ForeColor	分别设置控件的背景色与文字图片的前景色
Cancel	决定该按钮是否为窗体的取消按钮（True 或 False）；若是，按 Esc 键等同单击它
Caption	设置按钮上显示的文字
DisabledPicture	设置命令按钮无效时显示的图像
DownPicture	当命令按钮被按下时显示的图像
Default	决定该按钮是否为窗体的默认按钮。对默认按钮，即使未获焦点，也可按 Enter 键执行单击事件
Enabled	确定控件是否能够对用户产生的事件做出反应，为否时，不能反应
Picture	返回或设置控件中要显示的图片，只有当 Style 设为 1 时，此属性才起作用
Style	决定控件的显示类型，取 0，按钮只能显示文字；取 1，可以显示文字和图形
ToolTipText	返回或设置一个工具提示

其中，设置 Caption 属性时，如果某个字母前加上 "&"，则程序运行时标题中该字母带下划线，且带下划线的字母为快捷键，按住 Alt 键和带下划线的字符就可把焦点移动到相应的控件上并操作该按钮。

命令按钮的 Cancel 属性和 Default 属性之默认值都为 False。当窗体中有多个命令按钮时，最多只能设置一个按钮的 Cancel 属性为 True，也最多只能设置一个按钮的 Default 属性为 True。在程序运行时，单击命令按钮则触发该按钮的 Click 事件。按 Esc 键则可以触发 Cancel 属性为 True 的那个按钮的 Click 事件。按 Enter 键则可以触发那个有焦点按钮的 Click

事件（如果所有按钮都无焦点，则 Enter 键触发 Default 属性为 True 的那个按钮的 Click 事件）。

2．事件

单击命令按钮会发生 Click 事件。在代码中也可以触发命令按钮控件，使之在程序运行时自动按下。方法是把 Value 属性设置为 True，则触发命令按钮的 Click 事件。例如：

```
CancelButton.Value=True
```

执行这条语句后，将在程序中调用 CancelButton_Click()子程序。

当使用 Tab 键切换，或单击对象，或在代码中用 SetFocus 方法使命令按钮获得焦点时，发生 GotFocus 事件。

当对象失去焦点时发生 LostFocus 事件，该事件主要用来对更新进行验证和确认。

3．方法

命令按钮具有 Move 和 SetFocus 等方法。在程序运行中，Move 方法可移动对象位置，SetFocus 方法则可以使命令按钮获得焦点。

例 5-6　新建一个标准 EXE 工程，在窗体 Form1 中添加三个命令按钮控件 Command1、Command2 和 Command3。按照表 5-6 所示更改控件的属性，窗体布局如图 5-9（a）所示。

选择"工程"|"添加窗体"命令，添加一个新窗体 Form2。

表 5-6　例 5-6 控件属性设置

控件名称	控件属性	设置值	控件名称	控件属性	设置值
Form1	Caption	打开新窗体	Command2	DownPicture	图形文件名 2
Command1	Caption	打开（&O）	Command3	Caption	退出（&X）
Command1	Default	True	Command3	Cancel	True
Command2	Caption	关闭（&C）	Form2	Caption	新窗体
Command2	Style	1-Graphical	Label1	Caption	这是新窗体 Form2
Command2	Picture	图形文件名 1			

在命令按钮单击事件过程中写入以下代码：

```
Private Sub Command1_Click()
    Load Form2
    Form2.Show
End Sub
Private Sub Command2_Click()
    Unload Form2
End Sub
Private Sub Command3_Click()
    Unload Form1
End Sub
```

运行时，在 Form1 窗体上单击"打开(<u>O</u>)"按钮，Form2 显示；单击"关闭(<u>C</u>)"按钮，则 Form2 关闭；单击"退出(<u>X</u>)"按钮，则退出程序。

注意：可通过不同的方法来触发命令按钮控件，如按 Enter 键或 Alt+O 键来触发"打开(<u>O</u>)"按钮，按 Esc 键退出程序。对于图形按钮 Command2，按下鼠标按钮时，将显示另一图片，如图 5-9（b）所示。

（a）例 5-6 控件布局图 （b）按下鼠标的按钮图片

图 5-9 例 5-6 运行情况

5.5 选择控件——复选框与单选按钮

大多数应用程序需要向用户提供选择，Visual Basic 提供用于选择的标准控件是复选框和单选按钮。

复选框控件（CheckBox）用于显示选定状态。通常复选框是以数组的方式添加的，一组复选框能够为每种对象提供多个选项，用户可从中选择一个或多个选项，被选中的复选框形式为 ☑ 。

单选按钮控件（OptionButton）在出现多选一的情况下使用，一般以数组的方式添加。在同一容器中的一组单选按钮提供了选择的范围，在任何情况下，有且只有一个单选按钮能够被选中，被选中的单选按钮形式为 ⊙ 。

1．重要属性

（1）Caption 属性

设置复选框或单选按钮的文本注释内容，即复选框或单按钮旁边的文本标题。

（2）Value 属性

Value 属性的设置值决定复选框与单选按钮控件的状态。

表 5-7 列出了复选框的 Value 属性的设置值。

表 5-7 复选框控件 Value 属性设置值

设置值	Visual Basic 常数	说明	设置值	Visual Basic 常数	说明
0	vbUnchecked	复选框未选中（默认值）	2	vbGrayed	禁用复选框
1	vbChecked	复选框选中			

单选按钮的 Value 属性设置值可为 True 或 False。当 Value=True 时，表示单选按钮被选中。在一组单选按钮中，在被选中控件的 Value 值变成 True 的同时，其他控件的 Value 属性将自动变成 False。

2．事件

复选框与单选按钮都能接收 Click 事件。当用户单击复选框或单选按钮时，它们会自动改变状态。

常用标准控件

例 5-7 复选框和单选按钮的应用，界面设计如图 5-10 所示。图中，复选框用于选择文本框中显示的文字内容，单选按钮用于选择文本框内显示文字的字体、大小和颜色，各控件属性设置如表 5-8 所示。

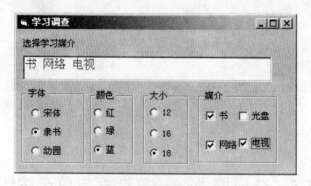

图 5-10 复选框和单选按钮应用界面

表 5-8 例 5-7 控件属性设置值

控件名	属性名	属性值	控件名	属性名	属性值
Form1	Caption	学习调查	Option6	Caption	蓝
Text1	Text	书	Frame3	Caption	大小
	ForeColor	VbRed	Option7	Caption	12
	Font	宋体，12		Value	True
Frame1	Caption	字体	Option8	Caption	16
Option1	Caption	宋体	Option9	Caption	18
	Value	True	Frame4	Caption	媒介
Option2	Caption	隶书	Check1	Caption	书
Option3	Caption	幼圆		Value	1-Checked
Frame2	Caption	颜色	Check2	Caption	网络
Option4	Caption	红	Check3	Caption	光盘
	Value	True	Check4	Caption	电视
Option5	Caption	绿			

注意：在界面设计中，分组框使用 Frame 框架控件，作为复选框和单选按钮的容器，在分组框内设置单选按钮时，应先将分组框架放到窗体上，然后单击工具箱中的复选框或单选按钮将其放入分组框。这样当分组框架移动时，其中的控件将随之一起移动。

程序设计如下：

```
Dim str1 As String, str2 As String, str3 As String, str4 As String
Private Sub Check1_Click()
    If Check1.Value = vbChecked Then
        str1 = Check1.Caption + " "
    Else
        str1 = ""
    End If
```

```
        Text1.Text = str1 + str2 + str3 + str4
End Sub
Private Sub Check2_Click()
    If Check2.Value = vbChecked Then
        str2 = Check2.Caption + " "
    Else
        str2 = ""
    End If
    Text1.Text = str1 + str2 + str3 + str4
End Sub
Private Sub Check3_Click()
    If Check3.Value = vbChecked Then
        str3 = Check3.Caption + " "
    Else
        str3 = ""
    End If
    Text1.Text = str1 + str2 + str3 + str4
End Sub
Private Sub Check4_Click()
    If Check4.Value = vbChecked Then
        str4 = Check4.Caption
    Else
        str4 = ""
    End If
    Text1.Text = str1 + str2 + str3 + str4
End Sub
Private Sub Form_Initialize()
    str1 = "书" + " "
End Sub
Private Sub Option1_Click()
    Text1.Font.Name = "宋体"
End Sub
Private Sub Option2_Click()
    Text1.Font.Name = "隶书"
End Sub
Private Sub Option3_Click()
    Text1.ForeColor = vbGreen
End Sub
Private Sub Option4_Click()
    Text1.ForeColor = vbRed
End Sub
Private Sub Option5_Click()
    Text1.FontSize = 16
End Sub
Private Sub Option6_Click()
```

第 5 章

常用标准控件

```
    Text1.FontSize = 12
End Sub
Private Sub Option7_Click()
    Text1.FontSize = 18
End Sub
Private Sub Option8_Click()
    Text1.ForeColor = vbBlue
End Sub
Private Sub Option9_Click()
    Text1.Font.Name = "幼圆"
End Sub
```

运行时，文本框 text1 中的文字由复选框的 Caption 属性组成，将选定的项显示在文本框中，实现方法是，当复选框被选定时，则将其 Caption 值放在对应的字符串变量中，然后设置四个字符串变量 str1、str2、str3 和 str4 进行连接操作，作为 Text1.text 属性的值。

5.6　选择控件——列表框和组合框

用于选择功能的控件除复选框和单选按钮外，还有 ListBox 和 ComboBox 控件。

5.6.1　列表框（ListBox）

列表框为用户提供了从一组固定的选项列表中进行一项或多项选择的功能。在窗体中添加列表框的方法是在工具栏中单击或双击按钮 。

默认时，将在单列列表中垂直显示选项，如果项目数目超过列表框可显示的数目，控件上将自动出现滚动条，这时用户可在列表中上、下滚动，如图 5-11 所示。

图 5-11　列表框

1. 属性

（1）List 属性

List 属性是用来访问列表的全部项目，它是以字符数组的方式存在的。列表中的每一项都是 List 属性的一个元素，通过 List 属性可以实现对其中每一项目的单独操作，例如：

```
List1.List(0) = "汉族"
```

是把列表框 List1 中的第一条项目的文本定义为"汉族"。

List 属性的设置可以通过属性窗口直接设置，也可以在代码中通过 AddItem 方法来添加。

（2）ListIndex 属性

ListIndex 属性的作用是设置或返回控件中当前选定项目的索引。ListIndex 属性只能够在程序代码中调用和设置，可以与 List 属性结合起来使用，共同确定列表框选定项目的文本。例如：

```
List1.List(List1.ListIndex)   '为列表框 List1 当前选定的项目文本
```

（3）Text 属性

Text 属性用来直接返回当前选中的项目文本。

List1.Text 的结果和 List1.List(List1.ListIndex)表达式的结果是完全相同的。如果只需要选中项目的文本内容，则用 Text 属性即可。如果需要对选定项目进行详细的描述，则使用 List 和 ListIndex 属性能够表达得更详细。Text 属性在设计时和运行时都是只读的，因此不能对它赋值。

（4）ListCount 属性

ListCount 属性返回列表框中项目的数目，它只能够在程序代码中调用和设置。ListCount-1 表示最后一项的序号。

（5）MultiSelect 属性

通过设置 MultiSelect 属性可以实现在列表中同时选择多个项目。MultiSelect 属性设置方法如表 5-9 所示。

进行多项选择的方法有两种：

- 同时按下 Shift 键和光标移动键，选择相连的多个项目。
  或者按下 Shift 键的同时选中相连项目的首尾两个项目。
- 按下 Ctrl 键，逐个选中需要的项目。图 5-12 是选择多个选项的结果。

图 5-12　多项选择状态

表 5-9　列表框 MultiSelect 属性设置

设置值	说明
0 -None	（默认值）标准列表框，每次只能够选择一个项目
1 -Simple	简单多项选择。单击或按空格键表示选定或取消一个选择项，不支持 Ctrl 和 Shift 键
2 -Extended	扩充多项选择，即支持 Ctrl 和 Shift 键

（6）Selected 属性

该属性只能在程序中设置或引用。

Selected 属性是一个逻辑数组，其元素对应列表框中相应的项，表示对应的项在程序中运行期间是否被选中。例如，如果 List1.Selected(0)为 True 表示第一项被选中，List1.Selected(0)为 False 表示第一项未被选中。

2．方法

（1）AddItem 方法

列表框可以通过 AddItem 方法来添加新的项目。具体方法为：

```
ListName.AddItem Item[,index]
```

其中，ListName 是列表框的名称；Item 是添加到列表中的字符串表达式（若 Item 是文字常数，则需要引号将它括起来）；Index 是指定在列表中插入新项目的位置，例如 index 为 0 表示第一个位置，若省略 index，则将项目插入在末尾。

在程序运行的任何时候可以使用 AddItem 方法动态地添加项目，通常在 Form_Load 事件过程中添加列表项目。

（2）RemoveItem 方法

从列表框中删除一个选项。方法如下：

```
Object.RemoveItem Index
```

其中，Object 为列表框对象；Index 是被删除项目在列表框中的位置，对于第一个选项，Index
为 0。

（3）Clear 方法

Clear 方法的功能是删除列表框中的所有项目。Clear 方法经常在列表项目刷新时使用。
方法如下：

```
Object.Clear
```

3. 事件

列表框可以响应 Click 和 DblClick 事件。在列表框的设计过程中，列表框经常是作为
对话框的一部分出现的，列表框和一个"确定"命令按钮组合使用。当选中列表框中的某
个项目后，单击"确定"按钮，则开始执行对选中项目的处理操作。

根据用户的习惯，单击操作代表选定一个项目，而双击则应该在选定项目的基础上，
能够起到选中项目后单击"确定"命令按钮的效果。所以在列表框的 DbClick 事件处理子
程序中，经常添加如下代码：

```
Private Sub List_DbClick()
Command1_Click   '调用命令按钮单击事件处理子程序
End Sub
```

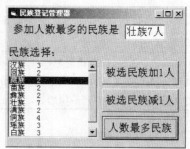

例 5-8　设计一个统计程序"民族登记管理器"，其
功能是统计参加冬季长跑运动人员的不同民族的人数。
程序以一个列表框为主体，使用了列表框的多种属性。

图 5-13　例 5-8 管理器界面

新建一个工程，在窗体中添加控件如图 5-13 所示，
按照表 5-10 来设置控件的属性。

表 5-10　例 5-8 控件属性设置

控件名	属性名	属性值	控件名	属性名	属性值
Form1	Caption	民族登记管理器	List1	List	（空）
Label1	Caption	参加人数最多的民族是	Command1	Caption	被选民族加 1 人
Label2	Caption	民族选择：	Command2	Caption	被选民族减 1 人
Text1	Text	（空）	Command3	Caption	人数最多民族

在窗体的代码窗口中添加如下声明：

```
Option Explicit
Dim NationName(100) As String '存放 11 个民族的名称
Dim NationVote(100) As Integer '存放 11 个民族的人数
Dim NationCount As Integer '存放民族数（本题 = 11）
```

以数组 NationName 存储民族的名称，数组 NationVote 为对应民族的参赛人数。

```
Private Sub Form_Load()
    Dim I As Integer
    NationName(0) = "汉族"
    NationName(1) = "回族"
    NationName(2) = "藏族"
    NationName(3) = "苗族"
    NationName(4) = "彝族"
    NationName(5) = "壮族"
    NationName(6) = "满族"
    NationName(7) = "侗族"
    NationName(8) = "瑶族"
    NationName(9) = "白族"
    NationName(10) = "傣族"
    NationCount = 11  '本题涉及民族数共11个
    For i = 0 To 10
        NationVote(I) = 0 '设定各民族参赛人数初值
    Next
    For I = 0 To NationCount - 1 '向列表框添加列表项（=各民族名称及参赛人数初值）
        List1.AddItem NationName(I) & " " & Str(NationVote(I))
    Next
End Sub
```

在这段代码中，完成了对列表框的初始化。首先在列表框中添加民族名称和参赛人数。对于列表框中的项目，可以通过字符串运算（相加、调用函数等）来确定其文本内容。

在命令按钮 Command1 和 Command2 的 Click 事件过程中，分别实现对被选择民族人数的增加（登记）和删除（取消），代码如下：

```
Private Sub Command1_Click() '被选民族加1人
    Dim I As Integer
    I = List1.ListIndex 'I得到被选民族对应列表项的索引号
    NationVote(I) = NationVote(I) + 1 '被选民族人数增1人
    List1.List(I) = NationName(I) & " " & Str(NationVote(I))
'人数变化后，更新被选民族列表项内容
End Sub
Private Sub Command2_Click() '被选民族减1人
    Dim I As Integer
    I = List1.ListIndex 'I得到被选民族对应列表项的索引号
    If NationVote(I) > 0 Then '如果被选民族的人数大于0，才可以减人
        NationVote(I) = NationVote(I) - 1
        List1.List(I) = NationName(I) & " " & Str(NationVote(I))
'人数变化后，更新被选民族列表项的内容
    End If
End Sub
```

在命令按钮 Command3 的 Click 事件过程中，找参赛人数最多的民族及其参赛人数，将结果显示到文本框中；如果尚未登记任何民族的任何人，则用消息框提示。代码如下：

```
Private Sub Command3_Click() '统计参赛人数最多的民族
    Dim I As Integer, Max As Integer, MaxI As Integer
    Max = NationVote(0) '设 Max 初值为第 1 个民族的参赛人数
    For I = 0 To NationCount - 1 '扫描每个民族的参赛人数
        If NationVote(I) > Max Then
            Max = NationVote(I)
            MaxI = I
        End If
    Next
    If Max > 0 Then
        Text1 = NationName(MaxI) & NationVote(MaxI) & "人"
    Else
        MsgBox "尚未登记任何参赛人员"
    End If
End Sub
```

在列表框的 DblClick 事件过程中也实现添加人员功能，代码如下：

```
Private Sub List1_DblClick()
    Command1_Click '调用 Command1 单击事件，被选民族加 1 人
End Sub
```

运行程序时，在列表框中选定登记的民族名称，单击 Command1 按钮，则列表框中民族名后面的数目将加 1，说明该民族的人数增加了。双击民族名称项目可以实现相同的效果。

5.6.2　组合框（ComboBox）

组合框由一个选择列表和一个文本编辑域组成，用户既可以像在文本框中一样在组合框中直接输入文本来选定项目，也可从列表中选定项目。在窗体中添加组合框的方法是在工具箱中单击或双击按钮▤。

由于组合框组合了文本框和列表框的功能，所以组合框同时具备文本框和列表框的属性。组合框具有列表框相同的属性 Text、List、ListIndex、ListCount 和 Selected，相同的方法 AddItem、RemoveItem 和 Clear，以及相同的事件 Click 和 DblClick。组合框另外具有与列表框不同的属性 Style。

组合框有三种样式，样式的设定由 Style 属性来控制，如表 5-11 所示。

表 5-11　组合框 Style 属性设置

设置值	Visual Basic 常数	说明
0	vbComboDropDown	（默认值）下拉式组合框。包括一个下拉式列表和一个文本框
1	vbComboSimple	简单组合框。包括一个文本框和一个不能下拉的列表
2	vbComboDropDownList	下拉式列表框。仅允许从下拉式列表中选择

在下拉式组合框和简单组合框中，用户可以直接输入文本，也可单击组合框右侧的附带箭头打开选项列表，只是显示样式不同：下拉式组合框通过下拉箭头来打开列表，列表的长度由程序调节；而简单组合框不存在下拉操作，它的大小是在绘制控件时决定的。在

下拉式列表框中，用户不能在列表框中输入选项，而只能在列表项中进行选择。

如何选择使用组合框和列表框呢？一般情况下，组合框提供建议性的选项列表，若希望将输入限制在列表之内时，则应使用列表框。组合框包含编辑区域，可以通过组合框将不在列表中的选项输入列表区域中。此外，组合框节省了窗体的空间。只有单击组合框的向下箭头时才显示全部列表，列表框容纳不下的地方可以使用组合框。

例5-9　设计影星薪金查询管理器，界面如图5-14所示。在组合框中设置三个演员，每选中一个演员，在文本框中显示该演员所对应的薪金。当组合框的文本编辑域中输入新的演员名，在文本框中输入新演员的薪金时，单击"添加"按钮将添加新的选项，供下次选择。窗体及其控件属性按表5-12设置。

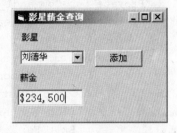

图5-14　例5-9程序界面

表5-12　例5-9控件属性的设置

控件名	属性名	属性值	控件名	属性名	属性值
Form1	Caption	影星薪金查询	Text1	Text	（空）
Label1	Caption	影星	Combo1	Text	（空）
Label2	Caption	薪金	Command1	Caption	添加

在窗体的代码中添加如下声明：

```
Option Explicit
Dim Player(10)              '存储影星名
Dim Salary(10)             '存储薪金
```

以下代码初始化组合框及数组：

```
Private Sub Form_Load()
  Dim I As Integer          '声明变量
    Player(0) = "刘德华"     '在数组中输入数据
    Player(1) = "章子怡"
    Player(2) = "张曼玉"
    Salary(0) = "$234,500"
    Salary(1) = "$158,900"
    Salary(2) = "$180,500"
  For I = 0 To 2            '在组合框中添加名字
      Combo1.AddItem Player(I)
  Next I
  Combo1.ListIndex = 0      '显示组第一项
End Sub
```

以下代码使得用户在组合框列表中选定一个影星时，在文本框中显示该影星的薪金：

```
Private Sub Combo1_Click()
    Text1.Text = Salary(Combo1.ListIndex)     '显示名字所对应的薪金
```

```
End Sub
```

当用户在组合框文本编辑域中输入新影星名并在文本框中输入其薪金值后，单击"添加"按钮将在组合框列表中添加新选项，且将名字和薪金值分别存入 Player 和 Salary 数组中。

```
Private Sub Command1_Click()
    Dim Flag As Boolean
    Dim I As Integer
    Flag = False
    For I = 0 To Combo1.ListCount - 1     '查询名字是否在列表中
        If Combo1.List(I) = Combo1.Text Then
            Flag = True
            Exit For
        End If
    Next
    If Not Flag Then                       '若没有，则添加
        Combo1.AddItem Combo1.Text
        Player(Combo1.ListCount - 1) = Combo1.Text
        Salary(Combo1.ListCount - 1) = Text1.Text
    End If
End Sub
```

在程序中，循环结构用于查询新输入的名字是否在组合框列表中，若不在，则 Flag 在循环结束时为 False。在条件结构中判断，如果为新名字，则添加到组合框中，同时将名字和薪金值存入数组中，供以后查询用。例如，组合框中输入影星名"巩俐"，在文本框输入其薪金$405,200，单击"添加"按钮后，在组合框中就有了"巩俐"项，同时可查询其薪金值。

5.7 滚 动 条

滚动条包括水平滚动条（HScrollBar）和垂直滚动条（VscrollBar），可以作为图形辅助控件和输入设备。

5.7.1 属性

1. Value 属性

在滚动条中，滚动块所处的位置可以代表一个输入值。Value 属性值即为体现滚动块在滚动条中位置的数值。当滚动块处于最左边或最顶端时，Value 取最小值；反之，则 Value 值取最大值。在中间的各个位置，Value 值与位置是严格按照比例来设定的。

改变滚动条 Value 属性的方法有四种：设计时在属性窗口中设定 Value 值；运行时单击两端箭头键改变滚动条数值；运行时将滚动块沿滚动条拖动到任意位置；运行时单击滚动条中滚动块两侧的部分使滚动块以翻页的速度移动。

2. Max 和 Min 属性

滚动条的 Value 属性的取值范围由 Max 和 Min 属性设置，Max 代表 Value 的最大值，

Min 代表 Value 的最小值。Value 属性的默认值为 0 和 32 767，默认情况下，Value 取 0～32 767 中的某个数值。

3．最大变动值 LargeChange 和最小变动值 SmallChange 属性

滚动条的 Value 属性增加或减少的长度是由 LargeChange 和 SmallChange 属性设置的数值确定。为了指定滚动条中的移动量，对于翻页滚动时要改变的值可用 LargeChange 属性设置，对于用滚动条两端箭头移动时要改变的值可用 SmallChange 属性设置。

5.7.2　事件

1．Change 事件

该事件在进行滚动或通过代码改变 Value 属性的设置时发生，它是滚动条最重要的事件。

2．Scroll 事件

移动滚动块时发生，单击滚动箭头或滚动条时不发生。

例 5-10　滚动条的使用。在窗体 Form1 中添加表 5-13 所示的控件及其属性值，使窗体结构如图 5-15 所示。

表 5-13　例 5-10 控件属性设置

控件名	属性名	属性值	控件名	属性名	属性值
Form1	Caption	滚动条测试程序	Label5	Caption	月
Label1	Caption	月份确定		Font	宋体，小三
Label2	Caption	2004	Hscroll1	Min	1
	Font	Verdana，BT，3 号		Max	12
Label3	Caption	年		SmallChange	1
	Font	宋体，小三		LargeChange	12
Label4	Caption	1	Command1	Caption	退出
	Font	Verdana，BT，三号			

在滚动条的代码窗口中添加如下代码：

```
Private Sub HScroll1_Change()
    Label4.Caption = HScroll1.Value
End Sub
```

每当滚动块的位置发生变化时，则滚动条的值随之改变，并触发 Change 事件，把滚动条的值（月份，1～12 之间）赋值给记录月份数的标签上。

在窗体的代码窗口中添加如下代码：

```
Private Sub Form_Load()
    HScroll1.Value = Month(Now)
End Sub
```

图 5-15　滚动条测试程序

当程序运行时，首先把当前月份传递给滚动条的 Value 属性，使滚动条 Value 值变化，

常用标准控件

调用 Hscroll1_Change() 事件过程，也就完成了对月份标签 Label4 的初始化。

在按钮控件的代码窗口中添加如下代码：

```
Private Sub Command1_Click()
    Unload Form1
End Sub
```

运行程序，注意用不同的方法移动滚动条，如单击两边滚动箭头、拖动滚动块或单击空白处等，观察月份标签数值的变化。

5.8 定 时 器

在程序设计中，对于由系统时钟控制的定时响应处理，例如每隔一段时间就进行某种操作，通常使用定时器控件（Timer）。

定时器控件有一个 Timer 事件，该事件是由时间间隔控制发生的。加入定时器后，通过设置定时间隔属性 Interval 来确定每隔多长时间调用一次 Timer 事件过程。

1. 重要属性

（1）Interval 属性

Interval 属性指定定时器事件发生的间隔毫秒数（1ms=0.001s），间隔的取值在 0～64767 之间，也就是说最长的间隔大约为 1 分钟（64.8s），例如，要设置每隔 1 秒调用一次 Timer 事件过程，则 Interval 属性值应为 1000。在程序运行期间，定时器是不可见的，通常用一个标签来显示时间。当 Interval 属性值为 0 时屏蔽定时器（即定时器不调用 Timer 事件过程）。

（2）Enabled 属性

Enabled 属性控制定时器是否生效。可以通过 Enabled 属性来禁止 Interval 属性生效。

2. 事件

定时器控件只有一个 Timer 事件，在一个 Timer 控件的预定的时间间隔过去之后发生。

例 5-11 使用定时器控件设计交通红绿灯。按表 5-14 所示控件属性设置窗体中如图 5-16 所示的控件。

表 5-14 例 5-11 控件属性的设置

控件名	属性名	属性值	控件名	属性名	属性值
Form1	Caption	红绿信号灯	Timer1	Enabled	True
Frame1	Caption	红绿灯		Interval	500
Image1	Picture	trffic09.ico	Timer2	Enabled	True
Image2	Picture	cars.ico		Interval	100
Command1	Caption	开始/停止			

其中 Image1 与 Image2 控件的 Picture 属性的图片可在 Visual Basic 安装目录的 Common\Graphics\ Icons\Traffic 目录下可找到。

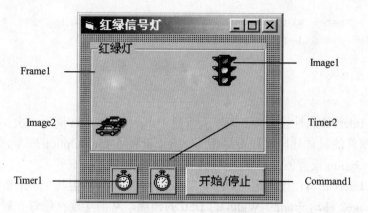

图 5-16 例 5-11 定时器窗体结构

在窗体代码窗口中添加如下代码：

```
Option Explicit
Dim LightOption As Integer
Dim StopOption As Boolean
Dim X
Private Sub Form_Load()
    LightOption = 0                         '红绿灯控制
    StopOption = 0                          '运行/停止控制
    X = Frame1.Left - Image2.Width          'Image2 在 Frame1 中的初始位置
End Sub
```

在定时器控件代码窗口中添加如下代码：

```
Private Sub Timer1_Timer()
    LightOption = LightOption + 1  '设置红绿灯控制参数
    If LightOption > 8 Then
        LightOption = 0
    End If
    Select Case LightOption
    Case 3   '绿
        Image1.Picture = LoadPicture("Path\trffc10a.ico")
        Timer2.Enabled = True
    Case 1   '黄
        Image1.Picture = LoadPicture("Path\trffc10b.ico")
    Case 7   '红
        Image1.Picture = LoadPicture("Path\trffc10c.ico")
            ' 设置 Image1 的 Picture 属性
        Timer2.Enabled = False
    End Select
End Sub
Private Sub Timer2_Timer()
    X = X + Frame1.Width / 50
```

常用标准控件

```
    If X > Frame1.Width Then
        X = Frame1.Left - Image2.Width
    End If
    Image2.Move X
End Sub
```

Timer1 的 Interval 属性设置为 500，从而使 Timer1 每隔 0.5s 调用一次 Timer 事件。由于每次 Timer 事件的具体处理过程不尽相同，所以设置了 LightOption 变量，在每次定时器事件中由 LightOption 设置值来确定 Image1 的 Picture 属性。

Timer2 的 Interval 属性设置为 100，使 Timer2 每隔 0.1s 调用其 Timer 事件。Timer2 的事件处理使 Image2 移动 Frame1.Width 的 1/50 的距离，从而实现在绿灯亮时，汽车是不断移动的。对汽车移动和停止的控制由 Timer1 控制，当绿灯亮时，Timer2.Enabled 为 True，启动 Timer2，当红灯亮时，Timer2.Enabled 为 False，停止 Timer2，汽车也就停止移动。

在 Command1 控件的代码窗口中添加如下代码：

```
Private Sub Command1_Click()
    StopOption = Not StopOption
    If StopOption Then
        Timer1.Enabled = False
        Image1.Picture = LoadPicture("path\trffc09.ico")
        Timer2.Enabled = True
    Else
        Timer1.Enabled = True
    End If
End Sub
```

与定时器的 Timer1_Timer 子程序原理相同，通过 StopOption 参数来控制定时器的运行或停止。当停止定时器工作时，设置 Timer2.Enabled 为 True，也就是说允许汽车在红绿灯不工作时移动。

5.9　框　　架

在 Visual Basic 中，除窗体和图片控件（Picture）可以作为其他对象的容器外，还有框架控件（Frame）。在容器中的控件，可以随载体同时移动，即框架内控件的位置随框架一起移动（与框架的相对位置不变）。Frame 控件不仅可以作为其他控件的载体，而且可用它将其他控件分成可标志的控件组。例如用 Frame 控件把窗体按功能细分、分隔 OptionButton 控件组等，特别是对于单选钮的分组很有用，比如要分出若干组单选钮，在一组单选钮内部选中一个按钮后不影响其他组的继续选择。

将控件加入框架有两种方法：一是先画出框架，在其内部用"＋"号指针画出控件，此时不能用双击控件方法添加控件到框架内（因为双击时看上去控件进入了框架内部，实际上是没有被约束在框架内）；二是先有控件，再套框架，应该先选定所有这些控件，然后将它们"剪切"（Ctrl＋X）到剪贴板，再选定框架，最后"粘贴"（Ctrl＋V）到框架。

1．属性

（1）Caption 属性

由 Caption 属性值设定框架的标题名称。如果 Caption 为空字符，则框架为封闭的矩形框，但框架中的控件仍然和单纯用矩形框起来的控件不同。

（2）Enabled 属性

当 Enabled 属性设为 False 时，程序运行时该框架在窗体中的标题正文为灰色，表示框架中的所有对象均被屏蔽，不允许用户对其进行操作。

（3）Visible 属性

当 Visible 属性为 False 时，则程序运行时，框架及其所有控件全部被隐蔽起来。

2．事件

框架可以响应 Click 和 DblClick 事件，但应用程序中一般不需要编写框架的事件过程。

5.10 焦点与 Tab 顺序

焦点（Focus）是接收用户鼠标或键盘输入的能力。当对象具有焦点时，可接收用户的输入。Windows 界面上任一时刻均可运行多个应用程序，但只有具有焦点的应用程序才有活动标题栏，才能接受用户输入。在有多个 TextBox 控件的 Visual Basic 窗体中，只有具有焦点的 TextBox 才接受由键盘输入的文本。

5.10.1 焦点事件

当对象得到或失去焦点时，会产生 GotFocus 或 LostFocus 事件。

1．GotFocus 事件

当对象获得焦点时产生 GotFocus 事件。在应用程序中可通过 Tab 键切换或者单击对象等用户操作使对象获得焦点，也可在编码时使用 SetFocus 方法使对象获得焦点。

GotGocus 事件的语法：

```
Private Sub Form_GotFocus()
Private Sub Object_GotFocus([index As Integer])
```

其中，index 为整数，它唯一地标志在控件数组中的一个控件。

GotFocus 事件过程通常用于指定当控件或窗体首次接收焦点时发生的操作。

注意：控件只有在它的 Enabled 属性和 Visible 属性都设为 True 时才能接收焦点。

2．LostFocus 事件

LostFocus 事件在对象失去焦点时发生。与 GotFocus 事件类似，它也有三种引发方法：由 Tab 键切换或单击对象等用户操作引发，或是在编码时使用 SetFocus 方法使对象失去焦点而引发。

LostFocus 事件的语法：

```
Private Sub Form_LostFocus( )
Private Sub object_LostFocus([index As Integer])
```

其中，index 为整数，它唯一标志在控件数组中的一个控件。

LostFocus 事件过程主要用来实现对对象的更新进行验证和确认。例如，在焦点移离文本框时，利用 LostFocus 事件验证输入数据的有效性或是改变数据的格式等。

5.10.2　Tab 键顺序

按下 Tab 键或 Shift+Tab 组合键后，焦点从一个控件移动到另一个控件的次序就是 Tab 键顺序。

控件的 TabIndex 属性决定了它在 Tab 键顺序中的位置。默认时，第一个建立的控件 TabIndex 值为 0，第二个的 TabIndex 值为 1，以此类推。当改变了一个控件的 Tab 键顺序时，Visual Basic 自动对其他控件的 Tab 键顺序重新编号，以反映插入和删除的次序。设置控件的 TabIndex 属性可以改变控件的 Tab 键顺序。

例如，在窗体上建立名为 Text1 和 Text2 的文本框，再建立一个名为 Command1 的命令按钮。程序启动时，Text1 具有焦点。按 Tab 键将使焦点按控件建立的顺序在控件间移动。如果使 Command1 变为 Tab 键顺序中的首位，即 TabIndex=0，则其他控件的 TabIndex 值将自动调整：Text1.TabIndex=1，Text2.TabIndex=2。

注意：不能获得焦点的控件以及无效的（Enabled 属性为 False）和不可见的控件（Visible 属性为 False）不具有 TabIndex 属性，因而不包含在 Tab 键顺序中。按 Tab 键时，这些控件将被跳过。

例 5-12　本例的功能是在 TextBox 获得或失去焦点（用鼠标或 Tab 键选择）时，改变颜色，并在 Label 控件中显示相应的文字。

在窗体建立两个 TextBox 控件和一个 Label 控件。在代码窗口中添加以下代码：

```
Private Sub Text1_Gotfocus()
    Text1.BackColor = vbRed           '获得焦点用红色表示
    Label1.Caption = "Text1 has the focus."
End Sub
Private Sub Text1_Lostfocus()
    Text1.BackColor = vbWhite         '失去焦点用白色表示
    Label1.Caption = "Text1 does not have the focus."
End Sub
Private Sub Text2_Gotfocus()
    Text2.BackColor = vbRed           '获得焦点用红色表示
    Label1.Caption = "Text2 has the focus."
End Sub
Private Sub Text2_Lostfocus()
    Text2.BackColor = vbWhite         '失去焦点用白色表示
    Label1.Caption = "Text2 does not have the focus."
End Sub
```

程序运行时窗体结构如图 5-17 所示。使用鼠标和 Tab 键分别进行焦点的变换，观察其变化。

思考：在本例中，当 Text2 失去焦点时，标签上到底是显示 Text1 has the focus 还是显示 Text2 does not have the focus 呢？

图 5-17　例 5-12 焦点变换

习 题 5

一、选择题

1. 在 Visual Basic 中，下列关于控件的属性或方法中，搭配错误的有【　　】个。

    1）List1.RemoveItem Index   2）Vscroll1.Value   3）Picture1.Print

    4）Timer1.Interval   5）List1.Cls   6）Text1.Print

    A）0   B）1   C）2   D）3

2. 下面可以将列表框 List1 中的当前选定的列表项的值替换成 John 语句【　　】。

    A）List1.AddItem "John", List1.ListIndex   B）List.Text="John"

    C）List1.List(List.ListIndex)="John"   D）前三项均可

3. 无法响应 Click 事件的控件是【　　】。

    A）Label   B）Timer   C）TextBox   D）CommandButton

4. 在文本框 Text1 中输入数字 25，Text2 中输入数字 17，执行一下语句，只有【　　】可使文本框 Text3 中显示 42。

    A）Text3.Text=Text1.Text & Text2.Text

    B）Text3.Text=Val(Text1.Text)+Val(Text2.Text)

    C）Text3.Text=Text1.Text+Text2.Text

    D）Text3.Text=Val(Text1.Text) & Val(Text2.Text)

5. 以下语句中，不能正确执行的是【　　】。

    A）If Option1.Value Then

    B）If Option1.Value=True Then

    C）Check1.Value=0

    D）Check1.Value=True

6. 在窗体 Form1 上，有一个组合框控件 Combo1，在窗体的 Click 事件中有如下代码：

```
Private Sub Form_Click()
    Dim K As Integer
    Dim str As String, item As String
    str = "CDEFG"
    For K = Len(str) To 1 Step -1
        item = LCase(Mid(str, K, 1)) & K
        Combo1.AddItem item
    Next K
    Combo1.Text = Combo1.List(2)
End Sub
```

运行此程序，单击窗体后在窗体的组合框中显示项的内容是【　　】。

    A）g5   B）f4   C）e3   D）d2

7. 单选按钮（OptionButton）用于一组互斥的选项中。若一个应用程序包含多组互斥条件，可在不同的【　　】中安排适当的单选按钮来实现。

第 5 章

常用标准控件

A）框架控件（Frame）或图像控件（Image）

B）组合框（ComboBox）或图像控件（Image）

C）组合框（ComboBox）或图片框（PictureBox）

D）框架控件（Frame）或图片框（PictureBox）

二、填空题

1. 在窗体上半部画两个列表框（名称分别为 List1、List2），窗体下半部画一个标签（名称为 Label1），如图 5-18 所示。请补填后面程序中所缺的语句，使程序实现如下功能：

（1）程序运行后，窗体初始化时，在左边列表框 1（名称为 List1）中列出当前屏幕对象（Screen）的所有字体，Screen 对象的 Fonts 属性（Fonts 属性是一个数组）能够得到屏幕使用的所有字体，FontCount 属性能够得到字体的数量，利用一个循环，将 Screen 对象的每个 Fonts(i)添加到列表框 1 中。

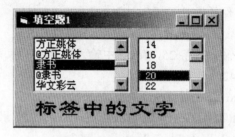

图 5-18　填空题 1

（2）窗体初始化时，在右边的列表框 2（名称为 List2）中列出 8、10、12、14……72 的数字，表示字号。

（3）当用户在列表框 1 中单击选中某种字体名时，或在列表框 2 中单击选中某一字号时，使窗体下半部的标签中的文字设置为相应字体与字号，实现字体字号预览。

```
Private Sub Form_Load( )
    For a=0 to Screen.FontCount-1
      List1.AddItem Screen.Fonts(a)
    Next a
    For a= 【1】 To 72  Step 【2】
        【3】
    Next a
End Sub
Private Sub List1_Click( )
    【4】
End Sub
Private Sub List2_Click( )
    【5】
End Sub
```

2. 根据图 5-19 给出的窗体，填写表 5-15 中的相关内容，"×"表示对象无该属性。

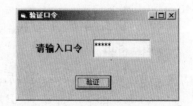

图 5-19　填空题 2

表 5-15　填空题 2 的控件属性列表

对象	名称（Name）	标题（Caption）	口令字符（Passwordchar）
窗体	Form1	【1】	×
标签	Label1	【2】	×
文本框	Text1	×	【3】
命令按钮	Command1	验证	

3．为了在运行时把 C:\Windows 目录下的图形文件 picfile.jpg 装入图片框 Picture1，所使用的语句为_____。

4．为了使计时器控件 Timer1 每隔 0.5 秒触发一次 Timer 事件，应将 Timer1 控件的 【1】 属性设置为 【2】 。

5．在窗体上有一个文本框控件，名称为 TxtTime，一个计时器控件，名称为 Timer1，要求每一秒钟在文本框中显示一次当前的时间。程序如下，请在下划线上填入恰当的内容。

```
Private Sub Form_Load( )
    Timer1.Interval=___【1】___
End Sub
Private Sub Timer1_ 【2】 ()
    TxtTime.Text=___【3】___
End Sub
```

6．窗体上有一个图片框（名称为 Picture1），四个命令按钮（都取默认名称）。请补填程序中所缺的语句，使程序实现如下功能：

（1）程序运行后，窗体初始化时，自定义图片框的坐标系，使其左上角点坐标为（–6,–4）。

（2）单击 Command1 在图片框中画矩形，矩形中心点与图片框中心点重合，矩形长、宽分别为 6、4，红色。

（3）单击 Command2 在图片框中画圆，圆心为（0，0），半径为 3。

（4）单击 Command3 在图片框中以画点形式画出红色正弦曲线。

（5）单击 Command4 清除图片框中的内容。

```
Private Sub Form_Load()
    Picture1.ScaleLeft =___【1】___
    Picture1.ScaleTop =___【2】___
    Picture1.ScaleWidth = 12
    Picture1.ScaleHeight = 8
End Sub
Private Sub Command1_Click()
    ___【3】___
End Sub
Private Sub Command2_Click()
    ___【4】___
End Sub
```

常用标准控件

```
Private Sub Command3_Click()
    For x = -6 To 6 Step 0.02
        y = Sin(x)
        【5】
    Next x
End Sub
Private Sub Command4_Click()
    【6】
End Sub
```

第6章　　　　　过　程

本章要点

Visual Basic 系统提供的内部函数实际上为用户解决许多一般问题给出了现成的程序模块，用户只要调用这些函数就可得到所需要的结果；Visual Basic 系统也提供了许多事件过程的框架，用户只要在过程框架内填写一定的代码，就可完成一系列的操作。实际问题往往是很复杂的，有时需要经常求解某个具体问题的结果，或经常需要进行某些特定的系列操作，而 Visual Basic 却没有提供解决这些问题的现成内部函数或事件过程，这时，就需要用户自己编写自定义过程。

本章首先介绍 Visual Basic 自定义过程的分类，然后分别介绍 Sub 过程和 Function 过程的结构框架怎样定义，以及怎样使用（调用）一个已写好的自定义过程，进而介绍过程调用时的参数传递机制（重点理解引用和传值方式），还介绍了一些特殊的参数（可选参数、可变参数、对象参数）。最后结合自定义过程的应用介绍一些常用算法。

6.1　Sub 过程

当用户编写程序时，需要多次执行某些特定的系列操作，以完成一个特定的功能。这时，可以将实现系列操作动作、完成某个特定功能的一组代码单独作为一个程序模块，按照 Visual Basic 规定的语法框架写好这个独立模块的代码，然后就可在需要实现这个功能的地方调用该模块代码。这样的独立模块一旦写好，可以被程序的多个地方调用，对编写复杂程序非常方便。这种由用户编写的、能完成一系列操作动作并实现一定功能的独立程序模块称为自定义Sub 过程（子过程）。

图 6-1　使用 Sub 过程

6.1.1　Sub 过程的建立

1. 引例

例 6-1　编程实现如下功能：单击窗体时打印如图 6-1 所示的图案。

【分析】　该图案是有规律的，可以看做由两种子图案组成，一种子图案是由字母 A 组成的五行正立三角形图案（子图 1），另一种是由字母 V 组成的五行倒立三角形图案（子图 2）。两种子图案交替出现。如果能有两个模块分别实现打印子图 1 和子图 2 功能的话，那么只要交替调用这两个模块就可实现本题功能。

分别编写两个 Sub 过程 Draw1()和 Draw2()，Draw1()过程打印

子图 1，Draw2()过程打印子图 2。在窗体单击事件中只要循环共调用六次打印子图的模块，设置一个记录调用次数的变量 j，当 j 为奇数时调用 Draw1()过程，而当 j 为偶数时调用 Draw2()过程。

编写程序如下：

```
Private Sub Draw1() '画字母 A 组成的正立三角形图案
    Dim i
    For i=1 To 5
        Print Spc(10-2*i); String(4*i-3, "A")
    Next i
End Sub
Private Sub Draw2() '画字母 V 组成的倒立三角形图案
    Dim i
    For i=5 To 1 Step -1
        Print Spc(10-2*i); String(4*i-3, "V")
    Next i
End Sub
Private Sub Form_Click() '循环调用 Draw1()、Draw2()
    For j=1 To 6
        If j Mod 2=1 Then 'j为奇数时
            Call Draw1
        Else 'j 为偶数时
            Call Draw2
        End If
    Next j
End Sub
```

上面例题中，事件过程 Form_Click()为主调过程，Call Draw1、Call Draw2 是调用子过程的语句，而自定义的过程 Draw1()、Draw2()都是被调用的 Sub 子过程。

本题也可以将打印子图 1 和子图 2 的功能合并写成一个自定义过程 Draw12，但需要在调用过程的调用语句中将调用的次数作为参数传给被调用的过程，被调用过程得到这个参数后进行奇偶判断以决定是打印正立三角形还是倒立三角形。这时被调用过程 Draw12()需要一个参数。改写后的程序代码如下：

```
Private Sub Draw12(j As Integer) '画字母 A,V 组成的三角形图案过程
    Dim i As Integer
    If j Mod 2=1 Then
        For i=1 To 5
            Print Spc(10-2*i); String(4*i-3, "A")
        Next i
    Else
        For i = 5 To 1 Step-1
            Print Spc(10-2*i); String(4*i-3, "V")
        Next i
    End If
```

```
End Sub
Private Sub Form_Click() '调用 Draw12()过程
    Dim j As Integer
    For j = 1 To 6
        Call Draw12(j)
    Next j
End Sub
```

改写后的程序中,调用语句 Call Draw12(j)把调用的次数通过一个变量 j 传给打印过程,打印过程 Draw12 的参数变量 j 得到这个调用次数的值。其实,Draw12 的参数变量 j 和主调过程中的变量 j 是两个变量,它们完全可以用不同的名字。两个程序的调用语句还可以分别写成 Draw1、Draw2 和 Draw12 j 这种省略 Call 的形式。

2. Sub 过程的一般形式

建立 Sub 过程也就是定义 Sub 过程,下面给出 Sub 过程的一般形式:

```
[Static][Public|Private] Sub 子过程名([参数列表])
    局部变量或常数的定义
    语句块 1
    [Exit Sub]
    语句块 2
End Sub
```

说明:

- [Static]:可选关键字。加上它,则过程中所有定义的变量将成为静态变量(何谓静态变量见本章后续内容);省略它,则过程中所有定义的变量是动态变量(以前使用的变量基本上是这种)。

- [Public|Private]:可选关键字。加上 Public,则过程为全局过程;加上 Private,则过程为局部过程;全省略也为全局过程。全局过程和局部过程的意义在本章后续节中将介绍。

- Sub:必选固定关键字,表示该自定义过程的类型是子过程。

- 子过程名:过程的自定义名字。与一般标识符取名规则相同,只要不跟 Visual Basic 中的保留关键字冲突即可。

- [参数列表]:对需要由调用语句传递过来的参数个数、类型、次序进行说明,说明的方式和过程内变量定义语句类似(但不要 Dim),也可加 ByVal 关键字,形式如下:

```
[ByVal] 变量名 1 AS 类型 1, [ByVal] 变量名 2 AS 类型 2, …
```

有 ByVal 表示该变量是值传递,否则表示该参数是引用传递(也叫地址传递),两种传递方式的区别后面还会详述。如果无任何参数,则保留空括号(如例 6-1 的第一个程序)。

- 斜体部分:是过程体代码。如果有 Exit Sub 语句被执行,则后面的"语句块 2"部分会被跳过不执行。

在窗体上建立 Sub 过程有两种操作方法。

第 6 章

过程

方法一：直接在代码窗口输入。当用户输入包含自定义过程名和小括号在内的第一行内容时，按下回车键，Visual Basic 会自动在后面加上一行 End Sub 语句。这时，代码窗口中的"对象"列表框中变为"通用"，"过程"列表框显示当前刚输入的过程名。用户可以在过程名后面的括号中加入参数说明，然后在过程体中输入本过程要执行的代码。

方法二：使用"添加过程"对话框。通过在 Visual Basic 开发环境中选择"工具"|"添加过程"命令，就会弹出如图 6-2 所示的对话框。只要在该对话框中填写自定义过程名称，选择过程的类型，选择是全局的（公有的）还是局部的（私有的）过程，是否要使过程中的变量都成为静态变量。单击"确定"按钮后就得到了自定义过程的框架，接着只要填充参数和过程体代码即可。

也可在模块中建立自定义过程，操作方法类似，只是先要在工程中添加一个标准模块。

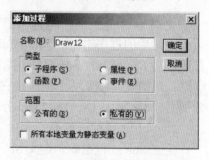

图 6-2 "添加过程"对话框

6.1.2 Sub 过程的调用

调用 Sub 过程的一般语句有两种形式：

```
Call 子过程名 ([参数列表])
子过程名 [参数列表]
```

说明：

有 Call 关键字，则提供的参数也有小括号，如果没有参数，则不加小括号。

无 Call 关键字，则提供的参数也无小括号。

6.2 Function 过程

有时，创建一个自定义过程的目的主要是为了求得一个值，就如同数学上的函数一样，只要给定函数的一些参数值，函数就能返回一个结果值。这时用 Function 过程比较直观，Function 过程也叫函数过程。Function 过程的定义和调用方法与 Sub 过程很相似，重点是注意它们之间的不同之处。

例 6-2 在窗体单击事件中求 Sum=1!+2!+3!+4!+5!的值，并打印结果。

【分析】 本题求解若干项数据的和，可以用循环累加算法实现。但每一项的值都要通过阶乘算法先求出，可以编写一个函数过程专门计算阶乘，这个求阶乘的函数过程在此我们取名为 Fac。程序如下：

```
Private Function Fac(n As Integer) As Long  '求一个数 n 的阶乘
    Dim i As Integer, Result As Long
    Result=1
    For i=1 To n
        Result=Result*i
    Next i
```

```
        Fac=Result
End Function
Private Sub Form_Click()  '通过不断调用Fac()，求若干整数阶乘的和
    Dim m As Integer, Sum As Long
    Sum=0
    For m=1 To 5
        Sum=Sum+Fac(m)
    Next m
    Print "1!+2!+3!+4!+5!="; Sum
End Sub
```

先仔细观察一下两个过程的代码。Fac 过程的过程内部代码是一个典型的连乘算法，只是连乘的数从 1 到 n，有 n 个数（n 待定）。此外，有两点值得特别注意，一是过程的第一行末尾有"As 类型"的说明关键字，这是用来说明函数值的类型；二是 Fac 过程代码中最后有一句 Fac = Result，这是将最终结果赋给函数名。

Form_Click()过程中是一个典型的累加算法，累加的关键语句为 Sum = Sum + Fac(m)，Fac (m)就是代表 m 的阶乘值。

6.2.1 Function 过程的定义

函数过程的一般格式如下：

```
[Static][Public|Private] Function 函数名([参数列表]) [AS 类型]
    局部变量或常数的定义
    语句块1
    [Exit Function ]
    语句块2
    函数名 = 返回值
End Function
```

说明：

- [Static]：可选关键字，含义同 Sub 过程。
- [Public|Private]：可选关键字，含义同 Sub 过程。
- Function：必选固定关键字，表示该自定义过程的类型是函数过程。
- 函数名：过程的自定义名字，与一般标识符取名规则相同，只要不跟 Visual Basic 中的保留关键字冲突即可。
- [参数列表]：对需要由调用语句传递过来的参数个数、类型、次序进行说明。说明的方式和过程内变量定义语句类似（但不要 Dim），也可加 ByVal 关键字，形式如下：

```
[ByVal] 变量名1 AS 类型1, [ByVal] 变量名2 AS 类型2, …
```

有 ByVal 表示该变量是值传递，否则表示该参数是引用传递（也叫地址传递），两种传递方式的区别后面还会详述。

- 斜体部分：过程体代码。如果有 Exit Function 语句被执行，则后面的"语句块 2"

部分会被跳过不执行。

- 函数名=返回值：必要语句。将求出的返回值赋值给函数名，作为函数的结果值。
- [AS 类型]：指明该函数的结果值的类型，若省略，则为变体类型。

建立 Function 过程的操作方法与 Sub 过程一样，也有两种类似方法。

Function 过程和 Sub 过程有两点明显的区别：一是 Function 过程首行末尾有数据类型的说明，以此定义函数值的类型，而 Sub 过程则没有这部分内容；二是 Function 过程体中需要有给函数名赋值的语句，而 Sub 过程则没有。除此之外，两类过程的其他方面格式基本上是相同的。

6.2.2 Function 过程的调用

调用 Function 过程的一般形式：

变量 = 函数名（[参数列表]）

说明：

（1）这里提供的[参数列表]是一些有具体值的参数（即已知的）；一般调用语句是一个赋值语句，该语句将调用函数时得到的结果值赋给左边的变量。

（2）函数过程的调用也可以出现在输出列表中，或作为一个表达式的参数参与计算。如：

```
Print 函数名([参数列表]);
Y=Sqr(2*函数名([参数列表])+1);
```

（3）如果有时不需要函数的值，也可以写成一个独立的调用语句，如：

```
Call 函数名([参数列表])
```

有 Call，函数名后面必须也有括号。

```
函数名 [参数列表]
函数名([参数列表])
```

无 Call，函数名后面的括号可有可无。

6.2.3 通用过程和事件过程

Visual Basic 中的过程可以分为通用过程和事件过程两类。所谓通用过程就是可以被一切其他过程调用的过程，包括上面所介绍的 Sub 过程和 Function 过程，它们在被调用时才执行。而事件过程是 Visual Basic 内部已经预定义好的一些过程，但过程的代码需要用户填写，它们是在发生一定事件的时候被执行。

通用过程可以写在一个窗体模块的代码中，也可以写在标准模块或类模块的代码中，而事件过程只能写在窗体模块中。

6.3 参 数 传 递

过程是独立的程序段，过程中设置的参数常常只能在调用时才能确定其具体值，其具体值由调用语句提供。那么，调用语句是采用什么机制将具体的已知值传到过程中的呢？本节就要阐述这个问题。

6.3.1 形参和实参

1. 形参

在过程定义模块首行过程名括号中的参数称为形式参数，简称形参。形参是可以在过程模块中使用的局部变量，它对应的内存单元在过程未被调用时是不存在的，即这时候形参变量并没有在计算机内存中建立起来，是虚的，所以也称为虚参。既然在未被调用时还不存在这样的变量，所以这些形参变量平时也是没有值的。当主调过程中执行调用过程语句时，程序流程转向被调用过程的代码，这时系统才临时给形参变量分配内存单元，同时使形参变量得到具体值（该值是从调用语句中获得的）。被调过程执行完后，形参变量的内存单元被"释放"，这时形参变量又不存在了。再次被调用时系统重新分配新的临时存储单元。

2. 实参

主调过程中调用过程时所给出的具体参数，这些参数是有确定值的（所以说是"实"的），它们可以是直接常量或有值的变量表达式。

对于一个具体的过程，调用语句提供的实参必须在个数、次序、数据类型等方面完全和被调用过程中设置的形式参数相一致，否则，会出现语法错误。调用时第一个实际参数与第一个形参结合，第二个实际参数与第二个形参结合，以此类推，是虚实结合的规则。

6.3.2 引 用

如果过程中设置的形参前面未加 ByVal 关键字，那么该形参从调用语句获取值的方式是"引用"方式。"引用"方式的机制是这样的：执行调用语句的那一瞬间，系统给形参分配的临时存储单元就是实参的内存单元，也就是使形参和实参具有同一存储单元地址，所以引用传递也叫传地址（简称传址）。这样，形参当然就具有和实参相同的值了。

对这种"引用"结合方式来说，要把握以下几点：若在执行被调过程的代码时，改变了形参的值，那么调用结束后实参的值也被改变，即"引用"结合方式影响是双向的（不仅在调用时实参的值可以影响形参，而且在调用结束时形参的新值可以影响实参的新值）。

6.3.3 传 值

如果过程中设置的形参前面加了 ByVal 关键字，那么该形参从调用语句获取值的方式是"传值"方式。"传值"方式的机制是这样的：执行调用语句的那一瞬间，系统给形参分配的临时存储单元和实参的存储单元不同，也就是说形参和实参各自具有不同的存储单元，实参的值被传送到（相当于复制到）形参所在的存储单元中。这样，形参也能得到实参的值。

对这种"传值"结合方式来说，要把握以下几点：若在执行被调过程的代码时，改变了形参的值，调用结束后形参自动消失，并不影响实参的原值，即"传值"结合方式的影响是单向的（只能在调用时实参影响形参，调用结束时形参的新值不影响实参）。

例 6-3 分析下列程序运行后的输出结果。

```
Private Sub multi(x As Single, ByVal y As Single)
    Print "x="; x; ";y="; y
    x = 2 * x
    y = 2 * y
End Sub
Private Sub Form_Click()
    Dim a As Single, b As Single
    a = 2.5
    b = 3.5
    Call multi(a, b)
    Print "a="; a; ";b="; b
End Sub
```

【分析】 该程序包含一个自定义 Sub 过程，过程的第一个参数 x 是采用引用方式和实参结合，第二个参数 y 采用传值方式与实参结合。主调过程的调用语句 Call multi(a, b) 提供的实参 a、b 分别对应形参 x、y，因此 x、y 先前得到的值分别是 2.5 和 3.5，接着在 Sub 过程中输出此结果。最后 x 和 y 的值分别变成了原来的 2 倍（即 x＝5.0，y＝7.0）。过程执行完毕后，流程回到主调过程调用语句的下一句继续执行（输出主调过程中的 a 和 b 的值），由于 a 与被调过程的形参 x 是采用"引用"结合方式，故 x 的变化也影响到 a（于是 a=5.0），但 b 与形参 y 的结合方式是"传值"方式，所以 y 变化后不会倒过来影响 b（即 b 仍为原值 3.5）。

输出结果如下：

```
x=2.5; y=3.5
a=5.0; b=3.5
```

例 6-4 下列程序有两个自定义 Sub 过程 Swap1() 和 Swap2()，在调用过程中分别调用 Swap1() 和 Swap2()。试分析程序运行后的输出结果。

```
Private Sub Swap1(x As Single, y As Single)
    Dim t As Single
    t = x: x = y: y = t '交换 x 和 y 的值
End Sub
Private Sub Swap2(ByVal x As Single, ByVal y As Single)
    Dim t As Single
    t = x: x = y: y = t '交换 x 和 y 的值
End Sub
Private Sub Form_Click()
    Dim a As Single, b As Single, c As Single, d As Single
    a = 5: b = 6
    c = 15: d = 16
    Call Swap1(a, b)
```

```
     Call Swap2(c, d)
     Print "a="; a; ";b="; b
     Print "c="; c; ";d="; d
End Sub
```

【分析】 Swap1()和 Swap2()过程的功能都是将形参变量的值进行交换。Swap1()过程设置的参数传递方式都是采用"引用"方式，形参的变化会影响实参，故打印出来的 a，b 的结果分别是 a=6，b=5。而 Swap2()过程设置的参数传递方式都是采用"传值"方式，形参的变化不会影响实参，故打印出来的 c，d 的结果都为原值 c=15，d＝16。

6.3.4 指名传送

在调用自定义通用过程时，把形式（虚拟）参数用"：="与实际参数联系起来，这种参数传递方式叫指名传送。

比如有一个自定义通用过程 Sub1()，它的功能是打印过程中形式参数的值。在窗体的单击事件过程中调用该通用过程，采用指名传送参数的方式，将要打印的实际参数传给通用过程 Sub1()。

```
Sub Sub1(x As Single, y As Single, z As Single)
    Print x, y, z
End Sub
Private Sub Form_Click()
    Dim a As Single, b As Single
    a = 2 : b = 3
    Call Sub1(z:=9, y:=b, x:=a)
End Sub
```

运行时将在窗体上输出：

2   3   9

通过以上调用语句 Call Sub1(z:=9, y:=b, x:=a)可知，采用指名传送方式时，给形参指名传送值的顺序可以随意，不一定要按形参的原始设置顺序。

6.3.5 数组参数的传递

1. 形参是普通变量，实参可以是普通变量或数组元素

这种情况跟前面所讲的内容没有区别，因为一个数组元素本来就是一个普通变量，所以在使用方法上与普通变量相同。

例 6-5 下列程序中函数过程 IsPrim(x)的功能是判断一个变量 x 的值是否为素数，其函数返回值分别为 True（当 x 是素数时）或 False（当 x 不是素数时）。在调用过程中分别对数组 a 的每个元素值调用此函数，以判断每个元素是否为素数，并输出其中为素数的元素。

```
Private Function IsPrim(x As Integer) As Boolean
    IsPrim = True                    '假设 x 是素数
    For i = 2 To Sqr(x)
```

```
            If x Mod i = 0 Then
                IsPrim = False          '否定前面的假设，标记 x 不是素数
                Exit For                '可以终止循环而不必继续考察
            End If
        Next i
End Function
Private Sub Form_Click()
    Dim a(2 To 20) As Integer
    For i = 2 To 20
        a(i) = i
        If IsPrim(a(i)) Then            '或 If IsPrim(a(i))=True Then
            Print a(i); "是素数"
        End If
    Next i
End Sub
```

此程序中函数过程 IsPrim(x)中的形参 x 是一个普通变量，所以调用语句 IsPrim(a(i))中的实参可以是一个数组元素 a(i)。

2. 形参是带括号的数组名，实参也必须是带括号的数组名

Visual Basic 还允许将整个数组的所有元素作为参数进行传递，这时只能采用传址（引用）方式。在使用这种参数时要注意下列两点：

- 形参中放入的是数组名，不指定数组的具体维数，但必须保留圆括号（以指示该参数为数组），而调用时所用的实参也必须是带圆括号的数组名（是有已知值的具体数组）。
- 由于被调用的过程先前不知道调用过程的实参数组是哪一个，所以形参数组先前的下标上下界是不确定的，于是在被调过程的代码中可以用 Lbound 和 Ubound 函数形式上求解形参数组的上下界。一旦调用发生时，实参数组得到确定，形参数组也就确定了（形参数组就是实参数组），于是被调过程中 Lbound 和 Ubound 函数的值就会在那时具体化。

例 6-6 求 $t1 = \prod_{i=1}^{5} a_i$ 和 $t2 = \prod_{i=2}^{6} b_i$。要求用一个自定义函数实现连乘算法，过程中使用数组参数。分别调用该函数，以先后求得 a 和 b 两个数组中所有元素的乘积。

程序如下：

```
Private Sub Command1_Click()        '调用过程
    Dim a%(1 To 5), b%(2 To 6), i%, t1#, t2#
    For i = 1 To 5                  '简化 a 数组的数据输入
        a(i) = i
    Next i
    For i = 2 To 6                  '简化 b 数组的数据输入
        b(i) = i
    Next i
    t1 = tim(a())                   '调用函数 tim
```

```
    t2 = tim(b())                    '调用函数 tim
    Print "t1="; t1, "t2="; t2  '输出结果：t1=1*2*3*4*5=120  t2=2*3*4*5*6=720
End Sub
Function tim(x () As Integer) '被调用过程
    Dim t#, i%
    t = 1
    For i = LBound(x) To UBound(x) '求数组的下界和上界
        t = t * x (i)
    Next i
    tim = t
End Function
```

6.4 可选参数和可变参数

6.4.1 可选参数

Visual Basic 可以在一些形式参数前加关键字 Optional 使该参数变为可选参数。若形式参数定义成可选参数，该可选参数对应的实参可有可无。

例 6-7 可选参数的演示。本例题中通用函数过程 F1 中的 h 参数是可选参数（代表一个圆柱体的高度），而 r 参数是必选参数（代表一个圆的半径）。事件过程第一次调用 F1 时无 h 所对应的实际参数，计算圆的面积，第二次调用 F1 时有 h 所对应的实际参数，计算圆柱体的体积。

程序如下：

```
Private Function F1(r As Single, Optional h) '函数过程中的参数 h 为可选参数
    F1 = 3.1415926 * r * r
    If Not IsMissing(h) Then  'IsMissing(h)函数检测实际参数是否有 h
        F1 = F1 * h
    End If
End Function
Private Sub Command1_Click()
    Dim r As Single, h As Single
    r = 10: h = 10
    Print "第一次调用，计算圆的面积="; F1(r)
    Print "第二次调用，计算圆柱体积="; F1(r, h)
End Sub
```

说明：
- 形式参数中对可选参数必须用 Optional 关键字定义。
- 可选参数必须是变体类型。
- 对含可选参数的过程，要用到函数 IsMissing(h)来检测可选参数对应的实际参数是否存在。如果实际参数不存在，则该函数的值为 True；如果实际参数存在，则该函

数的值为 False。所以例 6-7 中 If Not IsMissing(h) Then 语句也可以写成 If IsMissing(h) =False Then。

6.4.2 可变参数

Visual Basic 也可以在一些数组名形式参数前加关键字 ParamArray，使该参数定义为可变参数。若形式参数定义成可变参数，该可变参数对应的实参个数为任意数目。

例 6-8 可变参数的演示。比如要编写一个函数实现对任意个数的参数求和，可编写如下带可变参数的通用函数过程：

```
Public Function NumSum(ParamArray dst()) As Long   '求若干参数和的通用过程
    Dim i As Long
    NumSum = 0
    For i = LBound(dst) To UBound(dst)   '对数组 dst 的下标从下界循环到上界
        NumSum = NumSum + dst(i)
    Next i
End Function
```

在主调函数中，若用 s = NumSum(1, 2, 3)语句调用 NumSum 函数，则求出 1+2+3 的和；而用 s = NumSum(1, 2, 3, 4)语句调用，则求出 1+2+3+4 的和。如果求这样两个和式，则主调过程可以是如下代码：

```
Private Sub Command1_Click()
    Dim s1 As Long, s2 As Long
    s1 = NumSum(1, 2, 3)
    s2 = NumSum(1, 2, 3, 4)
    Print "第一次调用, 求 1 + 2 + 3="; s1
    Print "第二次调用, 求 1 + 2 + 3 + 4="; s2
End Sub
```

注意：
- 形式参数中可变参数必须用 ParamArray 关键字定义。
- 形式参数中可变参数必须是一个省略维说明的数组。
- 使用 ParamArray 定义的可变参数必须是参数列表中的最后一项（如果还有固定参数的话），并且只能是 Variant 型。

6.5 对象参数

Visual Basic 也允许把对象作为参数进行传送，这样的参数称为对象参数。对象参数有两类，即控件参数和窗体参数。

6.5.1 控件参数

例 6-9 控件参数的演示。本题窗体上有一个文本框控件和一个标签控件及两个命令按钮，程序运行时若单击按钮 1 则将文本框作为对象传入自定义过程的第一个参数 *t*，实现对文本框的移动；单击按钮 2 则将标签作为对象传入自定义过程的第一个参数 t，实现对标签的移动。自定义过程的其余两个参数 x 和 y 则分别表示对象在水平方向和垂直方向要移动的距离。

程序代码如下：

```
Sub MoveContol(t As Control, x As Single, y As Single)
                        '带控件参数的自定义过程，控件参数的类型关键字为 Control
    t.Move t.Left + x, t.Top + y
End Sub
Private Sub Command1_Click()'移动文本框
    Dim x As Single, y As Single
    x = 200 '文本框水平方向要移动的距离 x
    y = 400 '文本框垂直方向要移动的距离 y
    Call MoveContol(Text1, x, y)
End Sub
Private Sub Command2_Click()'移动标签
    Dim x As Single, y As Single
    x = -200  '标签水平方向要移动的距离 x
    y = -400  '标签垂直方向要移动的距离 y
    Call MoveContol(Label1, x, y)
End Sub
```

6.5.2 窗体参数

为了说明窗体参数的使用，这里介绍一个多窗体程序（关于多窗体的知识详见第 8 章）。

例 6-10 本例题程序有三个窗体，其中窗体 Form1 为启动窗体，在该窗体中编写了一个自定义通用过程 ShowForm(t1 As Form, c As String)，参数 t1 就是一个窗体参数，而参数 c 是一个普通的字符串类型参数。窗体 Form1 中还编写了两个事件过程 Command1_Click() 和 Command2_Click()，在两个事件过程中分别用 Form2 和 Form3（另外两个窗体的名字）作为参数，调用 ShowForm 过程，实现对不同窗体的显示。

程序如下：

```
Sub ShowForm(t1 As Form, c As String) '带窗体参数的自定义过程
    t1.Show : t1.Print c
End Sub
Private Sub Command1_Click() '显示窗体 2
    Call ShowForm(Form2, "欢迎进入窗体 2")
End Sub
Private Sub Command2_Click() '显示窗体 3
    Call ShowForm(Form3, "欢迎进入窗体 3")
End Sub
```

对象参数的形参类型小结：
- 若形式参数代表控件，则该形式参数的类型是 Control。
- 若形式参数代表窗体，则该形式参数的类型是 Form。

6.6　作用域和生存期

在一些优秀的开发工具中，都存在作用域和生存期的问题。本节就对 Visual Basic 的作用域和生存期进行详细介绍。

6.6.1　常量、变量及数组的作用域和生存期

无论对于常量、变量还是数组，它们都有一个起作用的作用范围，当超出这个范围时，它们就变得没有实际意义了，这个作用范围称为作用域。在这个作用域外的过程和函数不能对这些常量、变量或数组进行访问，这有利于设计出相对独立的程序块。但一个应用程序是由若干个部分所构成的，这些部分之间为了相互传递信息，也需要一些变量能够在各个部分之间甚至在整个应用程序中起到桥梁作用，这时就必须扩大它们的作用域。

另一方面，这些常量、变量或数组也都有一定寿命周期，即从为它们开辟内存空间到内存空间被取消的时间。正是由于寿命周期的作用，使得它们的生存期有所不同。

根据作用域的不同，可以将变量分为局部变量、窗体级（或模块级）变量、全局变量。

1．局部变量

局部变量的作用域为程序块，即各类过程的本过程体内。局部变量在过程体内部定义，可以用 Dim 关键字或 Static 关键字定义局部变量。

Dim 关键字定义的局部变量是动态局部变量，而 Static 关键字定义的局部变量是静态局部变量。

局部变量只能在过程体内部作为信息载体，而在过程体外部的其他过程中是无法对其进行访问的。

对于动态局部变量，说明如下：

- 动态局部变量的定义格式为 Dim XXX As YYY。这里 XXX 代表变量名，YYY 代表数据类型关键字。
- 当局部变量所在的过程未被调用时，这些局部变量是不存在的，即没有为它们开辟内存空间。
- 当局部变量所在的过程被调用时，才根据这些局部变量的类型，为它们开辟内存空间作为存储信息的载体。
- 当过程执行结束后，这些内存空间被自动收回，相应的变量内容也随之消失。

从以上说明可知，动态局部变量的生存期只是其所在程序块（过程）被执行的那段时间。在此期间以外，这些变量事实上是不存在的，因此在程序块以外的子过程或函数过程是不能对这些虚有的变量进行访问的。

对于静态局部变量，说明如下：

- 静态局部变量的定义格式：Static XXX As YYY。这里 XXX 代表变量名，YYY 代表数据类型关键字。
- 静态局部变量是局部变量的一种，因此它的作用域也只限于其所在的程序块（过程）内，但是静态局部变量的生存周期比动态局部变量要长。当程序块（过程）执行结束后，静态局部变量所占用的内存空间不会被回收，同时其中的内容也予以保存。

当程序块（过程）再次被调用时，静态局部变量的值保持为上次运行后已有的终值。

- 虽然当程序块（过程）执行结束后，静态局部变量所占用的内存空间仍然存在，但由于其是局部变量，其他过程同样不能访问它。
- 如果要使一个过程内的所有局部变量都成为静态变量，则只要在过程的第一行开头加 Static 关键字即可。形式如下：

```
Static 过程名([形参表]) [AS 类型]
```

可见，Static 的作用仅仅是延长了一个局部变量的生存期，而并没有扩大其作用域。

例 6-11 动态局部变量和静态局部变量的演示。
本程序由两个按钮单击事件过程 Commandi_Click()和
两个通用函数过程 Sum1()、Sum2() 组成。在
Command1_Click()过程中五次调用函数 Sum1()，而在
Command2_Click()过程中五次调用函数 Sum2()。根据
两个子过程的局部变量 s 的定义方式不同，体会结果的
不同。

图 6-3 动态变量和静态变量的区别

程序代码如下，而运行结果如图 6-3 所示。

```
Private Function sum1(i As Integer) As Integer
    Dim s  As Integer
     s = s + i
     sum1 = s
End Function
Private Sub Command1_Click()
    Dim i%, isum%
    Print "调用 Sum1 的结果是: "
    For i = 1 To 5
      isum = sum1(i)
      Print isum;
    Next i
    Print
End Sub
Private Function sum2(i As Integer) As Integer
    Static s As Integer
     s = s + i
     sum2 = s
End Function
Private Sub Command2_Click()
    Dim i%, isum%
    Print "调用 Sum2 的结果是: "
    For i = 1 To 5
      isum = sum2(i)
      Print isum;
    Next i
```

过程

```
     Print
End Sub
```

由于 sum1 中的 s 变量是动态局部变量，所以每次调用结束后其内存单元被取消，下次调用时重新分配内存单元。每次调用时 s 的初值都被初始化为 0，于是 s 的终值（也就是 sum1 的函数值）每次等于当前参数 i 的值。而 sum2 中的 s 变量是静态局部变量，所以每次调用结束后其内存单元被保留，下次调用时 s 的初值就是上次调用结束时已有的值，于是 s 的终值（也就是 sum1 的函数值）每次比前一次递增（递增的量等于当前参数 i 的值）。

2．窗体级变量

每一个 Visual Basic 工程是由若干个窗体和模块组成的，其中窗体主要用来作为将来程序运行时的用户界面，而模块中则定义有各种通用的程序块（子过程或函数过程）。

在每个窗体中，有若干为窗体服务的子过程或函数过程，有时还需要存在一些变量用来在窗体的过程之间传递信息，这些变量就是窗体级变量。窗体级变量可以被窗体内的所有过程访问。

窗体级变量的生存期与窗体的生存期一样，只要窗体不消失，窗体级变量也不会消失。定义窗体级变量的步骤如下：

（1）在窗体代码编辑窗口内，从窗口顶部左面的下拉表中选择"通用"，从右侧的下拉表中选择"声明"，如图 6-4 所示。

（2）在光标所在处，使用关键字 Dim 或 Private 定义变量，这样定义的变量就是窗体级变量（图 6-4 中所示的变量 A 和 B 就是窗体级变量），它们在该窗体的所有过程中均可使用。

3．模块级变量

模块级变量是能够被本模块中所有子过程或函数过程使用的变量。模块级变量的定义方法与窗体级变量类似，只是变量的定义位置是在模块的代码编辑窗口，而不是在窗体的代码编辑窗口。

定义模块级变量的步骤如下：

（1）为工程添加一个模块。选择"工程"|"添加模块"命令，在出现的对话框中选择"模块"项，单击"打开"按钮即可。这时会出现如图 6-5 所示的模块代码编辑窗口，可以在其中定义变量和自定义过程。

（2）在模块代码编辑窗口左上方下拉列表框中选择"通用"选项，从右侧的下拉列表框中选择"声明"选项，然后在光标所在处，使用关键字 Dim 或 Private 定义变量，这样定义的变量就是模块级变量（图 6-5 中所示的变量 W 和 T 就是模块级变量），它们在该模块的所有过程中均可使用。

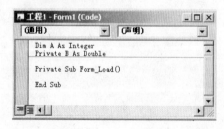
图 6-4　窗体级变量的定义

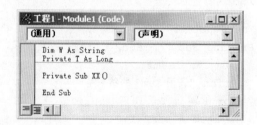
图 6-5　模块级变量的定义

4．全局变量

全局变量就是在整个工程的所有过程中均可使用的变量。在一个多窗体、多模块的应用程序中，全局变量为所有窗体、模块中的所有过程所共享。全局变量在应用程序运行过程中一直存在，始终不会消失，也就不会重新初始化为 0。只有在应用程序结束时，全局变量所占用的内存空间才会自动消失。

全局变量与窗体级或模块级变量的定义十分相似，只能在窗体或模块的"通用"|"声明"段进行定义，且使用的关键字是 Public。如 Public X As Single（定义单精度的全局变量 X）。

只是在窗体中定义的全局变量在被其他窗体或模块引用时，引用语句中对全局变量名要在前面加变量所属窗体的窗体名。如 Form1 中定义的变量 X（Public X As Single），在另一个窗体 Form2 或模块中要引用该变量（给它赋值 12），则应该这样写语句 Form1.X=12；又如在 Form2 中要把该变量的值赋给 Form2 中的变量 Z，则应该这样写语句 Z=Form1.X。

而在模块中定义的全局变量，在别的模块和窗体中引用时，则不需要加全局变量所属的模块名，也就是变量前面不需要有限定词。

5．同名不同级的变量引用规则

以上叙述了三种级别的变量。有时，在一个过程中定义的局部变量和窗体或模块级变量、全局变量同名，那么在该过程中实际引用的变量是该过程的局部变量，即若在不同级声明相同的变量名，系统按局部、窗体/模块、全局次序访问。如：

```
Public Temp As integer          '全局变量
Private Sub Form_Load()
    Dim Temp As Integer         '局部变量 Temp
    Temp=10                     '未加特别标志，访问的 Temp 为局部变量
    Form1.Temp=20               '访问全局变量 Temp 必须加窗体名
    Print Form1.Temp, Temp      '显示 20   10
End Sub
```

如果碰到几个不同级别的变量同名，系统实际引用的变量优先级是局部变量优先于窗体/模块级变量，窗体/模块级变量优先于全局变量。

6.6.2　过程和函数的作用域

在 Visual Basic 中，用户不用编写主程序，只需编写各类过程。其中的自定义过程也类似常量、变量和数组等，具有其作用范围，即有些过程只能被部分其他过程调用（即作用范围有限），而有的过程则可以被整个应用程序的所有过程调用（即作用范围为整个程序范围）。根据过程能被使用的范围，过程也分为窗体级、模块级和全局级三种类型。

1．窗体级

窗体级的过程的作用范围只限于本窗体，即只能被本窗体中的其他过程所调用。定义方法是在窗体代码窗口用 Private 关键字定义。形如：

```
Private Sub/Function XXX ([形参表]) [AS 类型]
```

2. 模块级

模块级的过程的作用范围只限于本模块，即只能被本模块中的其他过程所调用。定义方法是在模块代码窗口用 Private 关键字定义。形如：

```
Private Sub/Function XXX ([形参表]) [AS 类型]
```

3. 全局级

全局级的过程的作用范围为整个应用程序，即能被应用程序中所有其他过程所调用。定义方法是在窗体代码窗口或模块代码窗口中用 Public 关键字定义，或省略关键字（既不加 Private 也不加 Public，也默认为全局级）进行定义。形如：

```
[Public] Sub/Function XXX ([形参表]) [AS 类型]
```

窗体中定义的全局过程被其他地方的过程调用时，被调过程前面要加被调过程所属的窗体名（与窗体中定义的全局变量类似）。如在 Form2 中调用 Form1 中定义的 MySub（形参表）过程，语句应该这样写 Call Form1.MySub(实参表)。

而在模块中定义的全局过程被其他模块或过程调用时，主调语句中可以直接使用被调过程的名字，不需要在被调全局过程前加限定词。

6.7 常用算法举例

6.7.1 数制转换

例 6-12 将一个十进制正整数 m 转换成 r (r=2~16)进制字符串。

【分析】 这是一个数制转换问题，一个十进制正整数 m 转换成 r 进制数的思路是，将 m 不断除 r 取余数，直到商为零，以反序得到结果，即最后得到的余数要放在最高位。比如将十进制正整数 509 转换成 16 进制数，按照转换计算规则（见图 6-6），得到的结果应该是 1FD。

因此程序处理的原理就是图 6-6 所示的计算规则，注意所得的结果本来是数值，但程序中为了显示的方便性，把结果改用字符串类型显示。这里，在转换处理过程中三个关键变量是被除数 m、除数 r 和余数 mr，其中 r 的值对一个特定的转换来说是固定的，mr 的算法是 mr=m Mod r，而 m 的值是在不断变化的，上一次的整除商又作为下一次的被除数，用语句表达这种变化为 m = m \ r（新 m 等于旧 m 除以 r 所得的整数商）。程序界面如图 6-7 所示，程序代码如下：

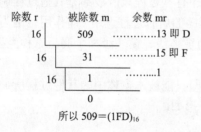

图 6-6 数制转换原理示意图

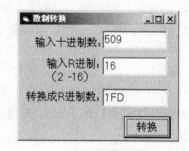

图 6-7 程序界面

```
Function TranDec$(ByVal m%, ByVal r%)
    Dim strBase As String * 16, StrDtoR$
    Dim imr(60) As Integer
    Dim iB%, i%
    strBase = "0123456789ABCDEF"
    i = 0
    Do While m <> 0
        imr(i) = m Mod r
        m = m \ r
        i = i + 1
    Loop
    StrDtoR = ""
    i = i - 1
    Do While i >= 0
        iB = imr(i)
        StrDtoR = StrDtoR + Mid$(strBase, iB + 1, 1)
        i = i - 1
    Loop
    TranDec = StrDtoR
End Function
Private Sub Command1_click()
    Dim m0%, r0%, i%
    m0 = Val(Text1.Text)
    r0 = Val(Text2.Text)
    If r0 < 2 Or r0 > 16 Then
        i = MsgBox("输入的 R 进制数超出范围", vbRetryCancel)
        If i = vbRetry Then
            Text2.Text = ""
            Text2.SetFocus
        Else
            End
        End If
    End If
    Text3.Text = TranDec(m0, r0)
End Sub
```

思考：若要将 r（r≠10）进制数转换成十进制数，如何实现？请读者尝试实现。

6.7.2 英文文本加密解密

文本加密就是对字符进行变换，方法很多，最简单的一种方法是对字母进行"移位变换"，即给定一个固定移位步长（如 5），然后将每个字母变换成字母表中向后推五个位置所得的字符（如果已到达字母表的最后位置则又返回开头递推）。如 A→F，a→f，B→G，b→g，…，Y→D，z→e。解密是加密的逆操作。

例 6-13 编写一个加密解密程序，实现如下功能，对所输入的一行字符串中所有英文字母采用"移位变换"法加密，其他字符不变，并实现相应的解密算法。

程序运行界面如图6-8所示，程序代码如下：

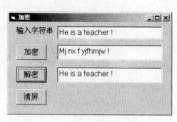

图 6-8　加密解密程序界面

```vb
Dim strInput$, Code$, Record$, c As String*1
Dim i%, length%, iAsc%

Private Sub cmdcls_Click()   '清屏
  txtCode.Text = ""
  txtRecode.Text = ""
  txtInput.Text = ""
End Sub

Private Sub cmdcode_Click()   '加密
  Dim i%, length%, iAsc%
  Dim strInput$, Code$, Record$, c As String*1
  strInput = txtInput.Text
  length = Len(RTrim(strInput))           '去掉字符串右边的空格,求真正的长度
  Code = ""
  For i = 1 To length
    c = Mid$(strInput, i, 1)              '取第 i 个字符
    Select Case c
      Case "A" To "Z"                     '大写字母加序数 5 加密
        iAsc = Asc(c) + 5
        If iAsc > Asc("Z") Then iAsc = iAsc - 26   '加密后字母超过 Z
        Code = Code + Chr$(iAsc)
      Case "a" To "z"
        iAsc = Asc(c) + 5                 '小写字母加序数 5 加密
        If iAsc > Asc("z") Then iAsc = iAsc - 26
        Code = Code + Chr$(iAsc)
      Case Else   '当第 i 个字符为其他字符时不加密,与加密字符串的前 i-1 个字符连接
        Code = Code + c
    End Select
  Next i
  txtCode.Text = Code                     '显示加密后的字符串
End Sub

Private Sub cmdrecode_Click()   '解密是加密的逆处理
  Code = txtCode.Text
  i = 1
  recode = ""
  length = Len(RTrim(Code))   '若还未加密,不能解密,出错
  If length = 0 Then J = MsgBox("先加密再解密", 48, "解密出错")
  Do While (i <= length)
    c = Mid$(Code, i, 1)
    If (c >= "A" And c <= "Z") Then
```

```
    iAsc = Asc(c) - 5
    If iAsc < Asc("A") Then iAsc = iAsc + 26
      recode = Left$(recode, i - 1) + Chr$(iAsc)
  ElseIf (c >= "a" And c <= "z") Then
    iAsc = Asc(c) - 5
    If iAsc < Asc("a") Then iAsc = iAsc + 26
    recode = Left$(recode, i - 1) + Chr$(iAsc)
  Else
    recode = Left$(recode, i - 1) + c
  End If
  i = i + 1
  Loop
  txtRecode.Text = recode
End Sub
```

6.7.3　单词查找与替换

例 6-14　对一给定的英文文本字符串,编一自定义函数查找统计某指定单词在该文本串中出现的次数;再编一自定义函数实现将文本中出现的上述单词全部替换成另一新单词。程序运行界面如图 6-9 所示。

【分析】　若给定的本字符串用 S 存放,指定要查找的某单词用 OldS 存放,要替换成的另一新单词用 NewS 存放;并设一个计数变量 n。本程序分查找统计和替换两个功能模块。

查找统计功能的实现:对 S 从头到尾进行扫描,每次扫描从当前字符位置起取一长度等于 OldS 单词长度的子串,用子串与 OldS 比较,若两者完全相同则计数变量 n 增加 1。查找统计模块用自定义函数实现如下:

图 6-9　单词查找与替换程序界面

```
Private Function Search(S As String, OldS As String) As Long
  '在 S 串中找子串 OldS
  Dim c As String, L As Long, L1 As Long, n As Long
  n = 0           '计数变量初始化
  L = Len(S)      '求文本串 S 的长度 (字符个数)
  L1= Len(OldS)   '求单词 OldS 的长度(字符个数)
  For i = 1 To L - L1+ 1
    c = Mid$(S, i, L1)     '取第 i 个子串
    If c = OldS Then  '第 i 个子串与要找的单词匹配
      n = n + 1  '找到的单词数增 1
    End If
  Next i
  Search = n
End Function
```

替换功能的实现思路:利用标准函数 InStr(S,OldS)在 S 中查找第一个 OldS 出现的位置,

然后将该位置起的 OldS 子串用 NewS 子串替代，替代一次后得到新的文本仍然用 S 变量存放。以后继续重复这种操作：在新 S 中找出现的第一个 OldS，找到后用 NewS 替代，……，直到新文本串 S 中已经没有 OldS 为止。

替换功能的自定义函数代码如下：

```
Private Function MyReplace(S As String, OldS As String, NewS As String) As
String
    Dim i As Integer, Lold As Long
    Lold = Len(OldS)                       '取 OldS 的长度
    i=InStr(S,OldS)                        '在 S 中找 OldS 出现的第一个位置 i
    Do While i>0                           '若 S 中能找到 OldS
      S=Left(S, i-1)+NewS+Mid(S,i+Lold)    '用 NewS 子串替换 OldS 子串后，得到新的 S
      i=InStr(S,OldS)                      '在新 S 中找下一个 OldS 出现的首位置 i
    Loop
    MyReplace = S
End Function
```

调用过程的代码如下：

```
Private Sub Command1_Click()               '查找统计
    Dim n As Long
    n = Search(Trim(Text1), Trim(Text2))
    MsgBox "共找到" + Text2 + Str(n) + "个"  '显示查找统计结果
End Sub
Private Sub Command2_Click()               '单词替换
    Dim S As String,OldS As String, NewS As String
    S=Trim(Text1)
    OldS=Trim(Text2)
    NewS=Trim(Text3)
    Text1 = MyReplace(S,OldS,NewS)
End Sub
```

上述程序对单词是区分大小写的，只有找到内容和大小写完全相同的单词，计数变量才增 1。请读者思考：如果要使程序不区分大小写（比如将 Book 和 book 都算相同单词），那么应如何修改？

6.7.4　数组反序

例 6-15　编写一个通用过程，该过程能将一个数组反序排列，然后在窗体单击事件过程中用一个具体数组作为实参调用该通用过程，检验通用过程是否正确。程序运行界面如图 6-10 所示。

【分析】　我们将该通用过程取名为 ArrayRev()。由于其形参是一个数组，而用整个数组作参数只能使用传地址方式，因此形参可设为 x()形式。在通用过程中形式上对一个抽象的数组 x()进行反序处理，反序的关键算法就是交换元素的值：第 1 个元素与第 n 个元素交换值（n 是元素总个数），第 2 个

图 6-10　数组反序程序界面

元素与第 n–1 个元素交换值，……，第 i 个元素与第(n–i+1)个元素交换值，……。两个相交换的数为一对，总共有几对要交换（应该是 n 除以 2 取整所得的数，即 n\2 对。比如 10 个元素要交换 5 对，而 11 个元素也是交换 5 对，即 n＝奇数时，必有一个中间元素的值可以不变动）？程序如下：

```
Private Sub ArrayRev(x() As String * 1)  '将数组 x()反序的通用过程
  Dim n As Long, i As Long
  Dim t                                   't 用于交换数组使用的中间变量，类型未知
  n = UBound(x) - LBound(x) + 1           '数组元素总个数
  For i = LBound(x) To n \ 2              '循环交换要交换的每一对数
    t = x(i)                              '第 i 个与第(n - i + 1)个交换值
    x(i) = x(n - i + 1)
    x(n - i + 1) = t
  Next i
End Sub


Private Sub Form_Click()
    Dim A(1 To 10) As String * 1
    Print : Print "原数组是: "
    For i = 1 To 10 '数组取前10个大写字母
        A(i) = Chr(i + 64)
        Print A(i); ",";
    Next i
    Print
    ArrayRev A()   '调用数组反序的通用过程 ArrayRev 将 A()反序
    Print "反序后的数组是: "
    For i = 1 To 10
        Print A(i); ",";
    Next i
End Sub
```

由于数组名作参数是引用传递，在子过程中形参数组 x()的值发生了交换变化，反过来使实参数组 A()的值也发生了交换变化。

习　题　6

一、选择题

1. 下列程序运行后输出的结果是【　　　】。

   A）A=1,B=1　　　　B）A=1,B=1　　　　C）A=1,B=1　　　　D）A=1,B=1
      A=1,B=1　　　　 A=2,B=3　　　　 A=1,B=3　　　　 A=2,B=1

```
Dim b
Private Sub Form_Click()
    a=1:b=1
```

```
    Print "A=";a;"B=";b
    Call multi(a)
    Print "A=";a;"B=";b
End Sub
Private Sub multi(x)
    x=2*x : b=3*b
End Sub
```

2．在通用过程中，要定义某一形参和它对应的实参采用传值方式结合，在形参前要加的关键字是【　　　】。

    A）Optional   B）ByVal   C）Missing   D）ParamArray

3．在通用过程中，要定义某参数为可变参数，在形参前要加的关键字是【　　　】。

    A）Optional   B）ByVal   C）Missing   D）ParamArray

4．下列程序运行后输出的结果是【　　　】。

    A）11   B）显示出错信息   C）13   D）22

```
Private Sub Form_Click()
    x=4:y=3
    y=cacl(y,x)
    Print y
End Sub
Public Static Function cacl(x,y)
    cacl = (x^2+Sqr(y))*2
End Function
```

5．在调用通用过程时，为了实现指名传送，在实际参数表中书写的形式应该是【　　　】。

    A）形式参数=实际参数   B）形式参数:=实际参数

    C）实际参数=形式参数   D）实际参数:=形式参数

6．下列程序运行后输出的结果是【　　　】。

    A）12　6   B）11　7   C）6　6   D）15　9

```
Private Sub p12(n)
    n=1+2*n
End Sub
Private Sub Form_Click()
    For j=5 To 3 Step -1
        p12 n
        m=m+n
    Next j
    Print m;n
End Sub
```

7．下列程序运行后从键盘输入的数是 20，则输出的结果是【　　　】。

    A）10   B）20   C）30   D）显示出错信息

```
Private Function count1(title)
    If title < 40 Then
        pay = title / 2
    Else
        pay = title * 2
    End If
    count1=pay
End Function
Private Sub Form_Click( )
    title = InputBox("请输入一个数")
    fee = count1(title)
    Print fee
End Sub
```

二、填空题

1. 本程序的功能是计算给定正整数序列中奇数之和 y 和偶数之和 x，最后输出 x 平方根与 y 平方根的乘积。请在画线处填上适当内容使程序完整。

```
Private Sub Command1_Click()
    A = Array(3,6,8,11,64,13,24,9,42,35,22)
    Y = 【1】
    Print Y
End Sub
Private Function f1(B)
    X = 0 : Y = 0
    For k=LBound(B) To UBound(B)
        If 【2】 Mod 2 = 0 Then
            X = 【3】
        Else
            Y = 【4】
        End If
    Next k
    f1 = Sqr(X) * Sqr(Y)
End Function
```

2. 本程序的功能是计算给定正整数的阶乘，请在画线处填上适当内容使程序完整。

```
Private Sub Command1_Click()
    Dim n As Integer
    n = InputBox("请输入一个正整数:")
    Print Fac(n)
End Sub
Private Function Fac (m) As Long
    Fac = 【1】
    For k = 2 To 【2】
        Fac = 【3】
```

```
        Next k
End Function
```

3．下列程序运行时要输出如下结果：

```
1
11  12
21  22  23
31  32  33  34
```

请在画线处填上适当内容使程序完整。

```
Private Sub Command1_Click()
    Call  【1】
End Sub
Private Sub Print4 ( )
    For j = 1 To 4
        For k =  【2】
            a =  【3】
            Print Tab((k-1)*5+1);a;
        Next k
        Print
    Next j
End Sub
```

4．在通用过程中，要定义某一形参为可选参数，在形参前要加的关键字是 【1】 ；要定义某一形参为可变参数，在形参前要加的关键字是 【2】 ；要定义某一形参为控件参数，形参的类型关键字是 【3】 ；要定义某一形参为窗体参数，形参的类型关键字是 【4】 。

5．在通用过程中，定义动态局部变量使用的关键字是 【1】 ，定义静态局部变量使用的关键字是 【2】 。要使过程中所有局部变量变成静态变量，可以在通用过程的第 【3】 行语句前加 【4】 关键字。要在窗体代码或模块代码中定义一个窗体级或模块级的过程，过程名前面应加 【5】 关键字；要在窗体代码或模块代码中定义一个全局级的过程，过程名前面应加 【6】 关键字或 【7】 。在 Form2 中给 Form1 中定义的全局变量 x 赋值 12，语句为 【8】 ；在 Form2 中给标准模块中定义的全局变量 y 赋值 12，语句为 【9】 。在 Form2 中调用 Form1 中定义的无参数全局 Sub 过程 MySub1()，用 Call 调用的语句为 【10】 ；在 Form2 中调用标准模块中定义的无参数全局 Sub 过程 MySub2()，不用 Call 调用的语句为 【11】 。在窗体或标准模块中定义的 Private 过程， 【12】 被其他窗体或模块调用。

第7章 菜单与对话框

本章要点

菜单是应用程序界面经常出现的对象，可以把多个程序功能集成在一个窗体界面中，通过增加菜单可以增强 Visual Basic 应用程序功能的条理性。本章介绍如何使用菜单编辑器给程序增加菜单，如何使用程序代码处理菜单选择，如何使用通用对话框对象显示各种标准对话框。

7.1 菜单编辑器

菜单编辑器是程序中设计和管理菜单的图形化工具。Visual Basic 6.0 通过菜单编辑器来进行菜单的设计，用菜单编辑器可以创建新的菜单和菜单栏、在已有的菜单上增加新命令、用自己的命令来替换已有的菜单命令，以及修改或删除已有的菜单和菜单栏。

7.1.1 菜单概述

如果应用程序为用户提供了一组命令，那么使用菜单可以提供一种方便的给命令分组的方法，并使用户容易访问这些命令。

通常，菜单栏出现在窗体的标题栏下面，并包含一个或多个菜单标题。当单击（如"文件"）这些菜单标题时，包含菜单项的列表就被拉下来。菜单项可以包括命令（如"新建"和"退出"）、分隔条、子菜单标题。每个菜单项就是一个控件，它与"菜单编辑器"中所定义的一个控件对应。

为了使程序提供的一组命令更加明了，可将菜单项按其功能分组。例如，图 7-1 中与文件有关的命令"新建"、"打开"、"另存为"等，都列入"文件"菜单。

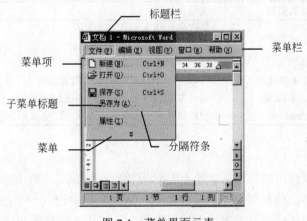

图 7-1 菜单界面元素

有些菜单项直接执行动作，如"文件"菜单中的"新建"菜单项，将会建立一个新文件；而另一些菜单项，如"另存为..."，单击它时会弹出一个对话框，要求用户提供执行动作所需的信息，这种菜单项的后面往往带有省略号（...）。

菜单控件是一个对象，与其他对象一样，具有外观和行为的属性，在设计或运行时可以设置 Caption、Enabled、Visible、Checked 等属性。菜单控件只包含一个事件，即 Click 事件，当用鼠标或键盘选中该菜单控件时，将调用该事件过程。

7.1.2 打开菜单编辑器

打开菜单编辑器的方法有三种：在 VB 集成开发环境的"工具"菜单中，选择"菜单编辑器"菜单项；从"工具栏"上单击"菜单编辑器"按钮；用鼠标选中窗体后，右击，在弹出的快捷菜单中选择"菜单编辑器"命令。弹出的菜单编辑器窗体如图 7-2 所示。

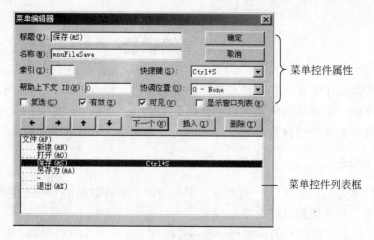

图 7-2 菜单编辑器

从菜单编辑器的界面可见，每个菜单控件的标题和名称下，都对应着该菜单项的属性，其名称和功能如表 7-1 所示。

表 7-1 菜单控件的主要属性

属性名	设置值类型	说明
Name	字符串	是代码中用来引用菜单控件的名字
Caption	文本	是出现在菜单控件上的文本
Index	整型	在创建菜单控件数组时作为索引（下标）
Checked	True & False	可以把一个复选项标志放置在菜单上
Enabled	True & False	使此菜单控件是否有效（取值 False 时，失效，颜色变灰）
Visible	Boolean	使此菜单控件是否可见，取值 False 时为隐藏

7.1.3 创建菜单

菜单控件列表框列出当前窗体的所有菜单控件。在标题文本框中输入一个菜单项的标题内容时，该项也会出现在菜单控件列表框中。从列表框中选取一个已存在的菜单控件，则关于此菜单控件的所有信息将出现在编辑窗口中，可以方便地编辑该控件的属性。

"插入"按钮用来在列表框的当前位置插入一个新的菜单控件；"删除"按钮用来删除列表当前位置的菜单控件；"下一个"按钮在添加一个菜单控件后，把菜单编辑器的指针移动到下一个位置，清空文本框，为输入新的菜单控件各属性做准备。上下箭头按钮实现在列表框中上下移动选中项，调整该控件的位置；左右箭头控件用来改变当前菜单控件的级别，使其处于适当的菜单打开层次。

例 7-1 在当前窗体中建立图 7-2 所示的菜单。

（1）打开"菜单编辑器"。

（2）在"标题"文本框中，添加"文件"为第一个菜单标题，菜单控件列表框中同时将显示"文件"文本。

（3）在"名称"文本框中，输入将用来在代码中引用该菜单控件的名字，菜单控件的名字必须是字符串，在本例中，以 MnuFile 作为该菜单控件的名称。

下面，添加"文件"菜单的菜单项：

（4）在菜单编辑器中添加 MnuFile 控件后，单击"下一个"按钮，则文本框清空，开始添加下一个菜单控件。

（5）在新菜单控件的标题和名称属性中分别添加"新建（&N）"和 MnuFileNew，则出现一个与 MnuFile 菜单控件级别相同的新菜单控件。

（6）在列表框中选择 MunFileNew 菜单控件，单击右移按钮，则该菜单控件在列表框中向右缩进一格，使该控件级别降低，成为 MnuFile 菜单控件的子菜单。

（7）重复前 3 个步骤，依次按表 7-2 添加图 7-2 中的其他菜单控件。

表 7-2　添加菜单控件内容

控件名称	控件标题	控件名称	控件标题
MnuFileOpen	打开（&O）	MnuFileDiv	-
MnuFileSave	保存（&S）	MnuFileExit	退出（&X）
MnuFileSaveAs	另存为（&A）		

MnuFileOpen、MnuFileSave 与 MnuFileExit 的功能类型不同，一般要用分隔线来区分。MnuFileDiv 为分隔线控件，它的标题为短划线"-"，在菜单中的形式为菜单中的一条三维直线，它不需要设置属性。

（8）在列表框中添加完成菜单控件后，单击"确定"按钮，则菜单被添加到窗体中。

7.2　菜单项的控制

7.2.1　有效性控制

在程序设计中，当程序运行处于特殊状态时，菜单中的某些菜单的功能将无法发挥作用或根本就不出现，此时应该把这些菜单设置成为失效菜单或不可见菜单，如图 7-3 所示。

失效菜单通常在菜单功能上只是暂时失效，例如当剪贴板中已经存放剪切内容后，则编辑菜单中的"剪切"选项将失效，这时不应该把"剪切"选项设置成不可见，而应该使其暂时变成灰色，因为经过"粘贴"操作后"剪切"选项就会重新生效。

使菜单控件不可见也产生使之无效的作用，因为该控件通过菜单、访问键或者快捷键都无法访问。如果初级菜单不可见，则该菜单上所有控件均无效。

设置失效菜单和不可见菜单的方法非常简单。设置菜单的生效或失效只要把 Enabled 属性设置为 True 或 False 即可，而设置菜单的可见与否是通过 Visible 属性来实现的。

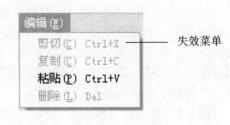

图 7-3　失效菜单

7.2.2　菜单项标记

复选菜单是由菜单控件的 Checked 属性决定的。当控件的 Checked 属性为 True 时，则菜单中对应选项前出现选中标志；否则，当 Checked 属性为 False 时，选中标志消失。通过复选菜单来标志菜单对应功能的打开和关闭状态。

在菜单编辑器中可以通过选中标题为"复选"的复选框来设置菜单的 Checked 属性初始值为 True。运行时要从一个菜单控件上增加或删除复选标志，可以从代码中设置它的 Checked 属性。例如：

```
Private Sub MnuEditCut_Click ()'通过单击菜单进行复选标记增加或删除的切换
      MnuEditCut.Checked = Not MnuEditCut.Checked'将 Checked 属性值取反
End Sub
```

7.2.3　键盘选择

定义访问键和快捷键可使用键盘对菜单进行访问。

1．访问键

访问键允许用 Alt 键+指定字符来打开一个菜单。一旦菜单打开，通过访问键可选取菜单控件。例如，在图 7-1 中，按下 Alt+F 键可打开"文件"菜单，再按 N 键选取"新建"菜单项。在菜单控件的标题中，访问键表现为一个带下划线的字母。

在菜单编辑器中给菜单控件设置访问键的步骤：

（1）选取要设置访问键的菜单项。

（2）在其"标题"文本框中，直接输入"&+访问键字符"，这样，"&"符号后的第一个字符将成为访问键。

注意：菜单中不能使用重复的访问键，如果多个菜单项使用同一个访问键，则该键将不起作用。

2．快捷键

快捷键按下时会立刻运行一个菜单项。可以为频繁使用的菜单项指定一个快捷键，它提供一种键盘单步访问方法，而不是 Alt 键+菜单标题访问键，再选择菜单项访问键的多步方法。快捷键包括功能键与控制键的组合，如 Ctrl+F1 键或 Ctrl+A 键。它们出现在菜单中相应菜单项的右边，图 7-1 中的 Ctrl+N 为"新建"菜单项的快捷键。

菜单项快捷键的设置步骤如下：

（1）打开"菜单编辑器"。

（2）选取菜单项。

（3）在"快捷键"组合框中选择功能键或者键的组合。

要删除快捷键，应选取列表框顶部的 None。

注意：快捷键将自动出现在菜单上，不需要在菜单编辑器的"标题"框中输入 Ctrl+Key。

通常对于菜单中最低级的菜单项控件，一般需要设定访问键和快捷键方式，使之能够进行简便操作。

例 7-2　对例 7-1 的"文件"菜单进行快捷键和访问键的设置。

（1）在菜单编辑器中，按表 7-3 所示修改每个菜单控件标题，输入"&"+相应字母作为访问键。

（2）按表 7-3 所示，在快捷键属性窗口选择菜单控件对应的快捷键。

注意：设置快捷键的作用是，无论父菜单是否打开，只要按下快捷键，则会启动该控件的鼠标单击事件过程。设置快捷键时，注意与其他应用软件快捷键的设置具有通用性，例如"剪切"的快捷键是 Ctrl+X。

修改对应菜单控件的访问键和快捷键属性后，单击"确定"按钮，就建立了如图 7-4 所示的"文件"菜单。

表 7-3　添加菜单控件内容

控件标题	快捷键
打开（&O）	Ctrl+O
保存（&S）	Ctrl+S
另存为（&A）	None
-	
退出（&X）	None

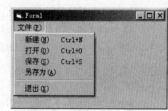

图 7-4　编辑后的文件菜单

7.3　菜单项的增减

在程序中，菜单项的增减是通过菜单控件数组来实现的。

菜单控件数组就是在同一菜单上共享相同名称和事件过程的菜单项目的集合。与 4.3 节介绍的控件数组一样，如果在运行时要创建一个新菜单项，它必须是窗体中现存的一个菜单数组中的成员，即必须先通过设置此菜单数组中一个元素的属性和事件处理过程，然后才能在程序运行中通过代码在菜单中添加新成员。

创建菜单控件数组是通过对名称、标题和索引属性的设置来完成的，其具体过程如下：

（1）打开菜单编辑器，输入一个菜单项。

（2）将该菜单项"索引"项属性设置为 0，然后加入名称相同、索引项相邻的菜单项。

例 7-3　创建一个"窗口"菜单，MnuWindows 菜单控件下包括了通常应用程序的菜单内容（层叠、平铺及当前打开的文件名），如表 7-4 所示。当没有文件打开时，MnuWindowsFile 菜单控件数组并不出现，如图 7-5（a）所示。随着打开文件的增多，菜单的选项可以增加。

表7-4 例7-3菜单控件内容

控件名称	控件标题	Visible 属性	控件名称	控件标题	Visible 属性
MnuWindows	窗口（&W）	True	MnuWindowsDivl	-	False
MnuWindowsTile	平铺（&T）	True	MnuWindowsFile	文件名	False
MnuWindowsCascade	层叠（&C）	True			

在声明代码窗口中添加如下代码：

```
Option Explicit
Dim FileNo As Integer    '记录打开文件数目
```

在窗体的代码窗口添加如下代码：

```
Private Sub Form_Load()
    FileNo = 0
End Sub
```

在"文件"菜单的"打开"菜单项下，对 Click 事件过程添加如下代码：

```
Private Sub MnuFileOpen_Click()
    Dim Result As Integer
    MnuWindowsDivl.Visible = True
    FileNo = FileNo + 1                '文件数目标志记录
    Load MnuWindowsFile(FileNo)        '在程序代码中创建新的菜单选项
    MnuWindowsFile(FileNo).Visible = True
    MnuWindowsFile(FileNo).Caption = "文件" & Str(FileNo)    '设置菜单属性
End Sub
```

运行程序，单击"文件"菜单及其下属"打开"菜单项，"打开"菜单项被单击二次后创建两个新文件，可以观察到"窗口"菜单打开后的情况如图 7-5（b）所示。

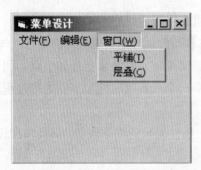
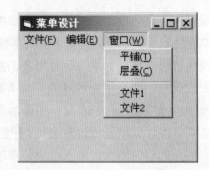

（a）打开文件前菜单　　　　　　（b）"打开文件"创建的新菜单

图 7-5　在"窗口"中增减菜单项

7.4 弹出式菜单

弹出式菜单是独立于菜单栏而显示在窗体上的浮动菜单。在弹出式菜单上显示的项目取决于按下鼠标右键时指针所处的位置，因此，弹出式菜单也被称为上下文菜单。

与一般菜单的设计相似，弹出式菜单通过"菜单编辑器"建立。不同的是将被弹出菜单组的父菜单的 Visible 属性设置为 False，或者在"菜单编辑器"中不选中"可见"复选框且该父菜单的标题内容为空。

为了显示弹出式菜单，可使用 PopupMenu 方法，其语法形式为：

```
[object.]PopupMenu menuname [,flags[,x[,y[,boldcommand]]]]
```

其中，object 为当前的对象名称，menuname 可以有多组，为弹出菜单中父菜单选项的名称。x 和 y 指定弹出菜单显示的位置坐标，如果该参数省略，则使用鼠标的坐标。其他参数的含义和设置如表 7-5 所示。

表 7-5　PopupMenu 方法参数控制

参数	具体参数设置	说明
flags（位置参数）	vbPopupMenuLeftAlign	弹出式菜单的左边界定位于 x（默认）
	vbPopupMenuCenterAlign	弹出式菜单的上边中点定位于 x
	vbPopupMenuRightAlign	弹出式菜单的右边界定位于 x
flags（行为参数）	vbPopupMenuLeftButton	只能用鼠标左键触发弹出菜单（默认）
	vbPopupMenuRightButton	能用鼠标左键和右键触发弹出菜单
boldcommand	某子菜单名	指定相应子菜单以粗体显示

位置参数和行为参数可以并存，方法是通过 or 来连接，例如：

```
PopupMenu MnuHelp, vbPopupMenuCenterAlign or vbPopupMenuRightButton
```

含义是弹出名为 MnuHelp 的菜单，弹出菜单的上边中点定位于鼠标按下点，且能用鼠标左键和右键触发弹出菜单项的事件。

注意：在程序设计中，每次只能有一个弹出式菜单存在。在已显示一个弹出式菜单的情况下，对后面的 PopupMenu 方法调用将不做出任何反应。

例 7-4　在例 7-3 的基础上设计一个弹出式菜单，当右击窗体时弹出。

在"菜单编辑器"的其他菜单的后面增加表 7-6 的菜单控件并设置相应的属性。

表 7-6　例 7-4 弹出菜单控件的内容

控件名称	控件标题	Visible 属性
MnuPopEdit	空（父菜单不填）	False
MnuPopEditCut	剪切（&T）	True
MnuPopEditCopy	复制（&C）	True
MnuPopEditPaste	粘贴（&P）	True

以下的代码在窗体中右击时，显示 MnuPopEdit 菜单，可用 MouseUp 或者 MouseDown 事件来检测何时右击（标准用法是使用 MouseUp 事件）。

```
Private Sub Form_MouseUp(Button As Integer, Shift As Integer, X As Single,
Y As Single)
    ' 松开鼠标键时弹出菜单
    If Button = 2 Then                      '判断右键触发
        Form1.PopupMenu MnuPopEdit          '弹出菜单
    End If
End Sub
```

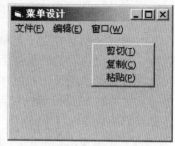

图 7-6　弹出式菜单

程序中，Button=2 表示按下鼠标右键。运行程序时，在窗体中右击，则弹出快捷菜单 MnuPopEdit，如图 7-6 所示。其中 MnuPopEdit 是父菜单名称，被显示的是它下面的子菜单。

7.5　通用对话框

Visual Basic 提供了一种 ActiveX 控件 CommonDialog，即通用对话框，使用户可以在应用程序中通过该控件创建标准的 Windows 对话框界面。比如创建打开文件、保存文件对话框，设置字体、颜色以及打印机的对话框等。

因为通用对话框是 ActiveX 控件，在建立新的工程后，工具箱中通常不出现通用对话框控件的图标，要使用此控件必须先添加控件到工具箱中。添加的方法是，在 Visual Basic 开发环境中选择“工程”|“部件”命令，在弹出的对话框中选择 Microsoft Common Dialog 6.0，单击“确定”按钮，将通用对话框控件加载到工具箱中。在工具箱中，其图标为 。然后，与标准控件的使用方法一样，可以在窗体界面添加该控件。

设计时，通用对话框在窗体上显示成一个图标，其大小不能改变而在程序运行时它不可见。控件加载后，打开其属性窗口或单击 F4 键，则弹出属性页。属性页包括“打开/另存为”、“颜色”、“字体”、“打印”和“帮助”五组选项。可以根据提示在属性页中直接进行属性设置，也可通过 Action 属性或 Show 方法的使用，使通用对话框设置成不同的具体对话框。Action 属性或 Show 方法的使用格式如下。

（1）Action 属性

返回或设置被显示的对话框的类型，语法为：

```
CommonDialogName.Action[=Value]
```

其中，CommonDialogName 为通用对话框控件的名字；Value 值可以取 1～6 的整数，其含义如表 7-7 所示。

表 7-7　Action 属性和 ShowX 方法

Action 属性	ShowX 方法	说明
1	ShowOpen	显示“打开”对话框
2	ShowSave	显示“另存为”对话框
3	ShowColor	显示“颜色”对话框
4	ShowFont	显示“字体”对话框
5	ShowPrinter	显示“打印”对话框
6	ShowHelp	显示“帮助”对话框

（2）ShowX 方法

设置被显示的对话框的类型，语法为：

```
CommonDialogName.ShowX
```

其中，CommonDialogName 为通用对话框控件的名字。ShowX 方法有六种方法，其方法名和含义也在表 7-7 中进行了说明。

（3）CancelError 属性

通用对话框内有一个"取消"按钮，用于向应用程序表示用户想取消当前操作。当用户选取"取消"按钮时，CancelError 属性决定是否产生错误信息。若 CancelError 属性值设为 True，则无论何时选取"取消"按钮，均产生 32755(cdlCancel)号错误，即通用对话框自动将错误对象 Err 的 Number 属性设置为 32755；若 CancelError 属性值设为 False，则单击"取消"按钮时不产生错误信息。

7.5.1　文件对话框

文件对话框具有两种模式 Open 和 Save（Save As），其中 Open 模式可以使用户指定打开的文件，Save 模式可以使用户保存文件。在 Open/Save（Save As）对话框中，均可用来指定驱动器、目录（文件夹）、文件名和扩展名。除对话框的标题不同外，"另存为"对话框外观上与"打开"对话框相似。如图 7-7 所示，其基本组件包括：

- Drive/Folder 列表，此列表表示了当前文件夹。
- File/Folder 选择，当前文件夹中的文件项。
- File Name 文本框，在文本框中输入或选择所需的文件。
- File Type 列表框，选择显示的文件类型。
- 命令按钮，可以使用户改变文件夹的级别、切换显示模式和创建新文件夹。

File 对话框具有以下重要属性：

（1）Action 属性：取值为 1 或 2。返回或设置被显示的对话框分别为"打开"文件或"保存文件"的对话框类型。

（2）DefaultExt：为该对话框返回或设置默认的文件扩展名。

（3）DialogTitle：返回或设置该对话框标题栏字符串。

（4）Filter：返回或设置在对话框的类型列表框中所显示的过滤器。语法：

```
Object.Filter[=description1|filter|Description2|Filter2...]
```

其中，description 为描述文件类型的字符串表达式；filter 为指定文件扩展名的字符串表达式，若含有多个扩展名，则扩展名之间以"；"隔开。

在使用过滤器时，Filter 与 description 的值用"|"隔开，且可以指定多个 descdption|Filter 对，对与对之间也必须用"|"隔开。

例如，通过过滤器选择文本文件或含有位图和图标的图形文件：

```
GetFile.Filter="Text(*.txt)|*.txt; *.doc|Pictures(*.bmp;*.ico)|*.bmp; *.ico"
```

（5）Flags：为"打开"和"另存为"对话框返回或设置有关对话框外观的选项。需要的值存储在以 cdlOFN 开头的常量中。

（6）InitDir：该属性用于为 Save 或 Save As 对话框指定初始目录，默认值为当前目录。

（7）FilterIndex：当使用 Filter 属性为"打开"或"另存为"对话框指定过滤器时，该属性返回或设置对话框中一个默认的过滤器。对于所定义的第一个过滤器，其索引是 1。

对话框在默认的状态下只能读取一个文件名，但可通过设置 Flags 属性达到获取一组文件名的目的。

（8）FileName：返回或设置所选文件的路径和文件名。

（9）FileTitle：返回要打开或保存文件的名称（没有路径）。

例 7-5   在命令按钮 Command1 单击事件的程序代码中使通用对话框 CommonDialog1 变成文件"打开"对话框，使它可以选取一组图片文件名，并将选定的文件名显示于文本框 Text1 中。

```
Private Sub Command1_Click() '"文件" 对话框
    CommonDialog1.CancelError = True '当用户选择"取消"时产生错误信息
    Text1.Text = "请选择文件名 "
    On Error GoTo 111
    CommonDialog1.Filter = "图片文件[*.BMP]|*.BMP"      '设置文件过滤器
    CommonDialog1.FileName = ""    '初始化文件名
    CommonDialog1.DialogTitle = "请选择图片文件名"
    CommonDialog1.Flags = cdlOFNAllowMultiselect '指定文件名列表框允许多种选择
    CommonDialog1.Action = 1 '显示"打开"文件对话框
    GetMultiFileName = CommonDialog1. FileName
    Text1.Text = "你选择的文件是: " + GetMultiFileName
111:
    If Err.Number = 32755 Then
        Text1.Text = "你取消了操作"
        Exit Sub
    End If
End Sub
```

程序中，Command1 为"打开文件"命令按钮，CommonDialog1 为通用对话框的名字。当单击"打开文件"按钮时，将会弹出 Open 对话框，选择两个文件后，在"文件名"文本框中出现选定的两个文件名，如图 7-7 所示。单击"确定"按钮，将在文本框中显示"你选择的文件是:"和所选的文件名。

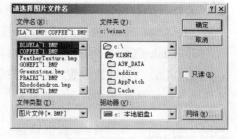

图 7-7   Open 对话框

7.5.2   颜色对话框

当用户在调色板中选择用于窗体或控件的前景色或背景色的颜色，或者自己创建颜色时，需要使用 Color 对话框。

为了显示 Color 对话框，必须首先设置 Color 对话框的 Flags 属性为 cdlCCRGBInit，这样，可以使用 ShowColor 方法显示颜色对话框，然后用控件的 Color 属性返回选定的 RGB 颜色值。

例如，CommonDialog2 为颜色对话框，Command2 为"颜色"命令按钮。将通用对话框设置成颜色对话框（Color 对话框），然后用 Color 对话框改变窗体的背景色，可使用如下代码实现：

```
Private Sub Command2_Click() '"颜色"对话框
    CommonDialog2.CancelError = True '当用户选择"取消"时产生错误信息
    Text1.Text = " 请选择窗体背景色 "
    On Error GoTo 111
    CommonDialog2.Flags = vbCCRGBInit '设置对话框的初始颜色值
    CommonDialog2.ShowColor   '显示"颜色"对话框
    Form1.BackColor = CommonDialog2.Color
111:
    If Err.Number = 32755 Then
        Text1.Text = "你取消了操作"
        Exit Sub
    End If
End Sub
```

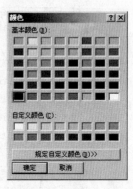

单击"颜色"按钮后，弹出颜色对话框时，将生成如图 7-8 所示的 Color 对话框，在其中选择颜色并单击"确认"按钮后，窗体的背景色将会改变成相应的颜色。

图 7-8　Color 对话框

7.5.3　字体对话框

Font 对话框可以让用户选择字体，并设置相应的字体大小、颜色、样式等属性。使用通用对话框的 ShowFont 方法可显示"字体"对话框。当使用"字体"对话框时，必须首先设置对话框的 Flags 属性，然后才能使用 ShowFont 方法显示对话框。

Flags 属性值可以设置为下面前三种值之一，或前三种值之一加上第四种值：

- 1（cdlCFScreenFonts）：使用屏幕字体。
- 2（cdlCFPrinterFonts）：使用打印机字体。
- 3（cdlCFBoth）：使用屏幕和打印机两种字体。
- 256（cdlCFEffects）：加上此值可使字体对话框增加颜色、删除线及下划线设置功能。

一旦在"字体"对话框中做出了选择，表 7-8 所示属性与该选择有关。

表 7-8　与 Flags 属性相关的属性设置

属性名	描述	属性名	描述
Color	选择的字体颜色。只有 Flags 属性值包含 cdlCFEffects，才能设置颜色	FontUnderline	选择的字体是否带有下划线
		FontStrikethru	选择的字体是否带有删除线
FontBold	选择的字体是否为粗体	FontName	选择的字体名称
FontItalic	选择的字体是否斜粗体	FontSize	选择的字体大小

至此，可以使用 ShowFont 方法显示字体对话框。

菜单与对话框

例如，CommonDialog3 是一个字体对话框，Text1 是一个文本框，Command3 为"字体"命令按钮，当单击"字体"按钮后，弹出如图 7-9 所示的 Font 对话框，在其中选择一种字体后，将在文本框中设置相应的字体特性，代码如下：

```
Private Sub Command3_Click()   '"字体"对话框
    CommonDialog3.CancelError = True '当用户选择"取消"时产生错误信息
    Text1.Text = "请选择文本框字体格式"
    On Error GoTo 111
    CommonDialog3.Flags = cdlCFScreenFonts
    CommonDialog3.ShowFont
    If CommonDialog3.FontName <> "" Then '若选择了字体名称
        Text1.FontName = CommonDialog3.FontName
    End If
    Text1.FontSize = CommonDialog3.FontSize
    Text1.FontBold = CommonDialog3.FontBold
    Text1.FontItalic = CommonDialog3.FontItalic
    Text1.FontUnderline = CommonDialog3.FontUnderline
    Text1.FontStrikethru = CommonDialog3.FontStrikethru
111:
    If Err.Number = 32755 Then
        Text1.Text = "你取消了操作"
        Exit Sub
    End If
End Sub
```

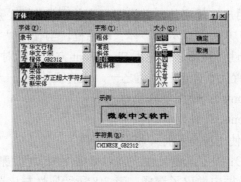

图 7-9　Font 对话框

7.5.4　打印对话框

Print 对话框可以使用户为打印输出选择打印机，并可设置打印进程的选项。包括这些选项的属性如下：

- Copys：设置或返回用户需要的打印拷贝数。
- FromPage：打印起始页。
- ToPage：打印终止页。
- PrinterDefault：返回或设置一个选项，确定在"打印"对话框中的选择是否用于改变系统默认的打印机设置。当设置为 True 时，用户可以通过单击 Setup 按钮来改变 Win.ini 文件。

注意：以上的属性设置仅仅提供了一些信息，Print 对话框并不能自动建立所需的打印输出，这需要程序来完成。

同其他对话框一样，当使用 Print 对话框时，首先设置 Flags 属性，通过此项，用户可以使用屏蔽技术来设置对话框的选项。

例如，CommonDialog4 是一个 Printer 对话框，Command4 为"打印"按钮，单击"打印"按钮后，弹出图 7-10 所示的打印对话框。代码如下：

```
Private Sub Command4_Click() '"打印"对话框
    CommonDialog4.CancelError = True '当用户选择"取消"时产生错误信息
    Text1.Text = " 请选择打印属性 "
    On Error GoTo 111
    CommonDialog4.Flags = cdlPDdAllPages Or cdlPDNoSelection
    '设置全部页选项按钮的状态并使选择选项按钮无效
    CommonDialog4.ShowPrinter
111:
    If Err.Number = 32755 Then
        Text1.Text = "你取消了操作"
        Exit Sub
    End If
End Sub
```

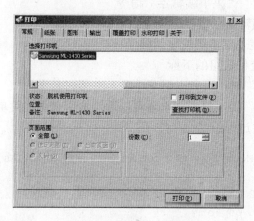

图 7-10　Printer 对话框

习　题　7

一、选择题

1. 在使用菜单编辑器创建菜单时，可在菜单标题中某字母前插入【　　】符号，就能在运行程序时按 Alt 键和该字母键打开该命令菜单。

菜单与对话框

A）下划线   B）&   C）$ D）@

2. Visual Basic 通过菜单编辑器来设置一个应用程序的菜单（如图 7-11 所示），若要求在程序运行过程中选中菜单的"清除"命令时，在该命令前有标记，则应该在菜单编辑器中【   】。

图 7-11　习题 7 选择题 2

A）选中"复选"复选框   B）不选中"复选"复选框
C）选中"有效"复选框   D）不选中"有效"复选框

3. 下列【   】不能启动菜单编辑器。
A）按 Ctrl+E 组合键
B）按 Shift+Alt+M 组合键
C）选择快捷菜单中的"菜单编辑器"命令
D）选择"工具" | "菜单编辑器"命令

4. 以下关于菜单编辑器，错误的是【   】。
A）"索引"确定了菜单项的显示顺序
B）"索引"是控件数组的下标
C）使用"索引"时，可有一组菜单项具有相同名称
D）使用"索引"后，单击菜单项可以通过索引来引用菜单项

5. 假定有如下事件过程：

```
Private Sub Form_MouseDown(Button As Integer, Shift As Integer, X As Single,
Y As Single)
    If Button = 2 Then
        PopupMenu popForm
    End If
End Sub
```

则以下描述中错误的是【   】。
A）该过程的功能是弹出一个菜单
B）popForm 是在菜单编辑器中定义的弹出式菜单的名称
C）参数 X、Y 指明鼠标的当前位置
D）Button = 2 表示按下的是鼠标左键

6. 在窗体上画一个名称为 CommonDialog1 的通用对话框，一个名称为 Command1 的命令按钮。要求单击命令按钮时，打开一个保存文件的通用对话框。该窗口的标题为 Save，默认文件名为 SaveFile，在"文件类型"栏中显示*.txt。则能够满足上述要求的程序代码段是【　　】。

A）

```
Private Sub Command1_Click()
    CommonDialog1.FileName = "SaveFile"
    CommonDialog1.Filter = "All Files|*.*|(*.txt)|*.txt|(*.doc)|*.doc"
    CommonDialog1.FilterIndex = 2
    CommonDialog1.DialogTitle = "Save" : CommonDialog1.Action = 2
End Sub
```

B）

```
Private Sub Command1_Click()
    CommonDialog1.FileName = "SaveFile" : CommonDialog1.FilterIndex = 1
    CommonDialog1.Filter = "All Files|*.*|(*.txt)|*.txt|(*.doc)*.doc"
    CommonDialog1.DialogTitle = "Save" : CommonDialog1.Action = 2
End Sub
```

C）

```
Private Sub Command1_Click()
    CommonDialog1.FileName = "Save"
    CommonDialog1.Filter = "All Files|*.*|(*.txt)|*.txt|(*.doc)|*.doc"
    CommonDialog1.FilterIndex = 2
    CommonDialog1.DialogTitle = "SaveFile" : CommonDialog1.Action = 2
End Sub
```

D）

```
Private Sub Command1_Click()
    CommonDialog1.FileName = "SaveFile" : CommonDialog1.FilterIndex = 1
    CommonDialog1.Filter = "All Files|*.*|(*.txt)|*.txt|(*.doc)|*.doc"
    CommonDialog1.DialogTitle = "Save" : CommonDialog1.Action = 1
End Sub
```

7. 假定有一个菜单项，名为 MenuItem，为了在运行时使该菜单项失效（变灰），应使用的语句为【　　】。

　　A）MenuItem.Enabled=False　　　　　　B）MenuItem.Enabled=True
　　C）MenuItem.Visible=True　　　　　　　D）MenuItem.Visible=False

二、填空题

1. 如果要将某个菜单项设计为分隔线，则该菜单项的标题应设置为_____。
2. 下列程序是两个命令按钮的数组共享单击事件过程代码。单击第一个按钮可以显示文件"打开"对话框，并单击"打开"按钮后在 Label2 和 Label3 中分别显示用户所选择带路径的文件全名和不带路径的文件名；而单击第二个按钮可以显示文件"另存为"对话框，并且单击"保存"按钮后在 Label5 和 Label6 中分别显示用户所选择的带路径文件全名和文件名（不带路径）。两种对话框出现的默认初始目录都是 C:\WINNT 目录。请填空。

```
Private Sub Command1_Click(Index As Integer) '利用通用对话框显示文件对话框
    CommonDialog1.    【1】    = "C:\WINNT" '通用对话框的名称 CommonDialog1
    CommonDialog1.Filter = "Word文档(Doc)|*.Doc|纯文本(TXT)|*.txt|所有文件
    |*.*"
    If Index = 0 Then
        CommonDialog1.Action =    【2】
        Label2.Caption =    【3】    : Label3.Caption =    【4】
    Else
        CommonDialog1.Action =    【5】
        Label5.Caption =    【6】    : Label6.Caption =    【7】
    End If
End Sub
```

3．下列程序代码是窗体"格式"菜单下的"粗体"菜单项被选择时的响应动作。如果该菜单前面当前无选中符号"√"，则选择"粗体"菜单项时出现"√"符号，同时文本框 Text1 中的字体变粗；如果该菜单项当前已有选中符号"√"，则选择"粗体"菜单项时"√"符号将消失，同时文本框 Text1 中的字体变为非粗体。为实现此功能，请填上所缺语句。

```
Private Sub FormatBold_Click() '"粗体"菜单项的选择事件过程
    If    【1】    Then
        【2】    = True : Text1.FontBold = True
    Else
        FormatBold.Checked =    【3】    : Text1.FontBold =    【4】
    End If
End Sub
```

第8章 多重窗体与环境应用

本章要点

通常，对于功能较复杂、与用户交互频繁的应用程序，如果将所有的功能都分布在一个窗体中，设计出来的界面既单调也不符合友好原则。这时最好采用多重窗体设计程序，以增强程序界面的专业性和友好性。本章主要介绍应用程序多重窗体的设计与实现、实现过程中常用的方法、Visual Basic 工程结构、闲置循环与 Do Events 语句。

8.1　建立多重窗体应用程序

在较复杂的实际应用中，Visual Basic 工程大多以多重窗体的形式存在。如何建立一个多重窗体应用程序呢？既然是多重窗体应用程序，那么，首先应该在工程中添加多个与用户交互的窗体，然后再设计这多个窗体之间的调用关系，以及窗体的加载、卸载、删除等操作，当然还包括各个窗体自身的功能实现。

8.1.1　多重窗体的添加

建立多重窗体应用程序像建立单窗体应用程序一样，首先应新建一个工程，然后设计第一个窗体。不同的是，在建好第一个窗体后可以根据需要继续向这个工程中添加其他窗体。对于 Visual Basic 而言，一个窗体就是一个具有独立功能的窗体文件（.frm），具有多重窗体的应用程序就包含了多个这样的窗体文件。向一个工程中添加窗体，既可添加一个新窗体，也可以添加一个已经建好存在的窗体。添加窗体的方法有几种：

- 选择"工程"|"添加窗体"命令，如图 8-1 所示。
- 直接单击工具栏的"添加窗体"按钮。
- 单击工具栏的"添加窗体"按钮旁边的下拉菜单箭头，在出现的菜单中选择"添加窗体"命令，如图 8-2 所示。

图 8-1　通过菜单添加窗体

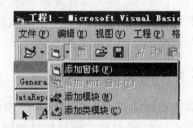

图 8-2　通过工具栏添加窗体

- 工程资源管理器中，右击，弹出快捷菜单，选择"添加"|"添加窗体"命令，如

图 8-3 所示。

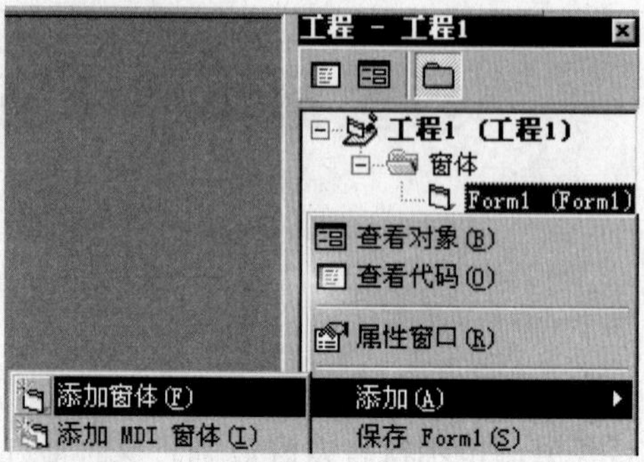

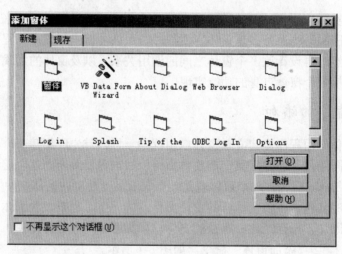

图 8-3　通过工程资源管理器添加窗体

　　任选这四种方法中的一种操作，在出现的"添加窗体"对话框中，选择"新建"选项卡中的"窗体"，单击"打开"按钮可以新建一个窗体，或者选择"现存"选项卡浏览并加载其他已经存在的窗体，如图 8-4 所示。

图 8-4　添加窗体

　　如果选择添加现存窗体，当出现多个窗体的名称相同而提示不能加载时，可以改变窗体的名称再添加。添加现存窗体实际是在工程中包含对该文件的引用，多个工程共享窗体，对该窗体的修改将导致其他工程中该窗体的变化，可以通过"另存为"命令以不同的文件名保存该窗体文件以取消共享。

8.1.2　多重窗体的设计

　　多重窗体应用程序中包含多个窗体，在各窗体之间存在着出现的先后顺序和调用的关系。在如图 8-5 所示的学籍管理系统登录窗体中，输入用户名和口令，单击"确定"按钮，如果用户名和口令均正确，将显示图 8-6 所示的学籍管理系统主窗体，同时卸载登录窗体。

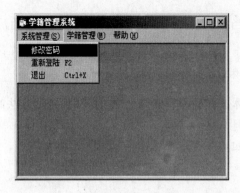

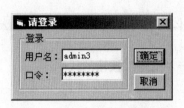

图 8-5　登录窗体　　　　　　　　　图 8-6　学籍管理系统主窗体

主窗体包括"系统管理"、"学籍管理"、"帮助"等菜单，在各菜单中又包含各子菜单项。在主窗体中，单击各个子菜单项时将弹出相应窗体来。如单击"修改密码"菜单项，将弹出修改密码窗体，如图 8-7 所示。

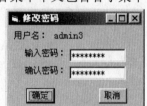

那么，多窗体应用程序应如何设计呢？一般说来，多重窗体的设计可以按照以下步骤进行：

（1）分析应用程序要求，划分功能模块。

（2）分别创建各模块及其包含的各个窗体。

图 8-7　修改密码窗体

（3）建立窗体之间的调用关系。

（4）选择"工程"|"属性"命令，在"启动对象"中选择系统运行时首先执行的对象。

（5）运行应用程序。

每个窗体的设计方法同单窗体应用程序一样，但在多窗体应用程序代码编制过程中，由于多个窗体的存在，必然涉及各个窗体的载入、窗体的删除、窗体的显示、窗体的隐藏等操作，Visual Basic 中对应这些操作提供了 Load 和 Unload 语句、Show 和 Hide 方法。下面分别介绍它们的语法格式。

```
Load <窗体名称>
```

装入窗体到内存，但并不显示该窗体。使用 Load 语句启动应用程序，会发生 Form_Load 事件，如果有需要，可以将一些初始设置放在其中。

```
Unload <窗体名称>
```

从内存中卸载窗体。只移走窗体的可视部分，而不包括窗体的命令和程序，和该窗体模块相关联的代码还保持在内存中。在卸载窗体前，会发生 Query_Unload 事件过程，然后是 Form_Unload 事件过程，如果有必要，可以在这些过程中加入提示是否真的结束或保存数据等。

```
[窗体名称].Show [模式]
```

显示一个窗体。如果指定的窗体在此之前已由 Load 装载，则显示之；如果调用 Show 方法时指定的窗体没有装载，Visual Basic 将自动装载并显示该窗体。模式可取值 0（默认值）或 1。当模式为 0 即显示无模式窗体时，随后的代码继续执行，比如可以显示其他的

窗体。当模式为 1 即显示模式窗体时，则随后的代码直到该窗体被隐藏或卸载时才能
执行。

```
[窗体名称].Hide
```

隐藏窗体，但并没有删除。如果调用 Hide 方法时窗体还没有加载，那么 Hide 方法将加载
该窗体但不显示它。

例如，在登录窗体中，输入用户名和口令，单击"确定"按钮的代码：

```
Private Sub CmdOk_Click()
    ...                                  '声明变量
    ...                                  '校验用户名和口令
    If 用户名或密码错误 Then
        MsgBox "无此用户或密码错误，请重新输入! ", VbCritical, "错误"
    Else
        FrmMain.Show                     '载入主窗体
        Unload Me                        '从内存删除登录窗体
    End If
End Sub
```

在学籍管理系统主窗体中，单击"修改密码"菜单项显示修改密码窗体的代码：

```
Private Sub mnuChangePsw_Click()         '单击"修改密码"菜单项
    frmChangePsw.Show                    '显示修改密码窗体
End Sub
```

在"修改密码"窗体中，单击"取消"按钮的代码：

```
Private Sub CmdCancel_Click()
    Unload Me                            '从内存删除修改密码窗体
End Sub
```

8.1.3 多文档界面

通常，在我们使用文档编辑软件如 WPS、Word 进行文档编辑时，可以同时打开多个
文档窗口，可以在不同文档窗口之间进行切换和编辑。相对于多文档界面而言，还有一种
单文档界面（SDI），如 Windows 附件中的记事本应用程序就是 SDI 界面的一个典型例子。
在记事本中，每次只能打开一个文档，当要打开另一个文档时，必须先关上已打开的那个
文档。所以多文档界面（MDI，Multi-Document Interface）是指在一个父窗体下面可以同时
打开多个子窗体，可以在"窗口"菜单中切换当前活动窗口的用户环境。

1. 创建和设计 MDI 窗体及其子窗体

新建一个 Visual Basic 工程，选择"工程"|"添加 MDI 窗体"命令，弹出"添加 MDI
窗体"对话框，如图 8-8 所示。在对话框中选择新建"MDI 窗体"图标，单击"打开"按
钮，即可在工程中添加一个 MDI 窗体。注意，一个应用程序只能定义一个 MDI 窗体。一
般 MDI 窗体由菜单、工具栏、子窗口区和状态条所组成，可以根据需要设计。

MDI 窗体可以有多个子窗体。子窗体就是前面介绍过的，通过选择"工程"|"添加窗

体”命令添加的标准窗体，但是必须把 MDIChild 属性置为 True，这样该窗体就是这个多文档界面工程的子窗体了。

  MDI 窗体负责创建、管理子窗体，根据需要可以创建和同时显示多个子窗体。创建子窗体的多个实例可以用 Dim As New 语句。例如，frmDocument 窗体为子窗体（即 MDIChild 属性设置为 True 的标准窗体），MDI 窗体代码中的语句 Dim frmDoc As New frmDocument 可以创建 frmDocument 的一个实例 frmDoc。

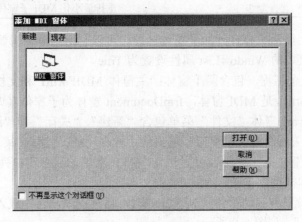

图 8-8 添加 MDI 窗体

2．MDI 窗体与子窗体的交互

  在多文档界面工程中，装入 MDI 窗体，并不会自动装入子窗体。如果子窗体在其父窗体装入之前被引用，则 MDI 窗体将被自动装入。MDI 窗体是子窗体的容器，子窗体属于父窗体，如果父窗体关闭，则所有子窗体全部关闭。

  MDI 窗体有两个重要属性：ActiveForm 和 ActiveControl。

  MDI 应用程序运行时，任何时候只有一个子窗体是激活的，这个子窗体具有输入焦点。ActiveForm 返回活动窗体。如果 MDIForm 对象是活动的或者是被引用的，则所指定的是活动的 MDI 子窗体。例如 MDI 窗体中的 Unload ActiveForm 语句指关闭当前活动子窗体。

  ActiveControl 返回拥有焦点的控件。例如 ActiveForm.ActiveControl.SelText 引用 MDI 子窗体的活动控件中被选定的文本。

  用 QueryUnload 事件卸载 MDI 窗体。QueryUnload 事件是在任一个卸载之前，在所有窗体中发生，它提供了停止窗体卸载的机会，在关闭一个应用程序之前确保包含在该应用程序中的窗体中没有未完成的任务。

3．多文档界面应用程序中的“窗口”菜单

  多文档界面应用程序运行时，编辑多个文档会出现多个子窗体。一般在“窗口”菜单中要提供窗体的排列方式。Visual Basic 的 Arrange 方法提供了 MDI 子窗体的各种排列方式，包括“水平平铺”、“垂直平铺”、“层叠”和“排列图标”。Arrange 方法的语法格式如下：

MDI 窗体.Arrange 方法值

多重窗体与环境应用

Arrange 方法值如表 8-1 所示。

表 8-1　Arrange 方法值

符号常数	Arrange 的方法值	说明
VbCascade	0	层叠所有非最小化 MDI 子窗体
VbTileHorizontal	1	水平平铺所有非最小化 MDI 子窗体
VbTileVertical	2	垂直平铺所有非最小化 MDI 子窗体
VbArrangeIcons	3	重排最小化 MDI 子窗体的图标

要在某个菜单上显示所有打开的子窗体标题，可以利用菜单编辑器选定该菜单的显示窗口列表项或将该菜单的 WindowList 属性设置为 True。

例 8-1　新建一个工程，包含两个窗体：主窗体 MDIForm1 和文档录入窗体 frmDocument。其中 MDIForm1 是 MDI 窗体，frmDocument 窗体为子窗体（即 MDIChild 属性设置为 True）。MDIForm1 窗体"文件"菜单包含"新建"、"关闭"和"退出"三个子菜单，分别实现新建文档、关闭当前文档窗口和退出应用程序功能；"窗口"菜单包含"水平平铺"、"垂直平铺"、"层叠"和"排列图标"，并且选定"窗口"菜单的显示窗口列表项。frmDocument 窗体上只有一个文本框控件 Text1，用以录入文本。

将 MDIForm1 设置为启动窗体（见 8.2.1 节），运行程序，首先载入 MDIForm1 窗体，并自动新建"文档 1"，如图 8-9 所示。

选择"文件"|"新建"命令，在主窗体中出现另外一个编辑文档窗口"文档 2"，如图 8-10 所示。在"窗口"菜单中可以看见这两个窗口的名字"文档 1"和"文档 2"，并且当前"文档 2"为活动窗口，如图 8-11 所示。选择窗口菜单中的"垂直平铺"命令，排列窗口的效果如图 8-12 所示。

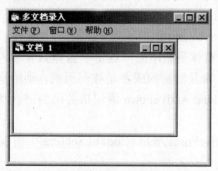

图 8-9　多文档录入

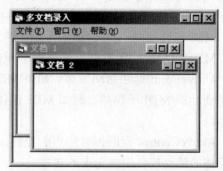

图 8-10　新建文档 2

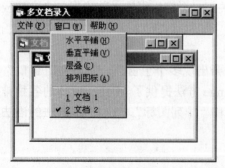

图 8-11　窗口菜单

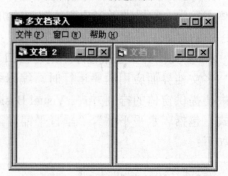

图 8-12　垂直平铺窗口

程序代码如下。

在 MDIForm1 窗体中：

```
Private Sub newdocfrm()                             '定义新建文档窗体的过程
    Static DocumentNum As Integer
    Dim frmDoc As New frmDocument                   '创建新的子窗体
    DocumentNum = DocumentNum + 1
    frmDoc.Caption = "文档 " & DocumentNum
    frmDoc.Show                                      '显示子窗体
End Sub


Private Sub MDIForm_Load()
    Call newdocfrm
End Sub


Private Sub mnuNew_Click()                          '单击 "新建" 菜单
    Call newdocfrm
End Sub


Private Sub mnuClose_Click()                        '单击 "关闭" 菜单关闭活动文档窗口
    On Error Resume Next
    Unload ActiveForm
End Sub


Private Sub mnuWinTileHorizontal_Click()            '水平平铺窗口
    Me.Arrange VbTileHorizontal
End Sub


Private Sub mnuWinTileVertical_Click()              '垂直平铺窗口
    Me.Arrange VbTileVertical
End Sub


Private Sub mnuWinCascade_Click()                   '层叠排列窗口
    Me.Arrange VbCascade
End Sub


Private Sub mnuWinArrangeIcons_Click()              '排列图标
    Me.Arrange VbArrangeIcons
End Sub


Private Sub mnuExit_Click()
    End
End Sub
```

在 frmDocument 窗体中：

多重窗体与环境应用

```
Private Sub Form_Resize()                    'frmDocument 窗体改变大小时触发
    Text1.Height = ScaleHeight
    Text1.Width = ScaleWidth
End Sub
```

8.2 多重窗体应用程序的执行与保存

在建立一个多窗体的应用程序的时候，很容易使人想到：多重窗体应用程序包含了多个窗体，程序将如何执行？程序从哪里开始执行？

8.2.1 设置启动窗体

如果应用程序包含多个窗体，当程序运行时从哪个窗体开始启动呢？默认情况下，Visual Basic 应用程序中第一个窗体被指定为启动窗体，也可以根据程序的设计选择一个窗体作为程序运行的启动窗体，再从这个窗体中通过预定的操作（如单击窗体、单击按钮或选择功能项等）来载入其他窗体。

设置启动窗体的一般操作步骤：

（1）选择"工程"|"工程属性"命令。或者在工程资源管理器中右击，在弹出的快捷菜单中，选择"工程属性"命令。

（2）在"工程属性"对话框中，选择"通用"选项卡。

（3）在"启动对象"下拉列表框中，选择作为启动窗体的窗体。

（4）单击"确定"按钮。

例如，工程 1 包含 Form1、Form2 和 Form3 三个窗体。选择"工程"|"工程 1 属性"命令，打开"工程属性"对话框，启动对象选择 Form1，单击"确定"按钮，即可设置 Form1 为工程 1 的启动窗体，如图 8-13 所示。

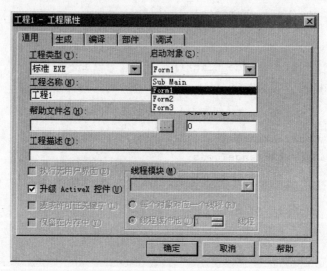

图 8-13 设置启动窗体

8.2.2 多重窗体工程的保存与打开

在建好或修改完多重窗体工程后，应该将工程进行保存。这时可以选择"文件" | "保存工程"或"工程另存"命令，系统将弹出对话框提示用户保存该工程中每个窗体文件和工程文件。工程中有几个窗体，在保存文件夹中就可以看到有几个.frm 窗体文件。

若要重新打开多重窗体程序，可以选择"文件" | "打开工程"命令，在弹出的对话框中选择该程序的工程文件（.vbp），系统将自动打开并装载该工程的所有文件。

当对工程的所有编辑、修改、调试都完成后，就可以制作该工程的可执行文件（也称应用程序）了。在"文件"菜单中选择"生成×××.exe"命令，"×××"是当前工程的名字，然后从打开的"生成工程"对话框选择存放可执行文件的文件夹，并在文件名框内输入文件名，单击"确定"按钮即可生成该工程的可执行文件，如图 8-14 所示。

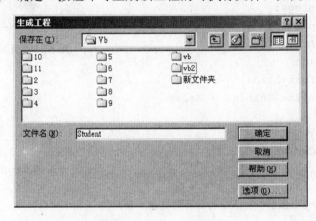

图 8-14 生成可执行文件

8.3 Visual Basic 工程结构

一个 Visual Basic 工程包括工程文件（.vbp）、窗体模块（.frm）、窗体的二进制数据文件（.frx）、标准模块（.bas）、类模块（.cls）、资源文件（.res）、ActiveX 控件文件（.ocx）、用户控件（.ctl）和属性页模块（.pag）、其他 ActiveX 控件、设计器、可插入对象等部件和引用。

为简便起见，以下主要介绍窗体模块和标准模块。

8.3.1 窗体模块

每当在一个工程中创建一个窗体时，会同时创建一个窗体模块（*.frm），Visual Basic 工程可以包含一个或多个窗体模块。从前面的学习中可以知道，窗体模块通常包括窗体可见设计部分和代码部分。代码部分包括声明、通用过程和事件过程。声明部分包括窗体模块所需的变量、常量、类型等的声明。通用过程不是由事件触发而是在其他语句调用时被执行。一般将声明部分放在代码的最前面。若窗体中对象含有二进制属性，保存该窗体时将自动生成同名的二进制数据文件，扩展名为.frx。

窗体模块中如果包含 Form_Load 过程，窗体启动时将首先执行该过程。

窗体模块可以调用在该应用程序内其他窗体模块中定义的公共函数或过程（即以 Public 定义），但在调用时必须加上这个窗体的窗体名作为限定词，调用格式：

<窗体名>.过程或函数名（参数列表）

例 8-2 在 Form1 中单击"输入"按钮（CmdInput），输入进行计算的数据个数及数据，单击"计算"按钮（CmdCalculate），可引用在 Form2 中定义的求数组中最小值的公共函数计算输入的数据中的最小值。程序运行结果如图 8-15 所示。

图 8-15 引用其他窗体定义的函数

Form1 中定义的代码：

```
Dim num As Integer
Dim a() As Integer
Dim mindata As Integer
Dim b As String
Private Sub Form_Load()
    CmdCalculate.Enabled = False
End Sub


Private Sub CmdInput_Click()                '"输入"按钮
    On Error GoTo PROC_ERR                  '错误处理，转向标号 PROC_ERR 处执行
    b = ""
    num = InputBox("输入进行计算的数据个数: ")
    ReDim a(num)
    For i = 0 To num - 1                     '输入 num 个进行计算的数据
        a(i) = InputBox("输入第" & i + 1 & "个数据: ")
        b = b & Str$(a(i)) & ","
    Next i
    Text1.Text = b
    Text2.Text = ""
    CmdCalculate.Enabled = True
PROC_ERR: Exit Sub
End Sub


Private Sub CmdCalculate_Click()            '"计算"按钮
    mindata = Form2.min(a(), num)           '引用 Form2 中定义的计算最小值的函数
    Text2.Text = Str$(mindata)
End Sub


Private Sub CmdExit_Click()                 '"结束"按钮
    End
End Sub
```

Form2 中定义的代码：

```
Function min(b() As Integer, n As Integer)   '求 n 个数中最小值的通用函数过程
    Dim temp As Integer, i As Integer
    temp = b(0)
    For i = 1 To n - 1
      If b(i) < temp Then
          temp = b(i)
      End If
    Next i
    min = temp
End Function
```

思考：将语句 mindata = Form2.min(a(), num)改为 mindata = min(a(), num)，程序运行结果如何？

窗体模块还可以直接调用标准模块中定义的公共函数或过程，此时无须限定词。

8.3.2 标准模块

当应用程序较庞大复杂时，在多个窗体中可能用到公共的全局变量和常量，甚至要执行公共代码。为避免在窗体中重复代码，可以创建一个独立模块包含这些内容，即标准模块。标准模块包括全局变量和常量声明、公共过程和函数，以及模块级声明。模块级声明是声明在标准模块中使用的变量和常量。模块级变量用 Dim 声明，全局变量用 Public 声明。标准模块的文件扩展名为.bas，一个应用程序中可以包含多个这样的标准模块文件。

一个应用程序中要创建标准模块，可以选择"工程"|"添加模块"命令，或者在"工程资源管理器"窗口右击，从弹出的快捷菜单中选择"添加模块"命令，在出现的"添加模块"对话框中选择"新建"选项卡，如图 8-16 所示。

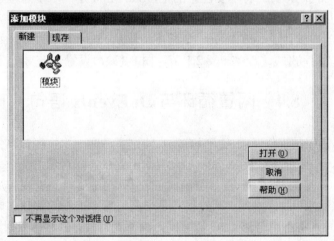

图 8-16 添加模块

选择"模块"图标，单击"打开"按钮，在该程序的"工程资源管理器"窗口中，就可以看到添加了一个新的标准模块。双击它可以打开该标准模块进行代码的编辑。反之，对不需要的标准模块也可从"工程资源管理器"中删除该模块。

多重窗体与环境应用

在标准模块中定义的公共函数或过程可以在所有窗体模块中直接调用，无须加上模块名作为限定。

如果例 8-2 的 Form2 的代码定义在标准模块中，则 Form1 中引用标准模块中定义的计算最小值函数的语句为 mindata = min(a(), num)即可，试验证之。

8.3.3 Sub Main 过程

多窗体工程中设置了启动窗体，那么应用程序将从启动窗体开始运行。如果在运行启动窗体之前还需要进行一些初始化的工作或者先运行装入数据文件的代码，然后再根据初始化的结果或数据文件的内容决定显示几个不同窗体中的一个，Visual Basic 中可不可以实现？Visual Basic 为此提供了一个启动过程，叫做 Sub Main 过程。例如：

```
Sub Main()
    Dim Status As Integer
    '调用一个函数过程来检验当前状态
    Status = GetStatus()
    '根据状态显示不同窗体
    If Status = 1 Then
            Form1.Show
    Else
            Form2.Show
    End If
End Sub
```

Sub Main 可以这样建立，打开一个标准模块代码窗口，输入 Sub Main，按回车键，然后在该过程中编写代码即可。特别要注意的是，Sub Main 是一个子过程且必须建立在一个标准模块中，并且一个程序中只能有一个 Sub Main。

如果应用程序中设计了 Sub Main，则程序应该从 Sub Main 过程开始执行。可以类似前面所介绍设置"启动对象"方法（8.2.1 节，图 8-13），设置 Sub Main 为"启动对象"。

8.4 闲置循环与 DoEvents 语句

Visual Basic 程序是事件驱动的，只有发生特定事件时，才执行该事件相应的代码，如果没有事件发生，整个程序就被 Windows 设置于闲置状态，直到下一个事件的发生。事件之间的时间称为"空闲时间"，在"空闲时间"里，Visual Basic 自动将控制权交还给 Windows，因此不占用 CPU 时间。闲置循环是当应用程序处于闲置状态时执行的操作。但当执行闲置循环时，将占用全部 CPU 的时间，而不允许执行其他事件过程。

在 Windows 的多任务环境下，即使有程序在执行一个长时间任务（如循环），其他应用程序也会分到 CPU 时间，但是程序在执行该任务时，对该程序中的其他事件不进行响应。所以程序中不宜定义执行耗时太长的事件过程、循环等任务。如果在长时间的处理中要能及时响应其他事件的发生，甚至取消当前已启动但耗时较长的任务（如搜索文件），可以使用 Visual Basic 提供的 DoEvents 语句。DoEvents 语句可以将控制权转让给操作系统，以便让操作系统处理其他的事件；然后再回到原来的程序继续执行。这样，就可使应用程序在不放弃焦点的情况下，其他事件和程序也能得到响应。

例 8-3 界面中设置两个命令按钮 Cmd1（Caption 属性为"按键运行"）和 CmdExit（Caption 属性为"退出"）、两个标签（Caption 属性分别为"文本框 1"和"文本框 2"），两个文本框 Text1 和 Text2（用于显示运行结果），如图 8-17 所示。

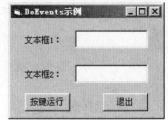

图 8-17　DoEvents 示例

代码如下：

```
Private Sub Cmd1_Click()
    Dim i As Integer, j As Long
    For i = 1 To 20
        For j = 1 To 5000
            Text1.Text = i
        Next
    Next
    Text2.Text = "Finished"
End Sub
Private Sub CmdExit_Click()
    End
End Sub
```

运行此程序时，注意观察单击 Cmd1 按钮时出现的现象，会发现经过少许时间后，看到文本框 Text1 中只出现数 20，同时文本框 Text2 中出现"Finished"。并非如我们预计的应该在文本框 Text1 中先后看到由 1～20 的所有数，然后看到文本框 Text2 中出现"Finished"。原因何在呢？这是因为在执行内层较长循环的时候系统非常繁忙，不会响应给文本框 Text1 赋值和显示值的事件，所以看不到给 Text1 中先后赋的 1～19 等数；直到循环结束才响应其他事件，就只有最后一次给 Text1 赋值的语句得以响应。

如果在内循环中加入调用 DoEvents 函数的语句，则可以在执行内层较长循环的时候每次能释放系统内存用来完成给文本框 Text1 赋值和显示值的请求。再观察下面代码的运行现象，就可以验证 DoEvents 函数的作用。

```
Private Sub Cmd1_Click()
    Dim i As Integer, j As Long
    For i = 1 To 20
        For j = 1 To 5000
            DoEvents
            Text1.Text = i
        Next
    Next
    Text2.Text = "Finished"
End Sub
```

这时，就恰如我们预计的那样，文本框 Text1 中可以依次显示由 1 变化到 20 的所有数，然后文本框 Text2 中出现"Finished"。

多重窗体与环境应用

注意：如果应用程序中的关键部分需要独占计算机的资源时，必须防止其他任何中断（如键盘、鼠标等），这时不能使用 DoEvents。

习 题 8

一、选择题

1. Visual Basic 应用程序中标准模块文件的扩展名是【   】。

    A）mod   B）frm   C）bas   D）vbp

2. 一个工程中含有窗体 Form1、Form2 和标准模块 Model1，如果在 Form1 中有语句 Public X As Integer，在 Model1 中有语句 Public Y As Integer，则以下叙述中正确的是【   】。

    A）在 Form1 中可以直接使用 X   B）Y 的作用域是 Model1

    C）变量 X、Y 均可在任何地方直接引用   D）在 Form2 中可以直接使用 X 和 Y

3. 在以下描述中正确的是【   】。

    A）如果工程中包含 Sub Main 过程，则应该让程序首先执行该过程

    B）如果工程中不包含 Sub Main 过程，则程序一定首先执行第一个建立的窗体

    C）在一个窗体模块中可以直接调用在其他窗体中定义的公共过程

    D）标准模块中的任何过程都可以在整个工程范围内被调用

4. Visual Basic 中要将一个窗体从内存中释放，应该使用以下语句中的【   】。

    A）Close   B）Hide   C）Stop   D）Unload

5. 在 Visual Basic 中要将一个窗体装载到内存进行预处理，但不显示，应该使用语句【   】。

    A）Show   B）Hide   C）Load   D）UnLoad

6. 使窗体启动时位于所有者中心，可设置【   】属性。

    A）StartUpPosition   B）WindowState   C）Left   D）Top

7. 以下叙述中错误的是【   】。

    A）在工程资源管理器窗口中只能包含一个工程文件及属于该工程的其他文件

    B）以.bas 为扩展名的文件是标准模块文件

    C）窗体文件包含该窗体及其控件的属性

    D）一个工程中可以含有多个标准模块文件

8. 以下能在"工程资源管理器"窗口中列出的文件类型是【   】。

    A）.bas   B）.res   C）.log   D）.ocx

9. 以下关于窗体的描述中，错误的是【   】。

    A）窗体的 Load 事件在加载窗体时发生

    B）执行 Unload Form1 语句后，窗体 Form1 消失，但仍在内存中

    C）当窗体的 Enabled 属性为 False 时，通过鼠标和键盘对窗体的操作都被禁止

    D）窗体的 Height、Width 属性用于设置窗体的高和宽

10. 一个 Visual Basic 工程中包含两个名称分别为 Form1、Form2 的窗体，一个名称为 mdlFunc 的标准模块。假定在 Form1、Form2 和 mdlFunc 中分别建立了自定义过程。

Form1 中定义的过程：

```
Private Sub frmfunctionl()
End Sub
```

Form2 中定义的过程：

```
Public Sub frmfunction2()
End Sub
```

mdlFunc 中定义的过程：

```
Public Sub mdlFunction()
End Sub
```

程序中调用上述过程，如果不指明窗体或模块的名称，则以下叙述中正确的是【　　】。

    A）上述三个过程都可以在工程中的任何窗体或模块中被调用

    B）frmfunction2 和 mdlfunction 过程能够在工程中各个窗体或模块中被调用

    C）上述三个过程都只能在各自被定义的模块中调用

    D）只有 mdlFunction 过程能够被工程中各个窗体或模块调用

二、填空题

1. 加载窗体使用＿＿【1】＿＿语句，卸载窗体使用＿＿【2】＿＿语句。

2. 应用程序标准模块中的 Sub main 子过程的作用是＿＿＿＿＿＿＿＿＿＿＿。

3. 闲置循环是＿＿【1】＿＿。DoEvents 语句的作用是将＿＿【2】＿＿转让给＿＿【3】＿＿。

4. Sub Main 子过程只能建立在＿＿【1】＿＿中，一个程序中可以有＿＿【2】＿＿个 Sub Main。

5. 若要隐藏窗体，使用＿＿【1】＿＿方法；若要显示窗体，使用＿＿【2】＿＿方法来实现。

6. 假定建立了一个工程，该工程包括两个窗体，其名称(Name 属性)分别为 Form1 和 Form2，启动窗体为 Form1。在 Form1 画一个命令按钮 Command1，程序运行后，要求当单击该命令按钮时，Form1 窗体消失，显示窗体 Form2，请在空白处将程序补充完整。

```
Private Sub Command1_Click()
    ＿＿【1】＿＿ Form1
    Form2. ＿＿【2】＿＿
End Sub
```

7. 要访问 MDI 窗体的子窗体及其中的控件，可通过两个属性实现。其中＿＿【1】＿＿属性代表具有焦点或最后被激活的子窗体，＿＿【2】＿＿属性代表活动子窗体上具有焦点的控件。

8. 加载子窗体时其父窗体（MDI 窗体）＿＿【1】＿＿自动加载，而加载 MDI 窗体时其子窗体＿＿【1】＿＿自动加载。

多重窗体与环境应用

键盘与鼠标事件过程

本章要点

本章将进一步深入介绍在 Windows 编程中最主要的两种外部事件的驱动方式——鼠标事件和键盘事件，以及如何在 Visual Basic 6.0 中用编程实现对这两种常用事件的响应。本章详细介绍了这两种事件的触发条件，并结合实例讲述其编程方法和应用技巧。

Visual Basic 采用面向对象的程序设计方式，每个对象都有自己的属性集和方法集，操作和管理对象以及对象之间的数据交互都是通过属性和方法实现的。而对象的"活力"则是通过识别和响应事件的发生来实现的。对象事件集中的每个事件对应一个事件处理模块，完成一种特定的功能；调用事件处理模块是通过事件过程的名称实现的，并且对象的所有事件处理模块名称及其参数均由 Visual Basic 自动给出。事件处理过程的一般语法形式如下：

```
Sub 对象名_事件名
    ...
End Sub
```

对应每种对象，其事件的种类不尽相同，不同的事件种类将有不同的事件名称。本章专门介绍与键盘按键操作、鼠标按键及移动操作有关的事件。

9.1 KeyPress 事件

键盘事件是由键入键盘按键产生的。对于接受文本的控件，通常要对键盘事件编程。此外，还要提供既可用鼠标也可以用键盘操作的键盘事件代码，因为许多用户还需要用键盘工作，所以，考虑程序的键盘响应是很重要的。

此事件当用户按下和松开一个 ANSI 键时发生（即 KeyPress 事件只对能产生 ASCII 码的按键有反应）。事实上，程序并不关心 KeyDown 和 KeyUp 事件，而要用 KeyPress 事件确定按下的是哪一个键。KeyPress 事件常用于编写文本框的事件处理器，因为这个事件发生在字符按下和显示在文本框之前。KeyPress 事件的语法如下：

```
Private Sub Form_KeyPres(KeyAscii As Integer)      '窗体的事件过程
    ...
End Sub
Private Sub Object_KeyPress([Index As Integer,] KeyAscii As Integer)
                                          '控件的事件过程
    ...
End Sub
```

其中，Object 为可以产生 KeyPress 事件的对象；Index 是一个整数，用来唯一标识一个在控件数组中的控件；KeyAscii 用于返回一个标准 ANSI 键的 ASCII 码。

KeyAscii 通过引用传递，对它进行改变可给对象发送一个不同的字符，将 KeyAscii 改变为 0 时可取消击键，这样对象便接收不到所按键的字符。

当该事件发生时，在默认情况下，只有窗体上具有焦点的对象能接收该事件，而窗体本身不会接收到该事件。只有两种情况窗体可接收该事件：一是当一个窗体没有可视和有效的控件时；二是虽然窗体上存在有效的控件，但窗体的 KeyPreview 属性被设置为 True 时。在第二种情况下，窗体接收到该事件后控件将继续接收该事件。一个 KeyPress 事件可以引用任何可打印的键盘字符，一个来自标准字母表的字符或少数几个特殊字符之一的字符与 Ctrl 键，以及 Enter 或 BackSpace 键的组合。KeyPress 事件过程在截取 TextBox 或 ComboBox 控件所输入的击键时是非常有用的，它可立即测试击键的有效性或在字符输入时对其进行格式处理，改变 KeyAscii 参数的值会改变所显示的字符。

使用表达式 Chr(KeyAscii)可将 KeyAscii 参数转变为一个字符 char，然后可以执行字符串操作；反过来，又可将该字符翻译成一个控件可解释的 KeyAscii 码 KeyAscii＝Asc(char)。

对于任何不被 KeyPress 识别的击键应当使用 KeyDown 和 KeyUp 事件过程来处理，如按下功能键、编辑键、定位键以及任何这些键和键盘换档键的组合等事件。与 KeyDown 和 KeyUp 事件不同的是，KeyPress 不显示键盘的物理状态，而只是传递一个字符。

KeyPress 将每个字符的大、小写形式作为不同的键代码解释，即同一字母的大、小写作为两种不同的字符。比如直接按大写状态的 A 和小写状态的 a 时得到的 KeyAscii 参数是不同的（前者得到的 KeyAscii=65，后者得到的 KeyAscii=97），又比如在大写锁定状态下按下<Shift>+A组合键和在小写状态下按下<Shift>+a组合键时得到的参数 KeyAscii 也是不同的（前者得到的 KeyAscii=97，后者得到的 KeyAscii=65）。后面这个例子虽然按了两个物理键（<Shift>键和英文字母键），但 KeyAscii 得到的参数都只有一个（即最终的 ASCII 值）。

关于 KeyPress 事件，要特别强调的就是下列两点：

（1）KeyAscii 参数与后面的 KeyDown 和 KeyUp 事件中的 KeyCode 参数解释是有区别的。

（2）如果 KeyPreview 属性被设置为 True，窗体将先于该窗体上的控件接收此事件；如果 KeyPreview 属性被设置为 False，则窗体将不能接收该事件。KeyPreview 的默认值是 False，KeyPreview 属性可用来创建全局键盘处理例程。

例 9-1 将输入到文本框 Text1 的文本转换为大写，并将输入的原始字符显示在 Text2 中。

【分析】 在文本框 Text1 的 KeyPress 事件过程中，改变接收到的 KeyAscii 值使其变成相应按键大写字母的 ASCII 码，然后再把原按键字符输入到文本框 Text2 中。代码如下：

```
Option Explicit
Dim Str1 As String
Private Sub Text1_KeyPress(KeyAscii As Integer)
    Str1 = Chr(KeyAscii)                '将按键的 ASCII 值转换为字符
    KeyAscii = Asc(UCase(Str1))         '将字符转换为大写，并重置 Text1 的字符
    Text2.Text = Text2.Text & Str1      '将输入的原始字符复制到 Text2 中
```

```
End Sub
```

程序运行结果如图 9-1 所示。

KeyAscii 参数是所按键的 ASCII 码，这个事件甚至可以用来拒绝输入某些字符。只要将 KeyAscii 参数更改为 0，就等于抑制了输入，使控件看不到这个键入的字符。对应于这个 ASCII 码的字符为 Chr$(Key-Ascii)。

例如，数字的 ASCII 码是在 48~57 范围，下列事件处理只允许用户在文本框中输入数字（非数字字符被抑制）：

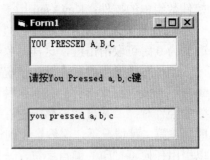

图 9-1　例 9-1 中 KeyPress 的用法

```
Private Sub Text1_KeyPress(KeyAscii As Integer)
    If KeyAscii < 48 Or KeyAscii > 57 Then    '输入为非数字字符
        KeyAscii = 0                          '抑制非数字字符的输入
    End If
End Sub
```

在该事件处理过程中，对数字以外的字符进行拦截，将其 KeyAscii 参数更改为 0，使控件最后接收到的是 KeyAscii = 0 的字符（空字符，不等于空格字符），这样就抑制了那些字符的输入。

9.2　KeyDown 和 KeyUp 事件

KeyDown 事件在按键被按下时触发，KeyUp 事件在按键被放开时触发。它们的语法如下：

```
Private Sub Form_KeyDown(KeyCode As Integer, Shift As Integer)
    ...'窗体上 KeyDown 事件的处理代码
End Sub
Private Sub Object_KeyDown([Index As Integer,] KeyCode As Integer, Shift
As Integer)
    ...'对象上 KeyDown 事件的处理代码
End Sub
Private Sub Form_KeyUp(KeyCode As Integer, Shift As Integer)
    ...'窗体上 KeyUp 事件的处理代码
End Sub
Private Sub Object_KeyUp([Index As Integer,] KeyCode As Integer, Shift As Integer)
    ...'对象上 KeyUp 事件的处理代码
End Sub
```

其中：

Index 是一个整数，它用来唯一标识一个在控件数组中的控件。

KeyCode 是一个键的扫描码，可以用诸如 vbKeyF1（F1 键）或 vbKeyHome（Home 键）

的系统常量表示。它的值只与按键在键盘上的物理位置有关，与键盘的大小写状态无关。如果按的是两个以上的组合键，KeyCode 将先后得到所有这些不同物理位置键的扫描码。

Shift 参数是一个 3 位二进制的整数，标明在该事件发生时是否还同时按了 Shift、Ctrl 和 Alt 这三个控制键。对应位为 1 表示相应键被按下，为 0 表示该键未被按下。最低位对应 Shift，中间位对应 Ctrl，最高位对应 Alt。因此，最低位为 1 表示 Shift 键被按下，次低位为 1 表示 Ctrl 键被按下，最高位为 1 表示 Alt 键被按下。可通过设定某几位为 1 或都为 0，来分别指明某些键被按下或一个也没被按下。例如，如果 Ctrl 和 Alt 这两个键都被按下，则 Shift 参数的值为 6（二进制的 110）。对 Shift 参数的测试，也可使用它定义的内部常数，如表 9-1 所示。

表 9-1　Shift 参数值的表达与含义

常量	十进制值（二进制值）	表述	常量	十进制值（二进制值）	表述
vbShiftMask	1 (001)	Shift 键被按下	vbAltMask	4 (100)	Alt 键被按下
vbCtrlMask	2 (010)	Ctrl 键被按下			

例 9-2　KeyDown 和 KeyUp 的用法。键入 Shift 键、Ctrl 键和 Alt 键分别与 F2 键的组合，用程序在文本框中显示所输入的键组合情况。

窗口设置文本框 text1 和标签 Label1，分别用来显示所按下的键。程序说明了在编程的时候如何使用键盘的响应事件。程序运行结果如图 9-2 所示。

```
Private Sub Text1_KeyDown(KeyCode As Integer, Shift As Integer)
    If KeyCode = vbKeyF2 Then
        Select Case Shift
        Case 1
            Txt = "SHIFT+F2"
        Case 2
            Txt = "CTRL+F2"
        Case 3
            Txt = "SHIFT+CTRL+F2"
        Case 4
            Txt = "ALT+F2"
        Case 5
            Txt = "SHIFT+ALT+F2"
        Case 6
            Txt = "CTRL+ALT+F2"
        Case 7
            Txt = "SHIFT+CTRL+ALT+F2"
        Case Else
            Txt = "F2"
        End Select
        Text1.Text = "You Pressed " & Txt
    End If
End Sub
```

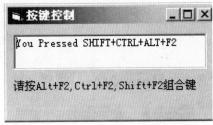

图 9-2　KeyDown 和 KeyUp 的用法

键盘与鼠标事件过程

对于这两个事件来说，带焦点的对象都能接收所有击键。一个窗体只有在不具有可视和有效的控件时才可以获得焦点。KeyDown 和 KeyUp 事件通常应用于扩展的字符键（如功能键等）定位键、键盘修饰键和按键的组合、区别数字小键盘和常规数字键。

如果要使按下和松开一个键都能得到响应，可使用 KeyDown 和 KeyUp 两个事件过程。下列情况不能引用 KeyDown 和 KeyUp 事件：

- 命令按钮的 Default 属性设置为 True 时，不响应 Enter 键的 KeyDown 和 KeyUp 事件。
- 命令按钮的 Cancel 属性设置为 True 时，不响应 Esc 键、Tab 键的上述事件。

KeyDown、KeyUp 事件中的 KeyCode 参数与 KeyPress 键盘事件中的 KeyAscii 的区别：

- KeyCode 是键盘的扫描码（同一物理键的上下挡、大小写相同）。
- KeyAscii 是字符 ASCII 码（同一物理键的上下挡、大小写不同）。

表 9-2 列出了 KeyPress 与 KeyDown 及 KeyUp 事件的详细区别。

表 9-2　KeyPress 与 KeyDown 及 KeyUp 事件的区别

	KeyPress	**KeyDown 和 KeyUp**
事件发生的条件	按 ASCII 字符键（可见字符）	按任意一个键（可见字符或控制键）
参数值	KeyAscii 接收到字符的 ASCII 码	KeyCode 接收到键的扫描码
按<Shift>+<A>时事件发生的次数	一次事件（只对<A>键发生）	两次事件（对两键都发生）
在键盘 CapsLock 灯亮时按<Shift>+<A>得到的参数值	KeyAscii＝97（"a"的 ASCII 码）	第一次 KeyCode＝16 (<Shift>)　第二次 KeyCode＝65 (<A>)
在键盘 CapsLock 灯不亮时按<Shift>+<A>得到的参数值	KeyAscii＝65（"A"的 ASCII 码）	第一次 KeyCode＝16 (<Shift>)　第二次 KeyCode＝65 (<A>)

9.3　鼠　标　事　件

9.3.1　MouseMove 事件

发生时间：在窗体或控件对象上移动鼠标时发生该事件。

语法格式：

```
Private Sub Form_MouseMove([Index As Integer,]Button As Integer, Shift As
Integer, x As Single, y As Single)
    ...'窗体上MouseMove事件的处理代码
End Sub
Private Sub object_MouseMove([Index As Integer,]Button As Integer, Shift
As Integer, x As Single, y As Single)
    ...'对象上MouseMove事件的处理代码
End Sub
```

其中：

Button 为一个整数，它反映被按下的鼠标按键。Button=1，左按键被按下；Button=2，右按键被按下；Button=4，中间按键被按下；Button=0，无按键被按下。

Shift 为一个整数（与键盘事件中该参数的意义同），它对应于 Shift、Ctrl、Alt 键的状态。Shift=1，Shift 键被按下；Shift=2，Ctrl 键被按下；Shift=4，Alt 键被按下。若 Shift、Ctrl、Alt 一个也没按，则 Shift =0；若 Ctrl、Alt 键同时按下，则 Shift =2+4=6。

x 和 y 指定鼠标当前位置，其值由窗体的坐标系统确定。

例 9-3 MouseMove 事件及其参数的演示。在窗体上移动鼠标指针时，文本框 Text1 和 Text2 中分别显示鼠标指针相对于窗体的实时位置坐标；在图片框 P1 中移动鼠标指针时，文本框 Text1 和 Text2 中则分别显示鼠标指针相对于图片框的实时位置坐标。

程序代码如下：

```
Private Sub Form_MouseMove(Button As Integer, Shift As Integer, X As Single,
Y As Single)
    Text1 = X
    Text2 = Y
End Sub
Private Sub P1_MouseMove(Button As Integer, Shift As Integer, X As Single,
Y As Single)
    Text1 = X
    Text2 = Y
End Sub
```

程序运行界面如图 9-3 所示（该图是鼠标指针移动到图片框顶边位置时显示的结果）。

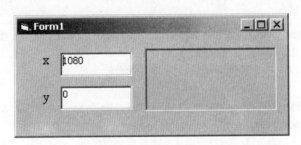

图 9-3　在 MouseMove 事件中显示鼠标指针当前坐标

MouseMove 事件伴随着鼠标指针在对象间移动时连续不断地发生，那么当鼠标指针移过屏幕一定距离时要调用多少次 MouseMove 事件呢？系统并不是对鼠标指针经过的每个像素都会激发 MouseMove 事件，只是每秒生成有限个鼠标消息，从而激发有限个鼠标事件。

例 9-4 利用 MouseMove 事件结合绘图方法，在鼠标移动时画图。

代码如下：

```
Private Sub Form_MouseMove(Button As Integer, Shift As Integer, X As Single,
Y As Single)
    Line -(X, Y)          '随鼠标指针移动画线
    Circle (X, Y), 30     '每发生一次 MouseMove 事件，就在线上画一个圆
End Sub
```

程序运行结果如图 9-4 所示。

第 9 章

键盘与鼠标事件过程

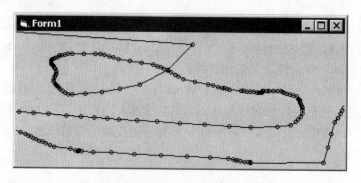

图 9-4 在 MouseMove 事件中画图

在程序运行时，可以发现，当鼠标指针移动得很快时，在相同长度线段间画出的圆个数比较少，说明在等长度线段间能识别的 MouseMove 事件数就少。相反，当鼠标指针移动得很慢时，在相同长度线段间画出的圆个数比较多，说明在等长度线段间能识别的 MouseMove 事件数就多。由于系统能在短时间内识别大量的 MouseMove 事件，因此，不应使用 MouseMove 事件过程去做那些需要大量计算时间的工作。

9.3.2 MouseDown 和 MouseUp 事件

当按下鼠标按键时，MouseDown 事件发生，释放鼠标按键时 MouseUp 事件发生。
语法格式：

```
Private Sub Form_ MouseUp ([Index As Integer,]Button As Integer, Shift As
Integer, x As Single, y As Single)
...                    '窗体上 MouseUp 事件的处理代码
End Sub
Private Sub object_ MouseUp ([Index As Integer,]Button As Integer, Shift
As Integer, x As Single, y As Single)
...                    '对象上 MouseUp 事件的处理代码
End Sub
Private Sub Form_ MouseDown ([Index As Integer,]Button As Integer, Shift
As Integer, x As Single, y As Single)
...                    '窗体上 MouseDown 事件的处理代码
End Sub
Private Sub object_ MouseDown ([Index As Integer,]Button As Integer, Shift
As Integer, x As Single, y As Single)
...                    '对象上 MouseDown 事件的处理代码
End Sub
```

对于 Button、Shift、x、y 参数的设置及含义，与 MouseMove 事件相同。

例 9-5 结合 MouseUp、MouseDown 和 MouseMov 事件，设计一个直接用鼠标画图的简单画图程序，实现如下功能：鼠标任意按键被按下时启动绘图状态，这时，当用户按鼠标左键并移动时可以画出宽度为 2 的细点（DrawWidth=2）；而按鼠标右键移动时可以画出宽度为 6 的粗点（DrawWidth=6）。而当鼠标按键弹起时，禁止绘图功能。

程序代码如下：

```
Dim CanDraw As Boolean                    '绘图状态开关变量
Private Sub Form_MouseDown(Button As Integer, Shift As Integer, X As Single,
Y As Single)
    CanDraw = True                        '启动绘图状态
End Sub
Private Sub Form_MouseUp(Button As Integer, Shift As Integer, X As Single,
Y As Single)
    CanDraw = False                       '禁止绘图状态
End Sub
Private Sub Form_MouseMove(Button As Integer, Shift As Integer, X As Single,
Y As Single)
    If CanDraw And Button = 1 Then        '在绘图状态下用左键
    DrawWidth = 2                         '使用宽度等于2的刷子
    PSet (X, Y)              '画点
  ElseIf CanDraw And Button = 2 Then      '在绘图状态下用右键
                            '使用宽度等于4的刷子
      DrawWidth = 6          '使用宽度等于4的刷子
      PSet (X, Y)           '画点
  End If
End Sub
```

程序运行结果如图 9-5 所示。

图 9-5   结合三种鼠标事件画图

9.4   鼠 标 指 针

Visual Basic 中处理鼠标指针主要是通过对两个属性的设置来完成的，这两个属性就是 MousePointer 属性和 MouseIcon 属性。大部分控件都具有这两个属性。

9.4.1   利用 MousePointer 属性改变鼠标指针样式

MousePointer 属性可以用来定义显示各种鼠标指针。鼠标指针的改变可以用来告知用户许多信息，例如，告知用户系统正在忙于长时间的后台任务，或可以调整某个控件或窗口的大小，或某控件不可以支持拖放操作等。

鼠标指针的定义格式如下：

对象名称.MousePointer=设定值

MousePointer 属性可以取 17 种预定义整数值。其中设定值为 0～15 时分别对应 16 种预定义的指针，如表 9-3 所示。其中默认设置值为 0-Default，显示为标准的 Windows 箭头指针。如果需要在应用程序中控制鼠标指针，就要改变控件的 MousePointer 属性值，设定一个所需要的值。

表 9-3　MousePointer 属性的预定义值

常数	值	鼠标指针描述
vbDefault	0	（缺省值）形状由对象决定
VbArrow	1	箭头
VbCrosshair	2	十字线（crosshair 指针）
VbIbeam	3	I 型
VbIconPointer	4	图标（矩形内的小矩形）
VbSizePointer	5	尺寸线（指向东、南、西和北四个方向的箭头）
VbSizeNESW	6	右上-左下尺寸线（指向东北和西南方向的双箭头）
VbSizeNS	7	垂-直尺寸线（指向南和北的双箭头）
VbSizeNWSE	8	左上-右下尺寸线（指向东南和西北方向的双箭头）
VbSizeWE	9	水-平尺寸线（指向东和西两个方向的双箭头）
VbUpArrow	10	向上的箭头
VbHourglass	11	沙漏（表示等待状态）
VbNoDrop	12	不允许放下
VbArrowHourglass	13	箭头和沙漏
VbArrowQuestion	14	箭头和问号
VbSizeAll	15	四向尺寸线
VbCustom	99	采用 MouseIcon 属性所指定的自定义图标

注意： 在设置鼠标指针样式的同时，还应有相应使鼠标指针恢复为默认值的语句。

9.4.2　利用 MouseIcon 属性自定义鼠标指针

当 MousePointer 属性值被设定成 99 时，还可以利用 MouseIcon 属性自定义鼠标指针。MouseIcon 属性提供一个自定义图标，即该属性可以设置成一个图标文件。

MouseIcon 属性值的设定既可利用属性表在设计时指定，也可在运行时通过语句指定。用语句指定的语法如下：

　　对象名.MouseIcon = LoadPicture（PathName）

或

　　对象名.MouseIcon = 另一对象名.Picture

其中，PathName 为一个带全路径的图形文件名（用带双引号的字符串形式表示）；而后一种方式的"另一对象名"可以是窗体对象、PictureBox 控件或 Image 控件，该语句将这些控件的 Picture 属性值直接赋给左边对象的 MouseIcon 属性。

例 9-6　窗体上有一标签 Label1 和一个计时器。设置标签的鼠标指针，使鼠标指针指向标签时成为如图 9-6 所示的手形指针。当单击标签时窗体中的鼠标指针成为系统忙指针，然后每隔 1 秒激发一次计时器事件；当调用三次计时器事件过程后停止计

图 9-6　鼠标指针的变化

时器事件，同时窗体的鼠标指针恢复为默认指针。用语句实现上述指针变换功能（设目录 E:\Multi\中的 HAND-L.CUR 文件为手形图标）。

代码如下：

```
Dim N As Integer                                    '窗体级计数变量
Private Sub Form_Load()
    Label1.MousePointer = 99
    Label1.MouseIcon = LoadPicture("E:\Multi\HAND-L.CUR")
    Timer1.Enabled = False
End Sub
Private Sub Label1_Click()
    Form1.MousePointer = 11                         '窗体中的鼠标指针设成系统忙指针
    Timer1.Enabled = True
    N = 0                                           '计数变量初始化
End Sub
Private Sub Timer1_Timer()
    N = N + 1
    If N > 3 Then
        Timer1.Enabled = False
        Form1.MousePointer = 0                      '窗体中的鼠标指针恢复为默认指针
    End If
End Sub
```

9.5　拖　　放

拖放是一种重要的鼠标操作。Visual Basic 提供了 Drag 方法、DragOver 事件和 DragDrop 事件、DragMode 属性和 DragIcon 属性等用于鼠标拖放操作的处理。

9.5.1　Drag 方法

用于除了 Line、Menu、Shape、Timer 或 CommonDialog 控件之外的任何控件的开始、结束或取消拖动操作。Drag 方法的语法格式如下：

```
对象名称.Drag [Action]
```

其中，Action 参数是一个可选的系统常量或整数常数，它指定要执行的动作，各参数的描述见表 9-4 所示。如果省略 Action 参数，则默认值为"1-开始拖动对象"。

表 9-4　Action 参数的设置值

常数	值	描述	常数	值	描述
vbCancel	0	取消拖动操作	vbEndDrag	2	结束拖放对象
vbBeginDrag	1	开始拖动对象			

只有当对象的 DragMode 属性设置为手动（0 或 Manual）时，才需要使用 Drag 方法控制拖放操作；当对象的 DragMode 属性设置为自动（1 或 Automatic）时，该对象没必要使用 Drag 方法来控制拖放（虽然此时也可以使用 Drag 方法）。

如果在拖动对象过程中想改变鼠标指针形状，可使用 DragIcon 或 MousePointer 属性。

如果没有指定 DragIcon 属性，则只能使用 MousePointer 属性。

Drag 方法一般是同步的，这意味着其后的语句直到拖动操作完成之后才执行。然而如果该控件的 DragMode 属性设置为 Manual (0 or vbManual)，则它可以异步执行。

9.5.2 DragOver 事件和 DragDrop 事件

1. DragOver 事件

DragOver 事件在拖放操作正在进行时发生。可使用此事件对鼠标指针在一个有效目标上的进入、离开或停顿等进行监控。鼠标指针的位置决定接收此事件的目标对象。

DragOver 事件的语法格式如下：

```
Private Sub Form_DragOver(source As Control, x As Single, y As Single, state
As Integer)
Private Sub MDIForm_DragOver(source As Control, x As Single, y As Single,
state As Integer)
Private Sub object_DragOver([index As Integer,]source As Control, x As Single,
y As Single, state As Integer)
```

其中，object 代表一个对象名称；source 表示正在被拖动的控件，可用此参数在事件过程中引用各属性和方法，例如 Source.Visible = False。Index 是一个整数，用来唯一地标识一个在控件数组中的控件；x，y 是一个指定当前鼠标指针在目标窗体或控件中水平（x）和垂直（y）位置的数字，这些坐标值通常用目标坐标系统来表示，该坐标系是通过 ScaleHeight、ScaleWidth、ScaleLeft 和 ScaleTop 属性而设置的；state 是一个整数，它相应于一个控件的转变状态（"0 = 进入"，源控件正被向一个目标范围内拖动；"1 = 离去"，源控件正被向一个目标范围外拖动；"2 = 跨越"，源控件在目标范围内从一个位置移到了另一位置）。

为了确定在拖动开始后和控件放在目标上之前发生些什么，应使用 DragOver 事件过程。例如通过加亮目标（由代码设置 BackColor 或 ForeColor 属性），或者显示一个特定的鼠标拖动指针（由代码设置 DragIcon 或 MousePointer 属性），可验证有效的目标范围。

为了确定一些关键转变点处的操作，应使用 state 参数。例如当 state 的设置为 0 或 vbEnter（进入）时，可使一个可能的目标加亮；而当 state 设置为 1 或 vbLeave（离去）时，可恢复该对象先前的外观。

注意：应使用 DragMode 属性和 Drag 方法指定开始拖动的方式。

例 9-7 本例演示一种指示有效的拖放目标的方法。当一个 TextBox 控件被拖过一个 PictureBox 控件时，鼠标指针从默认的箭头变为特定的图标。当它被拖到其他地方时，鼠标指针恢复到默认的状态。将 TextBox 控件的 DragMode 属性设置为 1，然后启动程序，并把 TextBox 拖过 PictureBox。

```
Private Sub Picture1_DragOver (Source As Control, X As Single, Y As Single, _
  State As Integer)
      Select Case State
      Case vbEnter
```

```
        Source.DragIcon = LoadPicture("POINT03.ICO")        '装载图标
      Case vbLeave
        Source.DragIcon = LoadPicture()                      '卸载图标
    End Select
End Sub
Private Sub Picture1_DragDrop (Source As Control, X As Single, Y As Single)
    Source.DragIcon = LoadPicture()                          '卸载图标
End Sub
```

程序运行时可以发现：将文本框拖入图片框时，文本框中的指针图标被换成 POINT03.ICO 图形；将文本框拖离图片框时，文本框中的指针图标被卸载，从而其指针恢复为常规形状。

2．DragDrop 事件

在一个完整的拖放动作（即将一个控件拖动到一个对象上，并释放鼠标按键）完成，或使用 Drag 方法，并将其 action 参数被设置为 2（Drop）时，DragDrop 事件发生。

DragDrop 事件的语法格式如下：

```
Private Sub Form_DragDrop(source As Control, x As Single, y As Single)
Private Sub MDIForm_DragDrop(source As Control, x As Single, y As Single)
Private Sub object_DragDrop([index As Integer,]source As Control, x As Single,
y As Single)
```

其中，source、x、y 和 index 参数的定义和 DragOver 事件的相同。

DragDrop 事件过程用来控制在一个拖动操作完成时将会发生的情况。例如可将源控件移到一个新的位置或将一个文件从一个位置复制到另一个位置。使用 DragMode 属性和 Drag 方法来指定开始拖动的方法。一旦开始拖动，可使用 DragOver 事件过程来处理位于 DragDrop 事件前面的事件。

当 source 参数中可能使用多个控件时，应使用 TypeOf 关键字和 If 语句一起确定 source 表示的控件的类型，格式如下：

```
If TypeOf 对象变量名 Is 控件类型名 Then
```

其中，TypeOf 函数返回值为对象变量所引用的控件的类型。

例 9-8 演示将一个 PictureBox 控件放到另一个 PictureBox 控件上的视觉效果。窗体上含有三个 PictureBox 控件，将 Picture1 和 Picture2 的 DragMode 属性设置为 1（自动），使用 Picture 属性将位图赋值给 Picture1 和 Picture2，然后在程序运行中实现将 Picture1 或 Picture2 拖到 Picture3 上。

程序代码如下：

```
Private Sub Form_Load()
    Picture1.DragMode = 1
    Picture2.DragMode = 1
    Picture1.Picture = LoadPicture(App.Path + "\cat.jpg")
    Picture2.Picture = LoadPicture(App.Path + "\mouse.jpg")
End Sub
```

键盘与鼠标事件过程

```
Private Sub Picture3_DragDrop(Source As Control, X As Single, Y As Single)
    If TypeOf Source Is PictureBox  Then
        Picture3.Picture = Source.Picture      '将 Picture3 位图设置为与源控件相同
    End If
End Sub
```

程序运行界面如图 9-7 所示（把左上角图片框 1 往右边图片框 3 拖放时产生的效果）。

图 9-7　图片框 DragDrop 事件演示

习　题　9

一、选择题

1. 窗口上有多个控件，在 Form_Activate()事件过程添加【　　】语句，就可确保每次运行程序时，都将光标定位在文本框 Text 上。

　　A）Text1.Text=""　　　　　　　B）Text1.SetFocus

　　C）Form1.SetFocus　　　　　　D）Text1.Visible=True

2. 窗体中有如下事件过程：

```
Private Sub Form_MouseDown(Button As Integer, Shift As Integer, X As Single,Y As Single)
    If Button = 2 Then
        Print "XXXXX"
    End If
End Sub
Private Sub Form_MouseUp(Button As Integer, Shift As Integer, X As Single,Y As Single)
    Print "YYYYY"
End Sub
```

程序运行后，如果在窗体上按下鼠标左键，再释放，则窗体上输出的结果是【　　】。

　　A）XXXXX　　　　　　　　　B）YYYYY

　　C）没有任何输出　　　　　　D）XXXXX,YYYYY

3. 窗体中有如下代码：

```
Private Sub Form_KeyPress(KeyAscii As Integer)
    a= Array(1,2,3,4,5)
    a1=a(1): a2=1
    If  KeyAscii = 32  Then
        For i = 4 To 1 Step -1
            If a(i) <m1 Then
                a1 = a(i)
                a2 = i
            End If
        Next i
    End If
    Print a1; a2
End Sub
```

则在程序执行后，按空格键，输出的结果是【   】。

    A）1 1   B）2 1   C）1 2   D）5 1

4. 阅读下面程序：

```
Private Sub Text1_KeyPress(KeyAscii as Integer)
    Dim a%
    If KeyAscii<48 or KeyAscii>57  Then
      a=MsgBox("error data", vbRetryCancel, "Error")
      If a=vbRetry  Then
          Text1=""
          Text1.setFocus
      End If
    End If
End Sub
```

Text1_keyPress 事件过程的作用是【   】。

    A）将输入 Text1 的内容保存

    B）检验输入 Text1 的字符是否为回车键

    C）检验输入 Text1 的数字是否在 48～57 之间

    D）检验输入 Text1 的字符是否为数字字符，若不是则弹出错误消息框

5. 在 Visual Basic 中，按下鼠标键所触发的事件，正确的程序段是【   】。

    A）
```
Private Sub Form_MouseDown(Button As Integer, Shift As Integer, X As
Single, Y As Single)
...
End Sub
```

    B）
```
Private Sub Form_MouseUP(Button As Integer, Shift As Integer, X As
Single, Y As Single)
...
End Sub
```

    C）
```
Private Sub Form_MouseMove(Button As Integer, Shift As Integer, X As
Single, Y As Single)
```

键盘与鼠标事件过程

```
        ...
        End Sub
    D）Private Sub Form_Load()
        ...
        End Sub
```

6. 以下不属于键盘事件的是【　　】。

　　A）KeyDown　　　　B）KeyUp　　　　C）Unload　　　　D）KeyPress

7. MouseMove 事件的发生是【　　】。

　　A）当鼠标移动时无限次地被激发　　　B）每秒激发一次

　　C）与鼠标灵敏度相关的　　　　　　　D）伴随鼠标移动而连续不断发生的

8. 更改鼠标指针样式是使用【　　】。

　　A）MouseMove 事件　　　　　　　　B）MouseDown 事件

　　C）MousePointer 属性　　　　　　　D）MouseUp 事件

9. 关于使用 MouseIcon 属性自定义鼠标的说法，正确的是【　　】。

　　A）MouseIcon 属性可以使用动态鼠标

　　B）一般在 MousePointer＝99 时使用

　　C）MouseIcon 属性要求图标文件大小一定

　　D）只有窗体具有 MouseIcon 属性

10. 下列四个选项与拖放操作无关的是【　　】。

　　A）KeyPress 事件　　　　　　　　B）Drag 方法

　　C）DragOver 事件　　　　　　　　D）DragDrop 事件

二、填空题

1. 在菜单编辑器中建立一个菜单，其主菜单项的名称为 mnuEdit，Visible 属性为 False，程序运行后，如果右击窗体，则弹出与 mnuEdit 相应的菜单。以下是实现上述功能的程序，请填空。

```
Private Sub Form__【1】__(Button A As Single, Shift As Integer, X As Single,
Y As Single)
    If  Button=2 Then
        __【2】__ mnuEdit
    End If
End Sub
```

2. 下列过程限制文本框只能接收大写字母（如果输入小写字母，则将其强行转化为对应的大写字母），请将所缺代码补充完整。

```
Private Sub Text1_KeyPress (KeyAscii  As Integer)
    If  【1】  Then
        KeyAscii = KeyAscii 【2】
    End If
End Sub
```

3. 已知 Shift 键的扫描码是 16，英文字母 B 的 ASCII 码是 66，英文字母 b 的 ASCII 码是 98。当键盘处于大写锁定状态时，仅按 B 键，KeyAscii= 【1】 ，KeyCode = 【2】 ；而按 Shift+B 键时，KeyAscii= 【3】 ，KeyCode 的值先后为 【4】 、 【5】 。当键盘处于小写状态时，仅按 B 键，KeyAscii= 【6】 ，KeyCode = 【7】 ；而按 Shift+B 键时，KeyAscii= 【8】 ，KeyCode 的值先后为 【9】 、 【10】 。

4. 当用户任意按键时，KeyPress 事件、KeyDown 事件和 KeyUp 事件中，一定发生的事件是 【1】 ；如果三个事件都发生，则最后发生的事件是 【2】 。

5. 当用户按回车键时，下列程序中能打印 OK 字样，而按数字键"1"时能打印 NO 字样。请将程序补充完整。

```
Option Base 1
Private Sub Form_KeyPress(KeyAscii As Integer)
    A=Array(237,126,87,48,498)
    M1=A(1)
    M2=1
    If KeyAscii=13 Then
        Print " OK "
        For I=2 To 5
            If A(I)>M1 Then
                M1=A(I)
                M2=I
            End If
        Next I
        Print M1;M2
    ElseIf KeyAscii= 【1】 Then
        Print "NO"
    End IF
End Sub
```

当窗体上输出了 OK 时，那么还会输出另外两个数，它们分别是 【2】 、 【3】 。

第10章　文　件

本章要点

Visual Basic 提供了文件管理的开发工具，Visual Basic 程序员可以设计标准的文件管理界面，可以方便地对各种文件进行读写操作，使开发出的应用程序具有更强的数据处理能力，更符合实际的需要。

本章主要介绍 Visual Basic 中数据文件的基本概念、文件结构、文件系统控件和常用的文件基本操作。重点介绍顺序文件和随机文件的读写操作，并对不同类型的文件结合具体例子进行操作应用示例。

10.1　文件的结构和分类

10.1.1　文件结构

在实际开发的应用系统中，输入输出数据可以从常规输入输出设备进行。试想：在数据量大，数据访问频繁，数据处理结果需长期保存的情况下，又如何？在这种情况下，一般将数据以文件的形式保存。文件是指存储在计算机外部存储器上经过格式化的数据的集合。文件结构涉及字符、字段、记录这几个概念。字符是数据文件中较小的信息单位，如单个的数字、英文字母、标点符号等。字段（或称数据项）是由几个字符构成的有意义的名称，如一个学生的学号、姓名、课程成绩等。记录是由若干相关联的字段（数据项）组成的，是计算机处理数据的基本单位。如由一个学生的学号、姓名、课程成绩构成一条学生信息的记录。一个文件则是由若干条均由相同字段组成的记录构成。

10.1.2　文件分类

文件可根据考虑的角度不同有不同的分类方式。根据文件存储数据的性质分类，可分为程序文件、数据文件。程序文件即程序代码编制过程中生成的文件。数据文件一般是程序运行过程中所需用到的输入数据的文件或者用于保存运算处理结果的文件。如果从文件的存取方式和结构的角度分类，又可分为顺序文件、随机文件。顺序文件是指文件中的记录一个接一个地存放，记录长短可不同，访问时只能从第一条记录访问到最后一条记录，即只能顺序访问。随机文件是指每条记录的长度相同，可以按记录号直接访问文件中的任一记录，即可以随机进行访问。另外，根据文件数据的编码方式分类，还可分为 ASCII 码文件和二进制文件。ASCII 码文件是指文件中的数据以字符形式存在，每个字符均以 ASCII 码表示。二进制文件指直接将二进制代码存入文件，可以按字节随机访问文件中的数据。

Visual Basic 中按文件的访问方式不同，将文件分为顺序文件、随机文件和二进制文件。

后续几节将主要介绍顺序文件和随机文件的访问操作方法。

10.2　文件操作语句和函数

虽然顺序访问和随机访问文件方式侧重的文件数据类型不尽相同，但它们访问文件的基本步骤是相同的，都是下列三个操作步骤：

（1）使用 Open 语句打开文件，同时指定文件的文件号。

（2）从文件中读取数据到内存变量或向文件中写入数据。

（3）使用 Close 语句关闭文件。

10.2.1　文件的打开

```
Open "路径文件名" [For 访问模式] As [#]文件号 [Len=记录长度字节数]
```

路径文件名：必填参数，由字符串表达式组成。它一般包含路径信息（盘符文件夹名、分隔符\）和文件名；如果该文件和程序文件在同一文件夹内，则可以只写文件名。

访问模式：可选填参数，指定文件访问方式。访问模式为 Random 或[For 访问模式]省略时，打开随机文件。如果要打开顺序文件，有 Append、Input、Output 三种模式。

- Append：新建或打开一个文件进行写操作。文件若存在，则打开，写入的数据添加在原有数据末尾；文件若不存在，则新建之。
- Input：打开一个文件进行读操作。如果文件不存在，则出错。
- Output：新建或打开一个文件进行写操作。文件存在则打开，原来的数据将被新写入的数据替换；文件若不存在，则新建之。

文件号：必填参数，是给打开的文件分配一个文件号，范围在 1～511 之间。一旦给文件指定了文件号，该号就代表了被打开的文件，直到此文件被关闭，此文件号才能被其他文件使用。

记录长度字节数：可选填参数。是一个小于或等于 32767 字节的数。对于随机文件，该值即记录长度。对于顺序文件，该值是缓冲字符数，指定进行数据交换时数据缓冲区的大小。

例如：

```
Open "C:/Temp/myfile.TXT" For Input As #1
'打开 C:盘 Temp 文件夹中的 myfile.TXT 顺序文件进行读操作
Open "subject.dat" For Random As #1 Len = Reclength
'打开当前目录下的名为 Subject.dat 的随机文件，Reclength 是记录长度
```

10.2.2　文件的读写相关函数

Visual Basic 中对不同类型文件的读写有不同的语句及函数，后续 10.3 节和 10.4 节将分别对顺序文件和随机文件的读写进行详细介绍。但在不同类型文件操作过程中，有一些可能用到的相关函数。

（1）EOF（#文件号）：用于判断当前文件指针是否到达文件尾。若到达，函数值为 True，否则为 False。

（2）FreeFile[(范围参数)]：返回一个整数，代表下一个可供 Open 语句使用的文件号（即未被其他文件占用的文件号）。范围参数可选，指定一个范围，以便返回该范围之内的下一个可用文件号。指定 0（默认值）则返回一个介于 1~255 之间的文件号。指定 1 则返回一个介于 256~511 之间的文件号。

例如：

```
Dim FileNumber As Integer
FileNumber = FreeFile                      '取得未使用的文件号
Open "myfile" For Output As #FileNumber    '创建或打开文件进行写操作
Close #FileNumber                          '关闭文件
```

（3）LOF（#文件号）：返回用 Open 语句打开的文件的字节数（文件长度），若是空文件则函数值为 0。对于尚未打开的文件，可使用 FileLen(文件名)函数计算其长度。

例如：

```
Dim FileLength As Long
Open "File1.dat" For Input As #1    '打开文件进行读操作
FileLength = LOF(1)                 '调用 LOF 函数计算文件长度，单位为字节
Close #1                            '关闭文件
```

10.2.3　文件的关闭

对文件进行访问之前应该先打开文件，当对文件完成各种操作之后，必须关闭文件。这是由于数据写入文件是先写入文件的缓冲区中，当缓冲区满了才将数据写入文件，而关闭文件操作可以将缓冲区中内容全部写入文件。所以文件使用完如果不及时关闭，可能发生文件数据丢失的情况，因此在不需对文件再进行其他操作的时候应将文件及时关闭。关闭文件的命令 Close 的语法格式为：

```
Close [文件号列表]
```

文件号列表：代表一个或多个文件号。若省略，表示关闭 Open 语句打开的所有文件。

例如：

```
Close 1         '关闭文件号为 1 的文件
Close 1, 2      '关闭当前已打开的文件号为 1 和文件号为 2 的文件
Close           '关闭所有打开的文件
```

注意：文件一旦被关闭，文件与其文件号之间的关联将终结，该文件号就可分配给其他文件使用。

10.3　顺　序　文　件

10.3.1　顺序文件的读操作

顺序文件是指文件中的记录连续存放，记录长短可不同，访问时只能依顺序从第一条记录访问到最后一条记录。顺序文件的访问方式适合访问普通的文本文件，如文字处理软

件 WPS、Word 或写字板等创建的文本文件。

当文件是以 Input 模式打开时，就可以对文件进行顺序读操作。

例如：

```
Open "File1.dat" For Input As #1      '打开文件以便进行读操作
Input #1, Name, SerialNumber          '读入两个变量 Name 和 SerialNumber
```

Visual Basic 提供的读取文件内容的方法有以下三种：

（1）从已经打开的顺序文件中读出数据并将数据赋给变量。语法格式：

```
Input #文件号,变量列表
```

其中，变量列表以逗号分隔，从文件中读出的值分别赋给这些变量。

注意：

- 文件中数据项目的顺序必须与变量列表中变量的顺序相同，数据类型必须和变量列表中变量的数据类型匹配。
- 这些变量不可是一个数组或对象变量。
- 在使用 Input # 语句之前，应使用 Write # 语句而不是 Print # 语句将数据写入文件。因为 Write # 语句可以确保将各个单独的数据域正确分隔开。

例如：

```
Dim c1, c2
Open "myfile" For Input As #1        '打开输入文件
Input #1, c1, c2                     '读入两个变量
Debug.Print c1, c2                   '在当前窗口中显示数据
Close #1                             '关闭文件
```

（2）从文件中读出指定数目的字符。语法格式：

```
Input (读取的字符数, #文件号)
```

Input 函数返回它所读出的所有字符，包括逗号、回车符、空白列、换行符、引号和前导空格等。

例如：

```
Dim c
Open "myfile" For Input As #1        '打开文件
c = Input(1,#1)                      '读入一个字符并将其赋予变量 c
Close #1                             '关闭文件
```

（3）从已经打开的顺序文件中读出一行字符，直到遇到回车符（chr(13)）或回车换行符（chr(13)+chr(10)）为止。回车、换行符将被跳过，而不会被附加到字符串上。语法格式：

```
Line Input #文件号,变量
```

其中，变量为 String 型或 Variant 型。

例如：

```
Dim line1 As String
Open "myfile" For Input As #1          '打开文件
Do While Not EOF(1)
    Line Input #1, line1               '读入一行数据并将其赋予变量 line1
    Debug.Print line1                  '在立即窗口中显示数据
Loop
Close #1                               '关闭文件
```

10.3.2 顺序文件的写操作

如果文件是以 Output 或 Append 模式打开的，就可以对文件进行顺序写操作。

（1）将格式化显示的数据写入顺序文件中。语句格式：

Print #文件号,[数值或字符串表达式]

数值或字符串表达式为可选参数，如果有一个以上的表达式，可以用逗号分隔；如果不带这个参数，并在文件号后加上逗号，表示向文件中写入一空白行。

例如：

```
Open "printdatafile" For Output As #1    '打开要写入数据的文件
Print #1,                                '写入空白行
Print #1, "Print 语句"                    '写入文本"Print 语句"
```

（2）将数据写入顺序文件。语句格式：

Write #文件号,[数值或字符串表达式]

类似 Print 语句，数值或字符串表达式为可选参数，如果有一个以上的表达式，可以用逗号分隔；如果不带这个参数，并在文件号后加上逗号，表示向文件中写入一空白行。

与 Print # 语句不同，当要将数据写入文件时，Write # 语句采用紧凑格式以逗号分隔数据项目，以双引号标记字符串。Write # 语句在将数据写入文件后自动插入 Chr(13)+Chr(10)，即回车换行。通常用 Input # 语句从文件读出 Write # 语句写入的数据。

注意：多个表达式之间可用空白、分号或逗号隔开，空白和分号等效。

例如：

```
Open "writedatafile" For Output As #1    '打开要写入数据的文件
Write #1, "Write 语句",89                 '写入以逗号隔开的数据
Write #1,                                '写入空白行
```

对于顺序文件的访问，读与写要分别用不同的方式打开文件（For Input 用于"读"，For Output 或 For Append 对应不同方式的"写"）。

例 10-1 顺序文件读写。

新建一个工程，窗体 Form1 如图 10-1 所示，包括一个文本框，三个命令按钮。窗体及各控件属性如表 10-1 所示。单击"新建"按钮实现新建一个顺序文件 C:\temp\serialfile.txt。单击"打开"按钮可以打开该文件并在文本框中显示其内容，如果该文件不存在，可提示错误，如图 10-2 所示，单击"确定"按钮，返回 Form1 窗体。如果重新单击"新建"按钮

可建立该文件。单击"退出"按钮结束程序运行。

表 10-1　窗体控件及属性

控件名称	属性名称	属性值	说明
Form1	Caption	顺序文件读写示例	
Text1	MultiLine	True	文本可换行显示
	ScrollBars	3-Both	加上水平垂直滚动条
	Text	为空	
CmdNew	Caption	新建	新建一个顺序文件
CmdOpen	Caption	打开	打开顺序文件
CmdExit	Caption	退出	退出程序

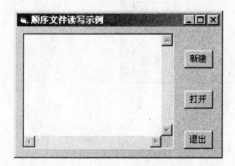

图 10-1　顺序文件读写示例

图 10-2　错误提示

程序代码如下：

```
Private Sub CmdNew_Click()  '新建
    Open "C:\temp\serialfile.txt" For Output As #1  '以写方式打开文件
    Print #1, "Print data", 1, 3                '使用 Print 写入数据
    Write #1, "Write data", 2, 4                '使用 Write 写入数据
    Close 1                                      '写入数据完成后关闭文件
End Sub


Private Sub CmdOpen_Click()              '打开
    Dim b As String
    On Error GoTo PROC_ERR               '错误处理，转向标号 PROC_ERR 处执行
    Open "C:\temp\serialfile.txt" For Input As #1   '以读方式打开文件
    Do Until EOF(1)
        Line Input #1, nextline          '读取一行数据
        b = b & nextline & Chr(13) & Chr(10)
    Loop
    Text1.text = b                       '将读取的数据显示在文本框
    Close 1                              '读数据完成后关闭文件
    Exit Sub
PROC_ERR:
    MsgBox "C:\temp\serialfile.txt 文件不存在,请先建立该文件! ", , "错误"
    Exit Sub
```

```
      End Sub
      Private Sub CmdExit_Click()   ' 退出
           Unload Me
      End Sub
```

程序运行，显示顺序文件内容界面如图 10-3 所示。

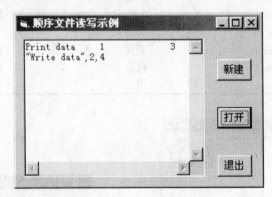

图 10-3　显示顺序文件内容

注意：Print 语句和 Write 语句写入数据的格式。

10.4　随 机 文 件

随机文件由相同结构、相同长度的记录组成，每条记录可包含一个或多个字段。对随机文件的存取以记录为单位进行，每条记录都有一个记录号，依照记录号可以方便地访问文件。

10.4.1　随机文件的读写操作

对随机文件的存取是以记录为单位进行的，所以在对随机文件进行读写访问之前，应先定义一个记录类型。在程序的变量声明部分用第 4 章学过的 Type…End Type 类型声明语句定义记录类型，语法格式如下：

```
[Private | Public] Type 自定义类型名
      成员名 As 类型
      [成员名 As 类型]
      …
End Type
```

如下声明一个课程的记录类型：

```
Type Subject
      Name As String * 20      '课程名称宽度为 20 字节
      Term As Integer          '授课学期为整型
      Number As Integer        '课程学时为整型
End Type
```

定义了记录类型后，像系统定义的数据类型一样（如 Integer），为了使用这种类型的数据，应该定义这种类型的变量。例如：

```
Dim MySubject As Subject  '定义 Subject 类型的变量 MySubject
```

定义了记录类型，并且定义了该类型的变量，就可以对随机文件进行读写了。

随机文件的读取采用 Get 语句，语法格式如下：

```
Get [#]文件号, [记录号], 变量
```

其中，记录号可选，若提供记录号，则表示从此记录号处开始读出数据；若缺省，表示读取的是当前记录的后一条记录。变量为必选参数，读出的数据将写入其中。通常用 Get 语句将 Put 语句写入的文件数据读出来。

例如：

```
Dim Position As Integer
Open "C:\temp\subject.txt" For Random As #1 Len = Len(MySubject) '打开文件
Position = 2
Get #1, Position, MySubject  '读取第二条记录
Close 1
```

随机文件的写入采用 Put 方法，语法格式如下：

```
Put [#]文件号, [记录号], 变量
```

其中，记录号可选，若提供记录号，则表示从此记录号处开始写入数据。这时，若写入的记录号已存在，原来的记录将被覆盖；如果不存在，则系统自动增加文件长度，直到使得该记录号存在。若缺省记录号，则表示从当前记录的下一条开始写入。变量为必选参数，包含要写入磁盘的数据的变量名。

例如：

```
MySubject.Name = "Visual Basic 程序设计"  '课程名称= "Visual Basic 程序设计"
MySubject.Term = 2                        '授课学期= 2
MySubject.Number = 64                     '课程学时= 64
Put #1, Position, MySubject               '将记录写入文件，记录号为 Position
Put #1, 5, MySubject                       '将记录写入文件的第 5 条记录位置
```

10.4.2 随机文件中记录的增加与删除

使用 Open 语句打开随机文件，如果该文件不存在，可以新建该文件。使用 Put 语句可以向打开的随机文件末尾增加新的记录。

例 10-2 向随机文件 subject.txt（C:\temp 目录下）中添加记录。窗体及各控件属性如表 10-2 所示。

表 10-2 窗体控件及属性

控件名称	属性名称	属性值	说明
Form1	Caption	添加记录	
Label1	Caption	课程名称:	

续表

控件名称	属性名称	属性值	说明
Label2	Caption	授课学期：	
Label3	Caption	课程学时：	
TxtName	Text	为空	显示课程名称
TxtTerm	Text	为空	显示授课学期
TxtNum	Text	为空	显示课程学时
CmdAdd	Caption	添加	添加记录
CmdSave	Caption	保存	保存添加的记录
CmdCancel	Caption	取消	取消添加记录
CmdExit	Caption	退出	退出程序

程序运行界面如图 10-4 所示。如果随机文件中还没有任何记录，文本框 TxtName、TxtTerm 及 TxtNum 均显示文本为空，否则显示当前文件最后一条记录。当单击"添加"按钮时，清空 TxtName、TxtTerm 和 TxtNum 的内容，可以在这三个文本框中分别输入课程名称、授课学期和课程学时。单击"保存"按钮可保存该条记录，单击"取消"按钮可取消添加。

程序代码如下：

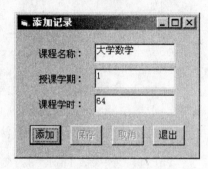

图 10-4　随机文件增加记录

```
Private Type Subject
                '窗体代码声明区声明自定义数据类型
    Name As String * 20
                '课程名称宽度为 20 字节
    Term As Integer      '授课学期为整型
    Number As Integer    '课程学时为整型
End Type
Dim FileNum As Integer   '窗体代码声明区声明窗体级变量
Dim Mysubject As Subject
Dim LastRecord As Integer
Dim Position As Integer
Dim Reclength As Integer
Private Sub Form_Load()   '窗体加载过程
    CmdSave.Enabled = False
    CmdCancel.Enabled = False
    TxtName.Enabled = False
    TxtTerm.Enabled = False
    TxtNum.Enabled = False
    Reclength = Len(Mysubject)
    Close 1
    Open "C:\temp\subject.txt" For Random As #1 Len = Reclength
                    '新建或打开文件
    If LOF(1) <> 0 Then
        LastRecord = LOF(1) / Reclength
        Get #1, LastRecord, Mysubject
```

```vb
            TxtName.Text = Mysubject.Name
            TxtTerm.Text = Mysubject.Term
            TxtNum.Text = Mysubject.Number
        End If
End Sub

Private Sub CmdAdd_Click()                      '添加
    TxtName.Text = "" : TxtName.Enabled = True
    TxtTerm.Text = "" : TxtTerm.Enabled = True
    TxtNum.Text = "" : TxtNum.Enabled = True
    CmdAdd.Enabled = False
    CmdSave.Enabled = True : CmdCancel.Enabled = True
End Sub

Private Sub CmdCancel_Click()                   '取消增加记录
    Get #1, LastRecord, Mysubject               '读文件最后一条记录
    TxtName.Text = Mysubject.Name
    TxtTerm.Text = Mysubject.Term
    TxtNum.Text = Mysubject.Number
    TxtName.Enabled = False
    TxtTerm.Enabled = False
    TxtNum.Enabled = False
    CmdAdd.Enabled = True
    CmdSave.Enabled = False
    CmdCancel.Enabled = False
End Sub

Private Sub CmdSave_Click()                      '保存
On Error GoTo PROC_ERR                           '错误处理
    Position = LOF(1) / Len(Mysubject)
    Mysubject.Name = TxtName.Text
    Mysubject.Term = TxtTerm.Text
    Mysubject.Number = TxtNum.Text
    Put #1, Position + 1, Mysubject              '将增加的记录写入文件
    CmdAdd.Enabled = True
    CmdSave.Enabled = False
CmdCancel.Enabled = False
PROC_ERR: Exit Sub
End Sub

Private Sub CmdExit_Click()                      '退出
    Close #1
    Unload Me
End Sub
```

思考：如何向随机文件指定位置插入记录？

例 10-3　从随机文件 subject.txt 中删除指定记录。

从随机文件 subject.txt 中删除指定记录，可以采取给指定记录做删除标记，或者将后续记录向前移动覆盖该条需删除的记录并将最后一条记录清空。但是第一种方式删除的记录仍在文件中，第二种方式虽然删除了指定记录，但最后一条记录仍然存在，只是内容为空。要从随机文件 subject.txt 中彻底删除记录，可采取将文件中无须删除的记录写入另外一个文件 subject2.txt，再将 subject2.txt 文件中内容复制到 subject.txt 中即可。窗体及各控件属性如表 10-3 所示，程序界面设计如图 10-5 所示。

表 10-3　窗体控件及属性

控件名称	属性名称	属性值	说明
Form1	Caption	随机文件删除记录	
Label1	Caption	文件名：	
Label2	Caption	subject.txt	随机文件的名字
Label3	Caption	文件记录总数：	
Label4	Caption	请输入要删除的记录号：	
Label5	Caption	课程名称：	
Label6	Caption	授课学期：	
Label7	Caption	课程学时：	
LblNum	Caption	为空	程序运行时显示文件记录总数
TxtDelNum	Text	为空	输入要删除的记录号
TxtName	Text	为空	显示课程名称
TxtTerm	Text	为空	显示授课学期
TxtNum	Text	为空	显示课程学时
CmdList	Caption	显示	显示要删除的记录内容
CmdDel	Caption	删除	删除记录
CmdExit	Caption	退出	退出程序

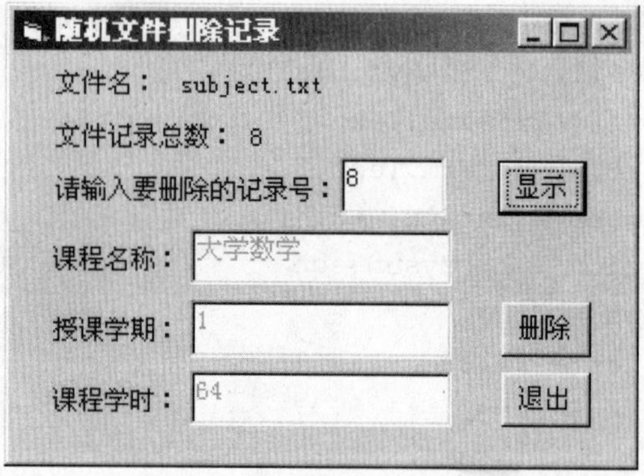

图 10-5　删除随机文件记录

```
Private Type Subject              '窗体代码声明区声明自定义数据类型
    Name As String * 20          '课程名称宽度为 20 字节
    Term As Integer              '授课学期为整型
    Number As Integer            '课程学时为整型
```

```
End Type
Dim FileNum, FileNum2 As Integer        '定义存放文件号的变量
Dim Mysubject As Subject
Dim RecordNum As Integer
Dim Reclength As Long
Private Sub Form_Load()
    FileNum = FreeFile
    Reclength = Len(Mysubject)
    Open "C:\temp\subject.txt" For Random As FileNum Len = Reclength
    RecordNum = LOF(FileNum) / Reclength
    LblNum.Caption = RecordNum
    Close FileNum
End Sub

Private Sub CmdDel_Click()   '删除
    Dim n, i, j As Integer
    n = Val(TxtDelNum.Text)
    If (n>LblNum.Caption or n<0 ) Then
        MsgBox "无效数据，请重新输入! ", vbCritical, "错误"
        Exit Sub
    Else
        m = MsgBox("确定删除吗? ", vbOKCancel + vbDefaultButton2 + vbExcla-
        mation, "警告")
    End If
    If (m = vbCancel) Then
        Exit Sub
    Else
        Open "C:\temp\subject.txt" For Random As FileNum Len = Reclength
        RecordNum = LOF(FileNum) / Reclength
        LblNum.Caption = RecordNum - 1
        FileNum2 = FreeFile
        Open "C:\temp\subject2.txt" For Random As FileNum2 Len = Reclength
                                '打开文件
        j = 1
        For i = 1 To RecordNum
            If (i <> n) Then
                Get FileNum, i, Mysubject
                            '读出 subject.txt 中除需删除的记录外的记录
                Put FileNum2, j, Mysubject    '向 subject2.txt 中写入记录
                j = j + 1
            End If
        Next i
        Close FileNum
        Close FileNum2
```

```
            FileCopy "C:\temp\subject2.txt", "C:\temp\subject.txt"    '复制文件
            Kill "C:\temp\subject2.txt"                              '删除文件
            TxtDelNum.Text = "" : TxtName.Text = ""                  '文本框内容清空
            TxtTerm.Text = "" : TxtNum.Text = ""
        End If
    End Sub


    Private Sub CmdList_Click()    '显示记录内容
        Dim n As Integer
        n = Val(TxtDelNum.Text)
        Open "C:\temp\subject.txt" For Random As FileNum Len = Reclength
        RecordNum = LOF(FileNum) / Reclength
        If (n > RecordNum Or n <= 0) Then
            MsgBox "无效数据，请重新输入! ", vbCritical, "错误"
            TxtDelNum.Text = "" : TxtName.Text = ""
            TxtTerm.Text = "" : TxtNum.Text = ""
        Else
            Get FileNum, Val(TxtDelNum.Text), Mysubject
            TxtName.Text = Mysubject.Name
            TxtTerm.Text = Mysubject.Term
            TxtNum.Text = Mysubject.Number
        End If
        Close FileNum
    End Sub


    Private Sub CmdExit_Click()    '退出
        Unload Me
    End Sub
```

程序运行界面如图 10-5 所示。

在文本框 Text1 中输入要删除的记录号 8，单击"显示"按钮，TxtName、TxtTerm、TxtNum 文本框将分别显示第八条记录的课程名称、授课学期和课程学时。如果需要删除该条记录可单击"删除"按钮，将出现如图 10-6 所示的消息框，单击"确定"按钮可删除这条记录，单击"取消"按钮则取消删除。如果输入的记录号不在 1～8 记录总数范围内，将出现如图 10-7 所示的消息框提示错误。

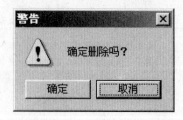

图 10-6　"警告"对话框

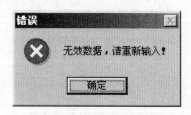

图 10-7　"错误"对话框

10.4.3 用控件浏览和修改随机文件

对随机文件，以 Get 语句读出记录，进行修改后，再用 Put 语句重新写入文件。

例 10-4 利用滚动条浏览随机文件，可保存对记录进行的修改或取消修改。窗体及各控件属性如表 10-4 所示，程序运行界面如图 10-8 所示。

表 10-4 窗体控件及属性

控件名称	属性名称	属性值	说明
Form1	Caption	浏览修改随机文件	
Label1	Caption	课程名称：	
Label2	Caption	授课学期：	
Label3	Caption	课程学时：	
TxtName	Text	为空	显示课程名称
TxtTerm	Text	为空	显示授课学期
TxtNum	Text	为空	显示课程学时
HScroll	value	0	水平滚动条
CmdUpdata	Caption	修改	修改记录
CmdSave	Caption	保存	保存对记录的修改
CmdCancel	Caption	取消	取消修改记录
CmdExit	Caption	退出	退出程序

程序代码如下：

```
Private Type Subject            '自定义数据类型
    Name As String * 20         '课程名称宽度为 20 字节
    Term As Integer             '授课学期为整型
    Number As Integer           '课程学时为整型
End Type
Dim FileNum As Integer          '定义存放文件号的变量
Dim Mysubject As Subject        '定义自定义数据类型的变量
Private Sub Form_Load()         '窗体加载过程
    Dim LastRecord As Integer
    Dim Reclength As Long
    FileNum = FreeFile
    Reclength = Len(Mysubject)  '求记录的长度
    Open "C:\temp\subject.txt" For Random As FileNum Len = Reclength
                                '打开文件
    LastRecord = LOF(FileNum) / Reclength
    HScroll.Value = 0
    If (LastRecord = 0) Then
        HScroll.Max = 0
        CmdUpdate.Enabled = False
        CmdSave.Enabled = False
        CmdCancel.Enabled = False
    Else
```

```
                HScroll.Max = LastRecord - 1
                Get FileNum, 1, Mysubject        '读出第一条记录
                TxtName.Text = Mysubject.Name
                TxtTerm.Text = Mysubject.Term
                TxtNum.Text = Mysubject.Number
                TxtName.Enabled = False
                TxtTerm.Enabled = False
                TxtNum.Enabled = False
                CmdSave.Enabled = False
                CmdCancel.Enabled = False
            End If
    End Sub

    Private Sub CmdUpdate_Click()                '修改
        CmdUpdate.Enabled = False
        CmdSave.Enabled = True
        CmdCancel.Enabled = True
        TxtName.Enabled = True
        TxtTerm.Enabled = True
        TxtNum.Enabled = True
    End Sub

    Private Sub CmdSave_Click()                  '保存修改
        Dim Position As Integer
        CmdUpdate.Enabled = True
        CmdSave.Enabled = False
        CmdCancel.Enabled = False
        TxtName.Enabled = False
        TxtTerm.Enabled = False
        TxtNum.Enabled = False
        Mysubject.Name = TxtName.Text
        Mysubject.Term = TxtTerm.Text
        Mysubject.Number = TxtNum.Text
        Position = HScroll.Value + 1
        Put #1, Position, Mysubject              '将记录写入文件
    End Sub

    Private Sub CmdCancel_Click()                '取消修改
        CmdSave.Enabled = False
        CmdCancel.Enabled = False
        CmdUpdate.Enabled = True
        TxtName.Enabled = False
        TxtTerm.Enabled = False
        TxtNum.Enabled = False
        TxtName.Text = Mysubject.Name
```

```
     TxtTerm.Text = Mysubject.Term
     TxtNum.Text = Mysubject.Number
End Sub

Private Sub HScroll_Change()                    '移动滚动条浏览记录
     Dim RecordNumber
     RecordNumber = HScroll.Value + 1
     Get FileNum, RecordNumber, Mysubject       '读出记录
     TxtName.Text = Mysubject.Name
     TxtTerm.Text = Mysubject.Term
     TxtNum.Text = Mysubject.Number
End Sub

Private Sub CmdExit_Click()  '退出
     Close 1
     Unload Me
End Sub
```

程序运行界面如图 10-8 所示。移动滚动条，在 TxtName、TxtTerm、TxtNum 文本框中
显示记录相应内容，单击"修改"按钮可以对文本
框中内容进行修改；单击"保存"按钮，保存修改
后的记录；单击"取消"按钮则取消对记录的修改，
在文本框中显示记录原来的内容。

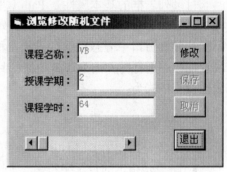

提示：对比顺序文件的访问，对随机文件而
言，读与写所用的打开文件方式是一样的（都是
For Random）。而对于顺序文件的访问，读与写却
要分别用不同的方式打开文件（For Input 为"读"，
For Output 或 For Append 对应不同方式的"写"）。

图 10-8　用控件显示和修改随机文件

10.5　文件系统控件

Visual Basic 为用户进行文件操作提供了两种方式：一种是使用前面已经介绍过的
CommonDialog 控件所提供的标准对话框；另外一种就是使用下面我们要介绍的三个文件
系统控件，驱动器列表框（DriveListBox）、目录列表框（DirListBox）和文件列表框
（FileListBox）。

10.5.1　驱动器列表框

在进行文件操作时，需要选择磁盘驱动器，以便从可用驱动器中选择一个有效的磁盘
驱动器，Visual Basic 提供的驱动器列表框是一个下拉式列表框，该控件用来显示和选择用
户系统中所有磁盘驱动器，如图 10-9 所示。

驱动器列表框的基本属性是 Drive 属性，用于设置在列表框中显示的当前工作驱动器。该属性不能从属性窗口中静态设置，只能在程序中用代码进行设置，或者在程序运行时双击列表框中某个驱动器改变 Drive 属性。Drive 属性设置格式为：

<对象>.Drive [=<驱动器名>]

- 对象是指定的 DriveListBox 控件的名称。
- 驱动器名是指定的驱动器盘符字符串（如"C:"等）。

驱动器列表框的基本事件是 Change 事件。在程序运行时，

图 10-9　驱动器列表框

当选择一个新的驱动器或通过代码改变驱动器列表框的 Drive 属性的设置时，都会触发驱动器列表框的 Change 事件发生。如果选择不存在的驱动器，则会产生错误。

10.5.2　目录列表框

在窗体中添加目录列表框控件，以便当程序运行时显示当前驱动器上的目录列表。这个目录列表包括当前驱动器根目录及其子目录结构，如图 10-10 所示。

目录列表框的基本属性是 Path 属性，用于设置或返回列表框中显示的当前工作目录。同驱动器列表框的 Drive 属性一样，不能从属性窗口中静态设置，只能在程序中用代码进行设置，或者在程序运行时双击列表框中某个目录改变 Path 属性。Path 属性设置格式为：

图 10-10　目录列表框

<对象>.Path [=<路径>]

- 对象是指定的 DirListBox 控件的名称。
- 路径是指定的目录字符串（如"C:\Windows"）。

目录列表框的基本事件是 Change 事件。与驱动器列表框一样，在程序运行时，每当改变当前目录，即目录列表框的 Path 属性发生变化时，都要触发其 Change 事件发生。

10.5.3　文件列表框

文件列表框控件 FileListBox 用来显示在 Path 属性指定的文件夹中所选择文件类型的文件列表，如图 10-11 所示。

文件列表框的基本属性包括 Pattern、Filename、Path 等。

Pattern 属性用来设置在执行时要显示的文件类型，可以在属性窗口设置，也可在程序代码中设置。设置格式为：

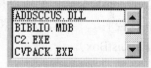

<对象>.Pattern [=<值>]

图 10-11　文件列表框

- 对象是指定的 FileListBox 控件的名称。
- 值是一个用来指定文件类型的字符串表达式，如默认情况下为"*.*"，指所有文件；若指定值为"*.doc"，则表示只显示 Word 文档文件，以此类推。

Path 属性返回或设置当前路径，用于显示指定目录下的文件。不能在属性窗口设置，只能在程序中设置。设置格式为：

```
<对象>.Path [=路径]
```

- 对象是指定的 FileListBox 控件的名称。
- 路径即指定的当前目录字符串（如"D:\Microsoft Office\"）。

Filename 属性用来返回或设置所选文件的路径和文件名（即带路径的文件名）。不能在属性窗口设置，只能在程序中进行设置，或者在程序运行时双击列表框中某项来改变。设置格式为：

```
<对象>.FileName [=带路径的文件名]
```

- 对象是指定的 FileListBox 控件的名称。
- 带路径的文件名是包含指定文件路径和文件名的字符串（如"C:\Winnt\Calc.exe"）。

10.5.4 三种文件系统列表框协同工作的程序

根据程序需要，在窗体上可以单独使用三种文件系统控件之一，也可以同时设计驱动器列表框、目录列表框和文件列表框，通常是将三者组合使用。这三个控件之间在设计之初是相互独立的，要使三者关联而发生联动，必须在程序中编写驱动器列表框 Change 事件和目录列表框 Change 事件代码。

例 10-5 驱动器列表框、目录列表框、文件列表框协同工作按某种文件类型显示文件列表。

（1）新建一个窗体，设置 Caption 属性为文件系统控件例。

（2）在窗体中添加控件，包括标签 Label1、文本框 Text1、驱动器列表框 Drive1、目录列表框 Dir1、文件列表框 File1 和两个命令按钮。程序代码如下：

```
Private Sub CmdList_Click()  '单击按钮显示当前目录下文本框 Text1 所示类型的文件列表
    File1. Pattern = Text1.Text
End Sub


Private Sub Drive1_Change() '设置目录列表框与驱动器列表框同步
    Dir1.Path = Drive1.Drive
End Sub


Private Sub Dir1_Change()    '设置文件列表框路径为目录列表框路径
    File1.Path = Dir1.Path
    File1.FileName = "*.*"
End Sub


Private Sub CmdExit_Click()
    Unload Me
End Sub
```

当程序运行时，在文本框中输入文件类型，如*.txt，选择驱动器及目录，单击"显示"按钮将显示所有该目录下 txt 文件，如图 10-12 所示。

图 10-12　文件系统控件的使用

10.6　文件基本操作

10.6.1　删除文件命令

删除指定文件。命令格式：

```
Kill 文件名
```

文件名中可使用多字符（*）和单字符（?）通配符来表示删除多个文件。
例如：

```
Kill "c:\myfile.txt"        '删除 c:\myfile.txt
Kill "d:\datafile\*.txt"     '将 d:\datafile 目录下所有*.txt 文件全部删除
```

10.6.2　文件复制命令

复制一个文件。命令格式：

```
FileCopy 源文件，目标文件
```

例如：

```
FileCopy "c:\srcfile.txt", "c:\objfile.txt"
                '将 c:\srcfile.txt 复制为 c:\objfile.txt
FileCopy "c:\srcfile.txt", "d:\objfile.txt"
                '将 c:\srcfile.txt 复制为 d:\objfile.txt
```

10.6.3　文件（夹）重命名命令

对文件或文件夹重命名。使用 Name 语句重新命名文件并可以将其移动到一个不同的文件夹中。Name 可跨驱动器移动文件，不能创建新文件或文件夹，不能使用通配符。Name

语句重新命名文件夹时不能将改名的文件夹移到另一个驱动器。命令格式：

Name 源文件（夹）名 As 新文件（夹）名

例如：

```
Name "c:\oldfile.txt" As "c:\newfile.txt"          '更改文件名
Name "c:\oldfile.txt" As "c:\temp\newfile.txt"
            '将文件 c:\oldfile.txt 移动到 c:\temp，并更改文件名为 newfile.txt
Name "e:\aaa" As "e:\xxx"          '将 e:盘根目录下的文件夹名 aaa 改名为 xxx
```

习 题 10

一、选择题

1. Visual Basic 中目录改名命令是【   】。

   A）Name   B）Rename   C）Ren   D）Redir

2. Visual Basic 中删除文件命令是【   】。

   A）Delete   B）Remove   C）Kill   D）Erase

3. 以下【   】方式打开的文件只能读不能写。

   A）Input   B）Output   C）Random   D）Append

4. 在 Visual Basic 中，按文件的访问方式不同，可以将文件分为【   】。

   A）ASCⅡ文件和二进制文件   B）文本文件和数据文件

   C）数据文件和可执行文件   D）顺序文件、随机文件和二进制文件

5. 下列命令中【   】可实现对随机文件的读操作。

   A）Write   B）Get   C）Input   D）Put

6. 在窗体上画一个名称为 Drive1 的驱动器列表框，一个名称为 Dir1 的目录列表框。当改变当前驱动器时，目录列表框应该与之同步改变。设置两个控件同步的命令放在一个事件过程中，这个事件过程是【   】。

   A）Drive1_Change   B）Drive1_Click

   C）Dir1_Click   D）Dir1_Change

7. 假定在窗体（名称为 Form1）的代码窗口中定义如下记录类型：

```
Private Type student
    StudentNum As String *10
    StudentName As String *10
End Type
```

在窗体上画一个名称为 Command1 的命令按钮，然后编写如下事件过程：

```
Private Sub Command1_Click()
    Dim Mystudent As student
    Open "c:\studentdata.dat" For Random As #1 Len = Len(Mystudent)
    Mystudent. studentNum= "1202041101"
    Mystudent. studentName = "李明"
```

```
        Put #1, , Mystudent
        Close #1
End Sub
```

则以下叙述中正确的是【　　】。

A）记录类型 student 不能在 Form1 中定义，必须在标准模块中定义

B）由于 Put 命令中没有指明记录号，因此每次都把记录写到文件的末尾

C）如果文件 C:\studentdata.dat 不存在，则 Open 命令执行失败

D）语句 "Put #1, , Mystudent" 将 student 类型的两个数据元素写到文件中

8．获取一个可供 Open 语句使用的空闲文件号的函数是【　　】。

A）FreeNum　　　　　B）GetNum　　　　　C）FreeFile　　　　　D）GetFile

9．以下【　　】函数用来求用 Open 语句打开的文件的字节数。

A）BOF　　　　　B）LOF　　　　　C）LOC　　　　　D）EOF

10．执行语句 Open " testdata.dat" For Random As #1 Len = 30 后，对文件 testdata.dat 中的数据能够执行的操作是【　　】。

A）只能写，不能读　　　　　　　　B）只能读，不能写

C）不能读也不能写　　　　　　　　D）可以读、写

二、填空题

1．从已经打开的顺序文件中读取数据，可以使用语句：

_____【1】_____　　'读一个数据项到变量

_____【2】_____　　'读一行数据

_____【3】_____　　'读取指定数目的字符

2．EOF（#文件号）函数的返回值可以为_____【1】_____，其用途是用于_____【2】_____。

3．有下列程序：

```
Dim a As Integer, y As Integer
Private Sub Command1_Click()
    Open "C:\temp\test.txt" For Append As #1        '打开文件
    Call proc(5)
    y = y + a
    Print #1, "y="; y, "a="; a
    Close #1
End Sub
Sub proc(i As Integer)
        x = 1
        Do Until x > 2 * i
            a = a + x
            x = x + 3
        Loop
End Sub
```

程序运行时，连续两次单击 Command1 后，test.txt 文件的内容是（按先后）：

_____【1】_____

4. 若以记事本打开文件 C:\temp\file1.txt，可见其中内容如下：

line1

line2

line3

现有一单窗体工程，窗体上有文本框 Text1（MultiLine 属性设为 True）、命令按钮 Command1 和 Command2 三个控件。程序代码为：

```
Private Sub Command1_Click()
    Text1.Text = ""
    Open " C:\temp\file1.txt" For Input As #1
    Do While Not EOF(1)
        Line Input #1, InputData
        Text1.Text = Text1.Text + InputData
    Loop
    Close #1
End Sub

Private Sub Command2_Click()
    Dim InputData As String * 1
    Text1.Text = ""
    Open " C:\temp\file1.txt" For Input As #1
    Do While Not EOF(1)
        InputData = Input(1, #1)
        Text1.Text = Text1.Text + InputData
    Loop
    Close #1
End Sub
```

单击 Command1 后，Text1 显示：

【1】

单击 Command2 后，Text1 显示：

【2】

5. 窗体 Form1 中有一组文件系统控件，分别是驱动器列表框 drive1、目录列表框 dir1 和文件列表框 file1，在它们下面有一个图片框 pic1。要求选择一个 BMP 文件（单击文件列表框中的文件），将该文件显示在图片框中。请在程序中填入适当的内容，将程序补充完整。

```
Option Explicit
Private Sub File1_Click( )
    Dim fn As String
    If Len(Dir1.Path)=3 Then
      Fn=Dir1.Path+File1.FileName
    Else
```

```
            Fn=Dir1.Path & "\" &    【1】
        End if
        Pic1.AutoSize=True
        Pic1.ScaleMode=vbPixels
        Pic1.Picture =    【2】
End Sub
Private Sub Form_Load()
        File1.FileName = "*.bmp"
End Sub
Private Sub Dir1_Change()
        File1.Path = Dir1.Path
End Sub
Private Sub Drive1_Change()
        Dir1.Path = Drive1.Drive
End Sub
```

第 11 章　Visual Basic 数据库应用

本章要点

随着信息化管理技术的发展，各行各业在信息管理中都经常用到数据库系统来管理数据，因此，数据库技术是广泛受到人们关注的一种信息管理技术。

数据库是大量有组织、有结构的数据集合，将数据以数据库文件形式存储更便于数据访问和处理。Visual Basic 也提供了访问数据库的强大功能。

本章主要介绍 Visual Basic 中访问数据库的方法，重点介绍如何使用 Data 数据控件和 ADO 数据控件访问数据库，以引导读者掌握初步的 Visual Basic 数据库应用知识和技巧。

11.1　数据库及其访问方法

11.1.1　数据库基本概念

数据库、数据表、记录和字段：数据库可以说是一组排列成易于处理和读取的相关信息的集合。在数据库理论模型中存在几种模型，但关系模型是其中最常用、最易于理解的一种模型；而且关系模型已经成为数据库设计事实上的标准。在关系模型中，数据库是由一些二维表组成的，如图 11-1 所示。

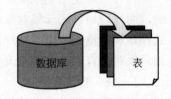

图 11-1　数据库由表组成

而每一张表是由一行一行的数据组成的，每一行数据称为一个（条）记录。每一条记录中又包括若干数据项，每一个数据项称为一个字段。如图 11-2 所示是一张学生成绩表的例子，该表有五条记录，每一条记录包含六个字段（姓名、性别、年龄、专业、外语、计算机）。

	字段 1	字段 2	字段 3	字段 4	字段 5	字段 6
	姓名	性别	年龄	专业	外语	计算机
第 1 条记录	张三	男	18	应用数学	85	90
第 2 条记录	李四	女	20	工商管理	75	80
第 3 条记录	王五	男	22	材料物理	85	75
第 4 条记录	陈艳	女	18	英语	88	78
第 5 条记录	刘兵	男	22	土木建筑	80	82

图 11-2　数据表由记录组成

由此可见，数据库、数据表、记录和字段这几个概念的内涵范围依次缩小。

记录集对象：在访问数据库时，经常还可以由一个表或几个表中的数据组合构成一种数据集合，这种数据集合类似于一张新表，称之为记录集对象（Recordset 对象）。因此，记录集也由行和列构成，它与表类似；只不过记录集中每一行的数据项可能是由几个数据表中的字段抽取组合而成的，也可能就是由一个表的数据组成。图 11-3 描述了一个记录集的数据来自于两个数据表的例子。

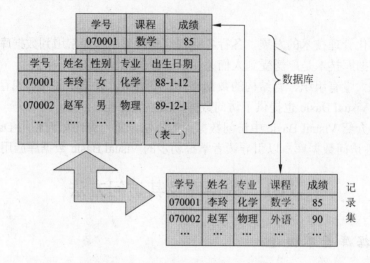

图 11-3　记录集的数据来自于多个数据表

为什么要使用记录集对象呢？原因是数据库内的表格是不允许 Visual Basic 直接访问的，而只能通过记录集对象进行数据记录的操作和浏览；因此，记录集是实现对数据库记录操作和浏览的桥梁。用户可根据需要，通过使用记录集对象选择数据进行操作或浏览。记录集对象有三种类型：表类型、动态集类型和快照类型。

1．表（Table）类型

表类型的记录集对象是当前数据库真实的数据表，因此记录集的数据完全来源于一个完整的表。表（Table）类型记录集比其余两种类型的记录集在处理速度上要快，但它需要的内存开销也最大。

2．动态集（DynaSet）类型

动态集（DynaSet）类型的记录集对象是可以更新的数据集，它实际上是对一个或者几个表中的记录的引用。图 11-3 所示的记录集为对两个表的记录引用，该记录集从表一选取了"学号"、"姓名"和"专业"三个字段，从另一张表中选取了"课程"和"成绩"两个字段，通过关键字"学号"建立表间关系。动态集和产生动态集的基本表可以互相更新。如果动态集中的记录发生改变，同样的变化也将在基本表中反映出来。在多用户环境下，如果其他的用户修改了基本表，这些修改也会反映到动态集中。动态集（DynaSet）类型是最灵活、功能最强的记录集类型；不过，它的操作速度不如表类型。

3．快照（SnapShot）类型

快照（SnapShot）类型的记录集对象是静态数据的显示。它包含的数据是固定的，记录集为只读状态，它反映了在产生快照的一瞬间数据库的状态。快照是最缺少灵活性的记录集，但它所需要的内存开销最少。如果只是浏览记录，可以用快照（SnapShot）类型。

具体使用什么类型的记录集，取决于需要完成的任务。例如，如果需要对数据进行排序或者使用索引，可以使用表类型。如果希望能够对查询选定的一系列记录进行更新，可以使用动态集。一般来说，尽可能地使用表类型的记录集对象为好，因为它的性能通常最好。

11.1.2　数据库的访问方法

在一个数据库应用系统中，包含用于提供数据的后端数据库系统和用于显示数据并允许用户通过用户界面进行数据操作的前端应用系统。前者也被称为数据的提供者，后者被称为数据的消费者。典型数据库应用系统模型如图 11-4 所示。

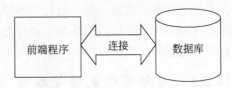

图 11-4　数据库应用系统模型

在数据库应用系统模型中，前端程序就是数据的消费者，如果用 Visual Basic 进行数据库访问，则这里的前端程序就是一个 Visual Basic 应用程序。数据的提供者又可以被称为数据源。对于数据库前端应用系统，最重要的技术就是如何访问后端的数据库系统，即建立与数据源的连接通道。在这方面，Visual Basic 提供了多种数据库的访问方式，主要包括：

- 使用可视数据管理器（VisData）。可视数据管理器是 Visual Basic 提供的一个应用程序，使用该工具，不需要编写任何代码就可以访问和操作数据库中的数据。
- 使用数据控件和数据绑定控件。使用这种访问方式，通过使用控件的属性、方法和事件，编写少量的程序代码，就可实现数据库的访问和数据的处理。数据控件主要有 Data 控件和 ADO 控件。
- 使用数据访问对象（DAO 模型）。需要编写代码建立与数据源的连接以及实现对数据的操纵，是一种早期模型，目前已很少使用。
- 使用 ActiveX 数据访问对象（ADO 模型）。它是一种最新、最流行的基于对象模型的数据访问方式。它基于 OLEDB 数据访问接口，可以访问任何类型的数据源，但模型比较抽象，不易理解，还要编写代码建立与数据源的连接以及实现对数据的处理。

对于初步学习 Visual Basic 数据库应用，本章主要介绍前两种访问方式，其中，利用数据控件（Data 或 ADO）访问数据库是本章的重点。

用 Visual Basic 开发数据库应用程序具有如下一些特点或优越性：

（1）Visual Basic 可以支持多种数据库系统

- Access 格式数据库。它是 Microsoft Office 自带数据库，即.mdb 格式的数据库。
- 桌面数据库。如 dBASE，Foxpro 等小型数据库系统；另外，Visual Basic 还可以访问 Excel 文件和一些标准的文本文件。
- ODBC 数据库。即符合开放式数据库连接性协议（ODBC）的数据库，如 SQL Server、Oracle、Sybase 等主流数据库。

（2）Visual Basic 提供了方便的数据访问控件

Visual Basic 提供的数据控件主要有 Data 控件、Ado 控件；利用这些控件，用户不需要编写复杂的代码，即可方便地实现对数据库的访问。

（3）利用数据对象可以灵活操作数据

数据对象是一种模型，基于这种模型，用户可以灵活地编写面向对象的操作代码，实现对任何类型数据源的访问；因此，可以实现灵活多样的数据访问操作。

11.2 可视数据管理器

可视数据管理器（Visual Data Manager）是 Visual Basic 提供的一个有关数据库操作的实用工具。利用可视数据管理器提供的可视化界面可以方便、快捷地实现数据库的建立，并方便进行数据的增、删、改与查等操作，而且不要编写任何代码。因此，可视数据管理器是 Visual Basic 提供的数据库操作技术中最简单、最易被掌握的方法。但是，利用可视数据管理器操作数据库也有一定的局限性，它不适用于大型数据库的应用。

11.2.1 启动可视数据管理器

要使用可视数据管理器建立数据库并对数据库进行操作，首先必须启动可视数据管理器这个程序。启动可视数据管理器有两种方法：

（1）在 Visual Basic 集成开发环境中启动可视数据管理器。在 Visual Basic 集成开发环境中，选择"外接程序"|"可视数据管理器"命令，可打开可视数据管理器工具的 VisData 窗口，如图 11-5 所示。

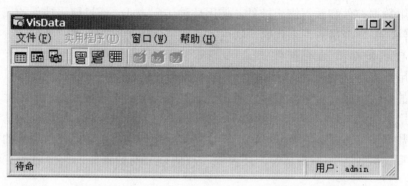

图 11-5 可视数据管理器窗口

（2）直接执行 VisData.exe 程序。不进入 Visual Basic 集成开发环境，直接运行 Visual Basic 安装目录下的 VisData.exe 文件，也可以启动可视数据管理器。

11.2.2 建立与打开数据库

1．建立 Access 数据库

建立 Access 数据库的步骤如下：

（1）在 VisData 窗口中，选择"文件"|"新建"命令，打开"新建"菜单的子菜单。

（2）在"新建"菜单的子菜单下，选择 Microsoft Access 命令，打开 Access 数据库版本选择子菜单。

（3）在 Access 数据库版本选择子菜单中选择 Version 7.0 MDB 命令，打开"选择要创建的 Microsoft Access 数据库"对话框，如图 11-6 所示。

图 11-6 "选择要创建的 Microsoft Access 数据库"对话框

（4）在"选择要创建的 Microsoft Access 数据库"对话框的"文件名"文本框中输入准备创建的 Access 数据库文件名及其所在路径，如"E:\我的数据库\TestDB.mdb"。

（5）单击对话框中的"保存"按钮，确认 Access 数据库的创建。

此时，在 VisData 窗口中将出现"数据库窗口"和"SQL 语句"窗口，如图 11-7 所示。"数据库窗口"中列出了该数据库的结构，如数据库的属性和在数据库中创建的数据表及其结构等。在"SQL 语句"窗口中允许使用 SQL 语句对数据库进行操作。

图 11-7 "数据库窗口"和"SQL 语句"窗口

2．建立 FoxPro 数据库

在可视数据管理器创建的数据库类型中，Dbase、FoxPro、Paradox、TextFiles 都属于 ISAM 数据库。FoxPro 数据库的特点是，每一个数据表对应磁盘上的一个文件，因此最好将同一应用的数据表存放到同一文件夹中。

建立 FoxPro 数据库的步骤如下：

（1）在 VisData 窗口中，选择"文件"|"新建"命令，打开"新建"子菜单。

（2）在"新建"子菜单中，选择 FoxPro 命令，然后选择适当的版本命令，打开输入 FoxPro 数据库目录名称的对话框，如图 11-8 所示。

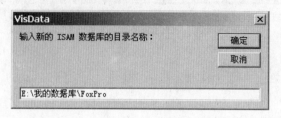

图 11-8　创建 FoxPro 数据库的对话框

（3）在对话框中输入 FoxPro 数据库文件所在的目录名，如"E:\我的数据库\FoxPro"。

（4）单击"确定"按钮关闭对话框，确认 FoxPro 数据库的创建。

此时，在 VisData 窗口中也将出现如图 11-7 所示的"数据库窗口"和"SQL 语句"窗口；只是生成的数据库的 Name 属性与图 11-7 不同，Name=E:\我的数据库\FoxPro。

3．打开数据库

对于已经存在的数据库，要对其进行操作，必须先打开它。以 Access 数据库为例，打开数据库的步骤如下：

（1）在可视数据管理器的 VisData 窗口中，选择"文件"|"打开数据库"命令，打开"数据库类型"子菜单。

（2）在"数据库类型"子菜单中列出了利用可视数据管理器可以操作的数据库的类型列表。选择其中的 Microsoft Access 命令，则打开"打开 Microsoft Access 数据库"对话框，如图 11-9 所示。

图 11-9　"打开 Microsoft Access 数据库"对话框

（3）在"打开 Microsoft Access 数据库"对话框中选择准备打开的数据库文件名，单击"打开"按钮打开数据库，并返回到 VisData 窗口。比如在图 11-9 所示的对话框中选择前面已经创建的数据库文件 TestDB.mdb，则返回到 VisData 窗口时看到的结果与图 11-7 所示的相同。

11.2.3　建立数据表

通过上述的"建立与打开数据库"的操作，被打开的数据库中也没有包含真正要操作的数据。而对于 Access 数据库、Foxpro 及其他 ISAM 数据库、支持 ODBC 模型的数据库（如 SyBase、Oracle、SQL Server、DB2 等），数据是以表的形式被组织和存放的，因此在建立数据库的框架之后，必须根据应用需求在数据库中建立表，然后才能实现对数据的增、删、改和查等操作。建立表实际上就是创建表的结构（即定义一个表由哪些字段组成）。下面以在 Access 数据库 TestDB.mdb 中创建一个名为 Student 的学生表为例，介绍表的建立方法，具体操作步骤如下：

（1）打开"表结构"对话框。在图 11-7 所示的 VisData 窗口的"数据库窗口"中右击，在弹出的快捷菜单中选择"新建表"命令，即可打开"表结构"对话框，如图 11-10 所示（其中的 Student 字样是用户刚输入的名称）。

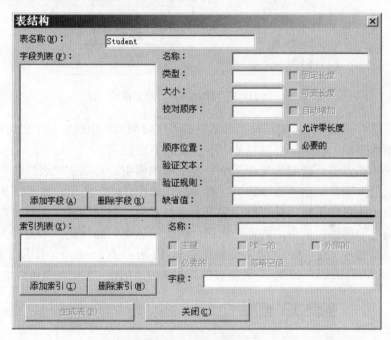

图 11-10　"表结构"对话框

（2）指定表的名称。在图 11-10 所示的"表结构"对话框中，"表名称"文本框的内容必须输入，即每个数据表必须指定名称，这里我们要创建的表是准备用于存储学生的信息，所以取名为 Student。"字段列表"框内将显示表中的所有字段名。通过"添加字段"和"删除字段"按钮，用户可以分别往表中添加新的字段或删除已有的字段，以此实现对表结构的设计。

（3）添加新字段。单击"表结构"对话框中的"添加字段"按钮，出现"添加字段"对话框，如图 11-11 所示。在此对话框的"名称"文本框中输入新字段的名称（如 StuName）；在"类型"下拉列表框中指定新字段的类型（这里指定为文本类型 Text）；在"大小"文

Visual Basic 数据库应用

本框中指定字段的长度（即字符数，这里指定为 20）。此外，根据需求还可以为该字段进行其他设置，如指定其为"固定字段"或"可变字段"，是否"允许零长度"，是否为"必要的"字段，等等。当确认设置完毕后，单击"添加字段"对话框中的"确定"按钮，该字段就会按用户指定的规格被正式添加到"表结构"对话框的字段列表中；同时"添加字段"对话框中的各个文本框均被清空，从而可以进行表中其他字段的设置和添加。当表中所有字段都添加完成后，单击"添加字段"对话框中的"关闭"按钮，返回到"表结构"对话框。这时在"表结构"对话框的"字段列表"中会看到刚才添加的所有字段的名称。

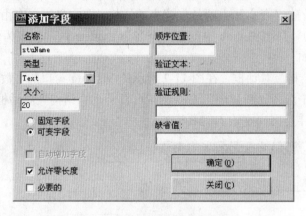

图 11-11 "添加字段"对话框

（4）删除已有字段。在"表结构"对话框的"字段列表"中选定一个已有的字段名称，然后单击"删除字段"按钮，可以将某个不想要的字段删除。

（5）为表添加索引。若要为表在某个字段上添加索引，可以在"表结构"对话框中单击"添加索引"按钮，弹出"添加索引"对话框，如图 11-12 所示。在"添加索引"对话框中，设置索引的名称，指出是在哪个字段上添加索引，以及设置"主要的"、"唯一的"和"忽略空值"等属性。单击"确定"按钮，确认对该索引的设置。单击"关闭"按钮，即可结束索引添加，回到"表结构"对话框。图 11-12 所示为 Student 表添加了索引到 stuID 字段，索引的名称为 index_stuID。将数据表的某些字段添加索引的好处是可以加快查找速度。

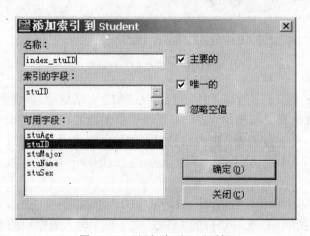

图 11-12 "添加索引"对话框

（6）删除索引。如果前面为表所添加的索引不想保留，可以在"表结构"对话框中选定要删除的索引名称，然后单击"删除索引"按钮，确认删除即可。

（7）生成表。当确认表中所需要的字段和需要的索引都设置完成后，单击"表结构"对话框的"生成表"按钮，就会真正地在数据库中创建了该数据表。单击"关闭"按钮关闭"表结构"对话框，返回到 VisData 窗口。

（8）观察表结构。生成表之后即可在 VisData 窗口的"数据库窗口"中展开数据表 Student，展开表下面的 Fields（字段）项，即可看到刚刚创建的数据表的结构，如图 11-13 所示。这里看到的学生表中共创建了 stuName（姓名）、stuID（学号）、stuAge（年龄）、stuSex（性别）、stuMajor（专业）这 5 个字段。

图 11-13 "数据库窗口"中的表结构

11.2.4 数据的添加、修改和删除

表结构建立后，首先应该是向表中添加数据，然后才能进行其他的数据操作。

采用可视数据管理器操作数据的步骤如下：

（1）进入 VisData 窗口，选择"文件"|"打开数据库"命令，打开数据库（如打开前面的 TestDB.mdb 数据库）。

（2）在 VisData 窗口工具栏中，单击"表类型记录集"按钮和"在新窗体上使用 Data 控件"按钮，使之处于被按下的状态。

（3）在"数据库窗口"中，选择准备添加数据的表名，右击该表名，选择"打开"命令，打开数据记录操作窗口，如图 11-14 所示。

（4）数据记录操作窗口包括三大部分。第一部分列出了对数据记录进行操作的 6 个功能按钮，分别实现数据记录的添加、删除、更新、查找等操作。第二部分是表中相应字段的数据值输入框，用于输入一条记录的各个数据项。第三部分是表中数据记录的浏览按钮，分别实现移动到第一条、末一条、上一条和下一条记录的操作。

（5）添加数据。单击"添加"按钮，出现一条空白新的记录；然后输入记录中各数据项；再单击"更新"按钮，确认数据记录的添加。

（6）删除数据。先单击记录移动按钮，找到要删除的记录；然后单击"删除"按钮，并确认对数据记录的删除。

（7）修改数据。先单击记录移动按钮，找到要修改的记录；然后在字段输入框中直接修改数据；最后单击"更新"按钮，确认对数据记录的更改。

（8）结束数据操作。单击"关闭"按钮，关闭数据记录操作窗口，返回到"数据库窗口"。

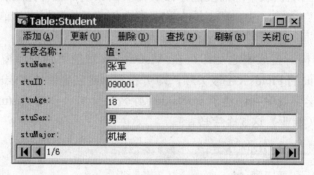

图 11-14　数据记录操作窗口

11.2.5　浏览数据库

可视数据管理器提供了三种数据浏览界面，即使用 Data 控件方式、不使用 Data 控件方式、使用 DbGrid 控件方式。可通过设置 VisData 窗口工具栏上相应按钮的状态来实现选择三种数据浏览界面的一种。

1．使用 Data 控件方式

（1）在 VisData 窗口的工具栏中单击"在新窗体上使用 Data 控件"按钮，使它处于按下状态。

（2）在"数据库窗口"中，右击准备浏览数据的表名，在弹出菜单中选择"打开"命令，打开数据记录操作窗口，如图 11-14 所示。

（3）在数据记录操作窗口中用记录移动按钮浏览表中数据。

2．不使用 Data 控件方式

（1）在 VisData 窗口的工具栏中单击"在新窗体上不使用 Data 控件"按钮，使它处于按下状态。

（2）在"数据库窗口"中，右击要浏览数据的表名，在弹出菜单中选择"打开"命令，打开数据记录操作窗口，如图 11-15 所示。

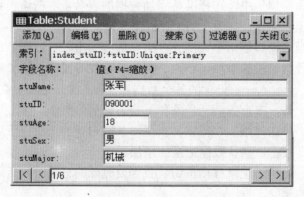

图 11-15　不使用 Data 控件方式的浏览界面

（3）在数据记录操作窗口中用记录移动按钮浏览表中数据。

3．使用 DbGrid 控件方式

（1）在 VisData 窗口的工具栏中单击"在新窗体上使用 DbGrid 控件"按钮，使它处于按下状态。

（2）在"数据库窗口"中，右击要浏览数据的表名，在弹出菜单中选择"打开"命令，打开数据记录操作窗口，如图 11-16 所示。

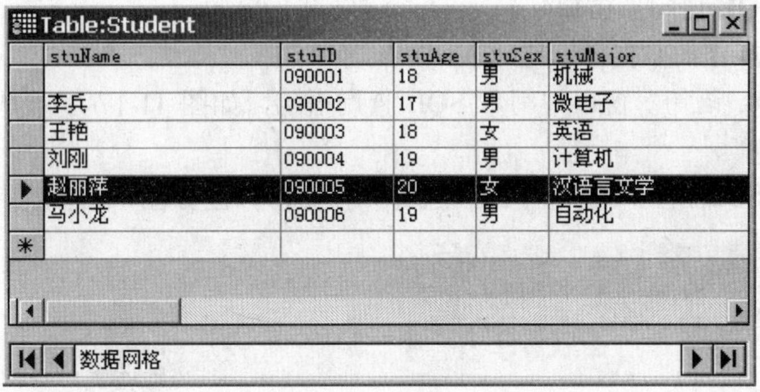

stuName	stuID	stuAge	stuSex	stuMajor
	090001	18	男	机械
李兵	090002	17	男	微电子
王艳	090003	18	女	英语
刘刚	090004	19	男	计算机
赵丽萍	090005	20	女	汉语言文学
马小龙	090006	19	男	自动化

图 11-16　使用 DbGrid 控件方式的浏览界面

（3）在数据记录操作窗口中用记录移动按钮浏览表中数据。

注意： 在可视数据管理器中用 DbGrid 控件方式打开数据表会存在一个小问题，即数据表的第一个字段值会丢失，如图 11-16 所示，第一条记录的姓名字段值"张军"丢失了。对丢失的字段值需要重新输入才能弥补丢失。

11.2.6　更新数据库

更新数据库包括两种情形：一是数据库结构中表结构的更改，二是表中数据内容的更改。

1．表结构的更新

表结构的更新包括表中字段的重新设置、删除表和更改表名等操作。其中表的删除和重新命名操作与普通文件的相应操作类似：

（1）打开要操作的数据库，进入 VisData 窗口。

（2）在"数据库窗口"的树状结构中，右击准备操作的表名，在弹出菜单中选择"删除"或"重命名"命令，执行相应的操作即可。

表结构更改的操作步骤如下：

（1）打开要操作的数据库，进入 VisData 窗口。

（2）在"数据库窗口"的树状结构中，右击准备操作的表名，在弹出菜单中选择"设计"命令，打开"表结构"对话框。

（3）此时的"表结构"对话框与建立表时的对话框略有不同。在此对话框中对表的结构，如表名、字段名、字段类型、字段大小等做相应修改即可。

2．表中数据的修改

表中数据的修改是指对表中数据记录值的修改，即内容的修改，具体方法参考 11.2.4

节"数据的添加、修改和删除"的介绍。

11.2.7　查询数据库

查询是数据库的主要操作。利用可视数据管理器查询数据有两种方法：一种是直接在"SQL 语句"窗口中编写 SQL 语句，另一种方法是使用"查询生成器"实用程序。这两种方法实际上都是以 SQL 语句为基础。

1．使用"SQL 语句"窗口

（1）打开要操作的数据库，进入 VisData 窗口。

（2）在"SQL 语句"窗口中写入 SQL 查询语句，如图 11-17 所示是一条简单的 SQL 语句。

（3）单击"SQL 语句"窗口中的"执行"按钮，弹出如图 11-18 所示的对话框。

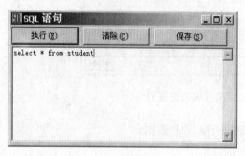

图 11-17　"SQL 语句"窗口

图 11-18　执行查询确认对话框

（4）在图 11-18 所示的对话框中，单击"否"按钮，则执行"SQL 语句"窗口中写入的 SQL 查询语句，并将结果显示在查询结果窗口，如图 11-19 所示。

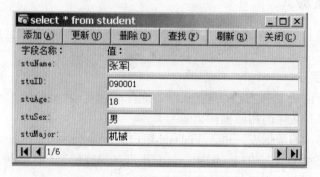

图 11-19　SQL 语句查询结果窗口

2．使用"查询生成器"实用程序

"查询生成器"实用程序实际上是对没有掌握 SQL 语句格式的用户提供一种直观构造 SQL 语句的方法，只要用户直观地提出查询要求（条件），由系统自动生成 SQL 语句。使用"查询生成器"实用程序的具体操作步骤如下：

（1）打开要操作的数据库，进入 VisData 窗口。

（2）选择"实用程序"|"查询生成器"命令，打开"查询生成器"对话框，如图 11-20 所示。

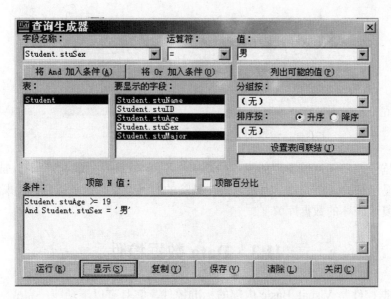

图 11-20 在“查询生成器”对话框中构造查询条件

（3）在“查询生成器”对话框的“表”列表框中选择准备构造查询的表名，在“要显示的字段”列表框中选择查询结果中要显示的字段名。图 11-20 中指定显示的字段包括姓名、年龄和专业。

（4）使用“查询生成器”对话框中的“字段名称”、“运算符”和“值”三个下拉列表框构造查询表达式。每个查询的查询条件还可能由多个表达式组成，这时它们之间的关系用 And 或 Or 连接。“将 And 加入条件”或“将 Or 加入条件”按钮就是用于实现多个查询条件之间的连接，并将构造的查询条件加入到“条件”文本框中。“清除”按钮可以清除“条件”文本框中已显示的条件。图 11-20 中指定查询条件为“年龄大于或等于 19 岁而且性别等于男性”。

（5）“查询生成器”对话框中的“显示”按钮用于查看所构造的查询对应的 SQL 语句形式。图 11-20 中的查询条件所对应的 SQL 语句如图 11-21 所示。

图 11-21 查看查询条件所对应的 SQL 语句

（6）单击“查询生成器”对话框中的“运行”按钮执行查询，同样会出现如图 11-18所示的对话框，同样需要单击“否”按钮执行查询，并显示查询结果。

（7）单击“查询生成器”对话框中的“保存”按钮可以保存所建立的查询，以备后用。保存查询时会打开一个如图 11-22 所示的对话框，需要用户在对话框中给所建立的查询指定一个名字，然后单击对话框中的“确定”按钮。保存之后，在可视数据管理器的“数据库窗口”的树状结构上将显示刚建立的查询的图标和名称；如果今后要做同样的查询，只要直接双击该查询的图标或名称即可得到查询结果。

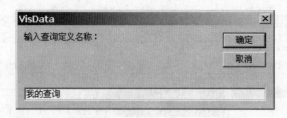

图 11-22　保存查询的对话框

可视数据管理器还可以实现如下一些功能：不同数据库格式的数据导入或导出；压缩数据库（实现记录的真正删除，因为记录在删除的时候，只是做了标记，并未清除）；修复数据库（修复遭破坏的数据库）。

11.3　Data 数据控件

Data 数据控件是 Visual Basic 内部的标准控件，它具有以下功能：完成对本地和远程数据库的连接；打开指定数据库的表，或者是基于 SQL 的查询集；将表中的字段传至数据绑定控件，并能针对数据绑定控件中的修改更新数据库；关闭数据库。

11.3.1　Data 数据控件的主要属性

要利用数据控件返回数据库中记录的集合，应先在应用程序窗体上画出 Data 控件，再通过它的三个基本属性 Connect、DatabaseName 和 RecordSource 设置要访问的数据资源。

（1）Connect 属性。字符串类型，其值表示要连接的数据库类型，及用于连接 ODBC 数据库时传递的附加参数，它的默认值为 Access。

（2）DatabaseName 属性。字符串类型，其值为要打开的数据库的名称。对于本地数据库，其值可以形如 d:\student\score.mdb。对于远程网络服务器数据库，其值可以形如 \\server\work\score.mdb（使用机器名）或 g:\work\score.mdb（使用虚拟逻辑驱动器）。该属性可以在属性窗口中指定，也可在运行时用程序代码指定。

（3）RecordSource 属性。其作用是设置操作的数据来源，操作的数据来源可以是基本表或 SQL 查询的结果集（或记录集）。该属性的取值可以是基本表名或 SQL 查询语句。

（4）Recordset 属性。Recordset（记录集或结果集）既是 Data 控件的一个属性，同时本身又是一个功能强大的对象。作为对象，它是一个或多个记录构成的集合；记录集作为浏览数据库的工具，用于存放查询的结果，或表的一部分，或整个表，或多个表的数据组合；通过数据控件创建的数据源就是记录集；Recordset 被建立在客户端的内存中，供应用程序操作。记录集是实现应用程序访问数据库的桥梁，它与应用程序、数据库之间的关系如图 11-23 所示。图中应用程序界面的 ID、Name、Sex 三个文本框就是数据绑定控件。

由于 Recordset 本身是一个对象，因此，它又具有自己的下属的属性、方法、事件三种要素，Recordset 下属的属性、方法、事件将在后面单独介绍。

（5）RecordType 属性。RecordType 属性确定记录集的类型，可指定记录集为 Table、DynaSet 或 SnapShot 三种类型中的一种。

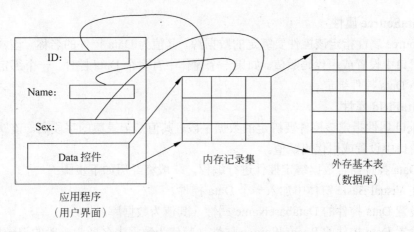

ID:

Name:

Sex:

Data 控件

应用程序
（用户界面）

内存记录集

外存基本表
（数据库）

图 11-23　应用程序、记录集及数据库之间的关系

（6）Option 属性。Data 控件通过 RecordSet 属性表示一个记录集对象，Option 属性则控制对记录集的操作方式，有如下取值：

DbDenyWrite：多用户下，任何用户不能改变记录。

DbReadOnly：记录集是只读的。

DbAppendOnly：记录集只允许添加，不能读。

DbInconsistent：无条件地对记录进行更新。

DbConsistent：当记录更新不影响其他记录时，允许更新（默认）。

DbSQLPassThrough：当 RecordSource 属性为 SQL 查询时，将其发往外部服务器执行，即将此 SQL 语句发送给 ODBC 数据库，比如 SQL Server 或 Oracle 数据库来进行处理。

（7）Exclusive 属性。取值与含义分别如下：

True：独占，其他用户不能访问，数据库的存取快。

False：可共享（ODBC 方式，该属性忽略）。

（8）ReadOnly 属性。取值与含义分别如下：

True：不能修改数据库，访问速度快些。

False：可以修改数据库。

（9）EditMode 属性（只读属性，不能赋值）。取值与含义分别如下：

dbEditNone：当前记录没有编辑操作。

dbEditInProgress：正在使用编辑操作，在复制缓冲区。

dbEditAdd：使用了添加新记录，缓冲区中为新记录。

11.3.2　数据绑定控件及其关键属性

数据绑定控件是指在 Visual Basic 程序界面上用来显示数据库表中某些数据字段值的控件，标准绑定控件有如下几种：TextBox、Label、PictureBox、CheckBox、ListBox、Image、ComboBox 等；但最常用的绑定控件一般由文本框、标签、图片框担任。

要使绑定控件能被数据库约束，必须在设计或运行时将这些控件的 DataSource 属性和 DataField 属性分别绑定到数据库和数据表的字段上，这是控件作为数据绑定控件使用时，需要重点关注的两个属性。

1. DataSource 属性

DataSource 属性指定该控件要绑定的数据源，其值为 Data 控件的名称。该属性可以直接在属性窗口中设置或用代码赋值。如果一个窗体中有多个 Data 控件，一个绑定控件只能与其中一个 Data 控件绑定。

2. DataField 属性

DataField 属性指定该控件要绑定的数据字段，其值是记录集的字段名。该属性可以直接在属性窗口中设置或用代码赋值。

利用 Data 控件结合数据绑定控件进行编程，一般将经历如下步骤：

（1）在 Visual Basic 窗体中加入一个 Data 控件。

（2）设置 Data 控件的 DatabaseName 属性（其值为数据库名）。

（3）设置 Data 控件的 RecordSource 属性（其值为数据表名或为一般的记录集）。

（4）添加适当数量的数据绑定控件（如 Textbox 等）用于显示字段值。

（5）设置数据绑定控件的 DataSource 属性（指定数据源，其值为 Data 控件的名称）。

（6）设置数据绑定控件的 DataField 属性（其值为数据字段名）。

（7）必要时使用 Data 控件的方法和事件，也可以添加代码实现更为复杂的功能。

（8）执行该工程。

下面例子中使用到的 Stu.mdb 数据库为事先设计的学生信息数据库，Stu.mdb 数据库由 Student 表、Course 表、SC 表组成。其中 Student 表存储大学生的基本信息，含有的字段名称（含义）分别为 stuName（姓名）、stuID（学号）、stuBirthday（生日）、stuSex（性别）、stuDept（学院）、stuProvince（来源省份）。Course 表存储一些课程的信息，含有的字段名称（含义）分别为 couID（课程编号）、couName（课程名称）、couTeacher（任课教师）、couCredit（课程学分）。SC 表存储学生选修的课程及所选课程的成绩，含有的字段名称（含义）分别为 couID（课程编号）、stuID（学生学号）、stuScore（课程成绩）。

例 11-1　设计一个不需编写代码的最简单数据库应用程序，功能为在界面上显示 Stu.mdb 数据库中的 Student 表记录的全部内容，如图 11-24 所示。

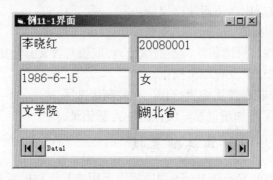

图 11-24　例 11-1 界面

设计步骤：

（1）在界面上画一个 Data 控件，默认名称为 Data1。

（2）在界面上画六个文本框控件，按位置从左至右，从上到下的顺序，六个文本框名称分别为 Text1、Text2、…、Text6；并利用"格式"菜单调整为等大尺寸和对齐。

（3）设置控件 Data1 的 DatabaseName 属性值为"E:\我的数据库\stu.mdb"，Data1 的 RecordSource 属性值为 Student（数据表名）。

（4）全选 6 个文本框，设置它们的共同属性 DataSource 的值均为 Data1（数据控件名）；再各自设置 Text1、Text2、…、Text6 的 DataField 属性值分别为 stuName、stuID、stuBirthday、stuSex、stuDept、stuProvince 等字段名。

（5）运行程序，看到第一条记录如图 11-24 所示；单击记录移动按钮可以查看其他记录。

观察与思考：试一试修改某条记录的内容，然后单击记录移动按钮，接着退出程序甚至关闭 Visual Basic。再次启动 Visual Basic 运行此程序，会发现刚才修改的记录内容确实已被修改。因此，利用 Data 数据控件结合绑定控件不仅可以浏览数据，还可以实现对数据库中表的内容进行修改。

利用 Data 数据控件结合绑定控件除了能浏览数据库的基本表中的数据外，能否查询我们想要的任何信息呢？回答是肯定的。只要通过修改 Data 控件的 RecordSource 属性值为一条 Select 语句（SQL 语句）。

SQL 语句的基本格式为：

```
SELECT 字段表 FROM 表名 [WHERE 查询条件] [GROUP BY 分组字段 [HAVING 分组条件]
[ORDER BY 字段 [ASC|DESC] ]
```

说明：

- 语句中各大写英文单词为固定的关键词，而括号中的内容是可以省去的。
- "字段表"部分包含了查询结果中要显示的字段名清单，字段名之间用逗号隔开；若要选择表中所有字段，可用"*"号代替。
- FROM 子句用于指定一个或几个表，表示数据来源。如果所选字段来自不同的表，则字段名前应加表名前缀。
- WHERE 子句用于限制记录的选择（即构造查询条件）。构造查询条件可以使用大多数的 Visual Basic 内部函数和运算符以及 SQL 特有的运算符构成表达式。
- GROUP BY 和 HAVING 子句用于分组和分组过滤处理。
- ORDER BY 子句指定按一个或几个字段作为排序关键字，对查找出来的记录进行排序；而 ASC 选项代表升序，DESC 代表降序。

在上述 SQL 语句中，SELECT 和 FROM 子句是必要的，它们告诉 Visual Basic 从何处来找想要的数据，通过使用 SELECT 语句可返回一个记录集。关于 SQL 语句更深入的了解可以参看有关 SQL 数据库方面的专门书籍。

例 11-2 在 Stu.mdb 数据库中查询每个学生所选修的课程名及成绩，如图 11-25 所示。

设计步骤：

（1）在界面上画一个 Data 控件，默认名称为 Data1。

（2）在界面上画六个文本框控件，按位置从左至右，从上到下的顺序，六个文本框名称分别为 Text1、Text2、…、Text6；并画六个标签分别用来说明各文本框的内容。

（3）设置控件 Data1 的 DatabaseName 属性值为"E:\我的数据库\stu.mdb"；Recordset-Type 属性值设为 1-Dynaset（即为动态集类型的记录集）；RecordSource 属性值为 SQL 语句 Select Student.stuID，StuName，stuSex，stuDept，couName，stuScore from　Student，Course，

SC where Student.stuID=SC.stuID And SC.couID=Course.couID（该语句从多个表选择数据构成一个记录集）。

（4）全选 6 个文本框，设置它们的共同属性 DataSource 的值均为 Data1（数据控件名）；再各自设置 Text1、Text2、….、Text6 的 DataField 属性值分别为 stuID、stuName、stuSex、stuDept、couName 和 stuScore 等字段名。

（5）运行程序，将看到第一条记录如图 11-25 所示；单击记录移动按钮可以查看其他记录。

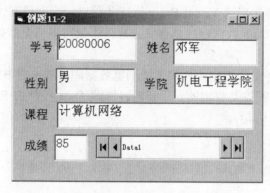

图 11-25　例 11-2 界面

11.3.3　Data 数据控件的主要方法

1. Refresh 方法

作用：更新 Data 控件的数据结构。当改变了 Data 控件的 Connect、ReadOnly、Exclusive 等属性时，使用该方法将重新打开数据库，从而使设置生效。当改变了 Data 控件的 RecordSource 属性时，使用该方法重新打开一个记录集，从而使应用程序操作的记录集随着 RecordSource 属性的改变而立即变化。

2. UpdateControls 方法

作用：将 Data 控件的当前记录值填到绑定控件中。当改变了绑定控件中的值后，使用该方法可以恢复为修改前的值，可以使 Edit 和 AddNew 方法无效。

3. UpdateRecord 方法

作用：将当前记录内容（在缓冲区内）保存到数据库中，该方法不会触发 Validate 事件。注意以下三种情况使用该方法，会产生一个错误：数据库以只读方式打开；Options 属性是只读或多用户或禁止不一致更新；包含记录的页已经被锁定。

11.3.4　Data 数据控件的主要事件

1. Reposition 事件

记录指针改变位置后发生。引发该事件的两种情形：单击 Data 控件的移动按钮，修改属性或使用某些方法而导致记录位置的改变。

2. Validate 事件

记录的值改变之前发生。发生该事件的可能情况有记录的移动、删除、更新、卸载、关闭。该事件可以用于对修改后的数据进行合法化检查，使不正确的操作可取消（编码实现）。该事件过程含有两个参数，格式如下：

```
Private Sub Data1_Validate(Action As Integer, Save As Integer)
```

检查这两个参数可以知道该事件产生的原因。

3. Error 事件

Data 控件产生执行错误时发生。如果出现打开文件，保存文件或网络资源冲突等错误，则控制权交给该事件程序处理。该事件过程含有两个参数，格式如下：

```
Private Sub Data1_Error(Dataerr As Integer, Response As Integer)
```

- Dataerr 用于返回错误号。
- Response 用于设置执行的动作，为 0 继续执行，为 1 显示错误信息。

11.3.5 Data 数据控件的 Recordset 对象

到目前为止，通过使用 Data 控件和绑定控件，读者只能浏览数据库中的数据，而不能对数据库中的数据进行增、删、改的操作。若通过进一步使用 Data 控件的相关属性、方法，编码则可实现对数据的增、删、改等操作。这主要靠使用 Data 控件的 Recordset 属性（或称 Recordset 对象）。

Recordset（记录集或结果集）是 Data 控件的一个属性，同时本身也是一个功能强大的对象。记录集是数据库编程的基本概念，它是一个或多个记录构成的集合。记录集作为浏览数据库的工具，用于存放查询的结果，或表的一部分，或整个表，或多个表的数据组合。通过数据控件创建的数据源就是记录集。Recordset 被建立在客户端的内存中，供应用程序操作。记录集的作用是增强数据控件的功能，丰富对数据库的操作，如实现检索和显示记录的操作，记录集的数据处理（增、删、改、移）操作。由于 Recordset 是一种对象，因此 Recordset 将拥有自己的方法和属性（但这个特殊的对象一般没有事件）；又由于 Recordset 是 Data 控件的一个属性，因此引用 Recordset 对象的属性和方法时将出现两级引用，如引用 Data1 控件 Recordset 对象的 MoveFirst 方法，语句格式将为 Data1.Recordset.MoveFirst。

为了分清楚对象之间的隶属关系，我们不妨称 Recordset 对象是 Data 控件的（儿）子对象；如果说 Data 控件是一级对象的话，那么 Recordset 对象就是二级对象。

1. Recordset（记录集）的主要属性

（1）RecordCount：指示当前记录集的记录总数。

（2）AbsolutePosition：指示当前记录在记录集中的绝对位置（当前是第几条记录），从 0 开始计数。

（3）PercentPosition：指示当前记录在记录集中的相对位置，用当前位置相对于总记录数的百分比表示。

（4）NoMatch：是否找到符合条件的记录，与查找方法配合使用。

（5）BOF：指示当前记录是否指到首记录之前，取逻辑值 True 或 False。

（6）EOF：指示当前记录是否指到尾记录之后，取逻辑值 True 或 False。

例如，假设有一个来自职工信息数据库的记录集，记录集中有个 age 字段存储了职工的年龄数据，若要计算记录集中所有职工的平均年龄，关键代码可写成如下形式：

```
Dim Sum_Age As Integer, Average_Age As Integer   '存放年龄总和、平均年龄的变量
Sum_Age = 0
Data1.Recordset.MoveFirst 'MoveFirst 是将记录指针移动到第一条记录的方法
Do While not Data1.Recordset.EoF
    Sum_Age = Sum_Age + Data1.Recordset("age")
    Data1.Recordset.MoveNext  'MoveNext 是将记录指针移动到下一条记录的方法
Loop
Average_Age =Sum_Age/Data1.Recordset.RecordCount '得到平均年龄 Average_Age
```

（7）Bookmarkable：表示记录集是否允许使用书签，取逻辑值 True 或 False。

（8）Bookmark：当前所在记录的记录指针，可以读取，也可以赋值。赋值时作用类似于书签，利用此属性可快速移动到指定记录（一般是以前保存的记录）。

如下列代码读取 Bookmark 属性值，将它保存到变量 myBookMark 中：

```
Dim  myBookMark  as Variant
If  Data1.Recordset.BookMarkable  Then
    myBookMark = Data1.Recordset.BookMark
End If
```

而下列代码则给 Bookmark 属性赋值，使它的值变成上次所保存的值：

```
Data1.Recordset.BookMark = myBookMark
```

执行这条语句时，当前记录将变成上次保存 BookMark 时的那个当前记录。

注意：当重新打开数据库或记录集发生改变或重建以后，就不能使用原记录集上设置的书签。

（9）Fields：表示记录集的字段信息。因为一条记录中可能有多个字段，所以 Fields 将是一个数组的形式，数组中的每一个元素是一个字段（Field）对象。用 Fields 属性表示一个字段的方式有三种，例如下列三条语句所示，它们的作用是相同的，都是取当前记录第一个字段的值赋给文本框（其中 OrderID 是每条记录第一个字段的名称）：

```
Text1.text = Data1.Recordset.Fields(0).Value
Text1.text = Data1.Recordset.Fields("OrderID").Value
Text1.text = Data1.Recordset("OrderID")
```

由上述三种语句形式可知，表示字段可以用序号、字段名两类方法：
- Fields(i).Value：使用代表字段顺序号的数字 i，位于最前面的那个字段的顺序号 i=0。
- Fields("…").Value 或 Recordset("…")：使用字段名称的字符串表示。

刚才提到 Fields 数组中的每一个元素也是一个字段对象，这就意味着字段对象是一种三级对象。因为它是 Recordset 的子对象，那么它就是 Data 控件的孙对象。既然字段被看成一种对象，于是字段对象又有它自己的一些属性，顺便列举几个属性如下：
- Data1.Recordset.Fields(i).Name：返回记录中顺序号为 i 的那个字段的名称。
- Data1.Recordset.Fields(i).Value：返回或设置记录中顺序号为 i 的那个字段的值。
- Data1.Recordset.Fields.Count：返回记录集中字段的个数。

如下列语句将 Data1 控件记录集最前面那个字段的名称赋给标签 Label1，而将该字段的值赋给文本框 Text1：

```
Label1.Caption= Data1.Recordset.Fields(0).Name
Text1.Text= Data1.Recordset.Fields(0).Value
```

2. Recordset（记录集）的主要方法

（1）Move 方法组——移动记录指针

记录集中有一个记录指针，记录指针所指向的记录就是当前记录。对应于 Data 控件的四个按钮，有四种移动记录指针的方法，即有四个定位记录的方法：

- MoveFirst：将记录指针指向记录集中的首记录。
- MoveLast：将记录指针指向记录集中的尾记录。
- MoveNext：将记录指针指向记录集当前记录的下一条记录。
- MovePrevious：将记录指针指向记录集当前记录的上一条记录。
- Move n：n 为必填整数参数，当 n>0 时，表示向后移动 n 条记录；当 n<0 时，表示向前移动|n|条记录。

注意：MoveNext、MovePrevious 和 Move n 方法不能自动检查记录指针是否越出记录集的上下界（首、末记录）。如果程序员写代码时不加控制，在记录指针到达记录集的上下界时（BOF=True 或 EOF=True）继续执行这些方法去移动记录指针，则会导致越界错误；越界现象发生时有 BOF=True 或 EOF=True，此时记录指针已不指向任何一条记录而是指向记录集外。

例 11-3　不用 Data 控件的浏览按钮，通过编程显示学生表信息。其中，年龄由数据表中的生日字段处理得到（是 2008 年的年龄），因此该文本框不能与数据控件绑定；使用 ListBox 显示所有省份，并根据当前记录定位学生所在省份；使用标签显示总记录数和当前记录号；用按钮控制记录的移动并将当前记录的数据在界面上显示。运行界面如图 11-26 所示。

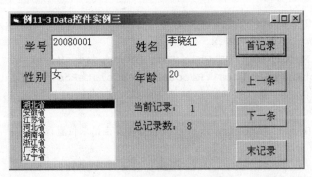

图 11-26　例 11-3 的运行界面

设计步骤：

① 画界面。在界面上画一个 Data 控件，默认名称为 Data1；画四个文本框控件，按位置从左至右，从上到下的顺序，四个文本框的名称分别为 Text1～Text4；画六个标签控

件，按位置从左至右，从上到下的顺序，六个标签的名称分别为 Label1～Label6；画一个
列表框，名称为 List1；画四个命令按钮，按位置从左至右名称分别为 Command1～
Command4。

② 设置数据控件的属性。将 Data1 的 DatabaseName 属性值为"E:\我的数据库
\stu.mdb"；RecordsetType 属性值设为 1-Dynaset（动态集类型的记录集）；RecordSource 属
性值为 SQL 语句 Select Student.stuID，StuName，stuSex，stuDept，couName，stuScore from
Student，Course，SC where Student.stuID=SC.stuID And SC.couID=Course.couID（该语句从
多个表选择数据构成一个记录集）。

③ 设置绑定控件的属性。全选 Text1～Text3 三个文本框，设置它们的共同属性
DataSource 的值均为 Data1（数据控件名）；再各自设置 Text1、Text2、Text3 的 DataField
属性值分别为 stuID、stuName、stuSex 等字段名。

④ 编写如下代码：

```
Private Sub Command1_Click() '首记录
    Data1.Recordset.MoveFirst
    List1.ListIndex = Data1.Recordset.AbsolutePosition
End Sub


Private Sub Command4_Click() '末记录
    Data1.Recordset.MoveLast
    List1.ListIndex = Data1.Recordset.AbsolutePosition
End Sub


Private Sub Command2_Click() '上一条
    Data1.Recordset.MovePrevious
    If Data1.Recordset.BOF Then Data1.Recordset.MoveFirst
    List1.ListIndex = Data1.Recordset.AbsolutePosition
End Sub


Private Sub Command3_Click() '下一条
    Data1.Recordset.MoveNext
    If Data1.Recordset.EOF Then Data1.Recordset.MoveLast
    List1.ListIndex = Data1.Recordset.AbsolutePosition
End Sub


Private Sub Data1_Reposition() '数据控件发生记录位置改变事件
    Dim x
    Label5.Caption = Data1.Recordset.AbsolutePosition + 1 '显示当前记录号
    Label6.Caption = Data1.Recordset.RecordCount '显示总记录数
    If (Not Data1.Recordset.BOF) And (Not Data1.Recordset.EOF) Then
        x = Data1.Recordset.Fields("stuBirthday").Value
        Text4.Text = 2008 - Left(x, 4)
    End If
```

```
End Sub

Private Sub Form_Load() '初始化
    Dim x
    Data1.Refresh
    x = Data1.Recordset.Fields("stuBirthday").Value
    Text4.Text = 2008 - Left(x, 4)
    Label5.Caption = Data1.Recordset.AbsolutePosition + 1
    Label6.Caption = Data1.Recordset.RecordCount
    Do While Not Data1.Recordset.EOF
        List1.AddItem Data1.Recordset.Fields("stuProvince").Value
        Data1.Recordset.MoveNext
    Loop
    Data1.Recordset.MoveFirst
    List1.ListIndex = 0
End Sub
```

运行程序，将看到第一条记录如图 11-26 所示；单击记录移动按钮可以查看其他记录。

（2）Find 方法组——查找记录

在 Dynaset 类型和 Snapshot 类型的记录集对象中，可使用如下 Find 方法组：

- FindFirst：查找满足条件的第一条记录。
- FindLast：查找满足条件的最后一条记录。
- FindNext：查找满足条件的下一条记录。
- FindPrevious：查找满足条件的上一条记录。

语句格式：

```
Data 控件名.Recordset.FindX   查询条件(用字符串表达)
```

其中 FindX 可以是 FindFirst、FindLast、FindNext 或 FindPrevious。

例如：

```
Data1.Recordset.FindFirst  "ProductNumber=100066"
Data1.Recordset.FindFirst  "ProductName Like '电*'"
Data1.Recordset.FindFirst "stuBirthday = #6/15/1986#"
Data1.Recordset.FindLast  Text1.Text
```

说明：上述第一句查询的关键字字段 ProductNumber 的类型是数值类型；第二句查询的关键字字段 ProductName 的类型是文本类型；第三句查询的关键字字段 stuBirthday 的类型是日期类型；第四句的查询条件由文本框内容指定，由于文本框的内容本身是字符串类型，所以不要再加引号（即写成"Text1.Text"为错）。

（3）AddNew 方法——增加记录

用于增加一条新记录。执行该方法时产生一条新记录，新记录各字段初始值为空，允许通过赋值语句给新记录各字段赋值，但新记录的数据暂时并不能真正添加到记录集中，而只是在缓冲区中保存；只有接着执行 Update 方法才会把新增记录真正添加到记录集中。

275

第 11 章

例如，下列语句仅添加一条新纪录，并将其三个字段赋值；然后将新记录暂存于缓冲区中：

```
Data1.Recordset.AddNew '产生一条空的新记录
Data1.Recordset("OrderID") = 100 '给新记录的 OrderID 字段赋值
Data1.Recordset("Orderdate") = #2001/06/30# '给新记录的 Orderdate 字段赋值
Data1.Recordset("ShipAddress") = "Shanghai" '给新记录的 ShipAddress 字段赋值
```

注意：赋值时必须要保证值的类型与字段的类型一致。

（4）Update 方法——使增加的记录真正添加到记录集

Update 方法将缓冲区中的记录真正写入到记录集中。当添加新记录或对记录修改后，该方法使操作生效。例如，下列语句添加一条新纪录，同时给其三个字段赋值；最后将新记录真正添加到记录集中：

```
Data1.Recordset.AddNew
Data1.Recordset("OrderID") = 100
Data1.Recordset("Orderdate") = #2001/06/30#
Data1.Recordset("ShipAddress") = "Shanghai"
Data1.Recordset.Update '将新记录真正添加到记录集中
```

注意：如果程序运行时直接单击 Data 控件的移动记录按钮或执行移动记录的方法，系统会自动调用 Update 方法。

（5）Delete 方法——删除记录

Delete 方法删除一条记录，删除后不可恢复。例如：

```
Data1.Recordset.Delete
```

（6）Edit 方法——编辑记录

为了对数据记录进行修改，首先要调用记录集的 Edit 方法；然后有两种办法实现修改，一是对绑定控件中的内容直接修改，二是可以使用赋值语句给字段赋新值；最后调用 Update 方法使修改生效。例如：

```
Data1.Recordset.Edit
Data1.Recordset("OrderID") = 101
Data1.Recordset("Orderdate") = #2002/07/31#
Data1.Recordset("ShipAddress") = "Chongqing"
Data1.Recordset.Update
```

以上操作的结果是用新赋的值替换了记录集中字段旧的值。

例 11-4　通过编程实现对学生表信息的增、删、改、查功能。其中，查询条件由文本框中内容指定，运行界面如图 11-27 所示。

设计步骤：

（1）画界面。在界面上画一个 Data 控件，取默认名称 Data1。画七个文本框控件，按位置从左至右，从上到下的顺序，七个文本框的名称分别为 Text1～Text7，其中 Text7 用于输入查询条件。画 11 个标签控件，其中名称为 Label7 和 Label8 的标签分别用来显示当前记录号和总记录数。画四个命令按钮，按位置从上到下名称分别为 Command1～Command4。

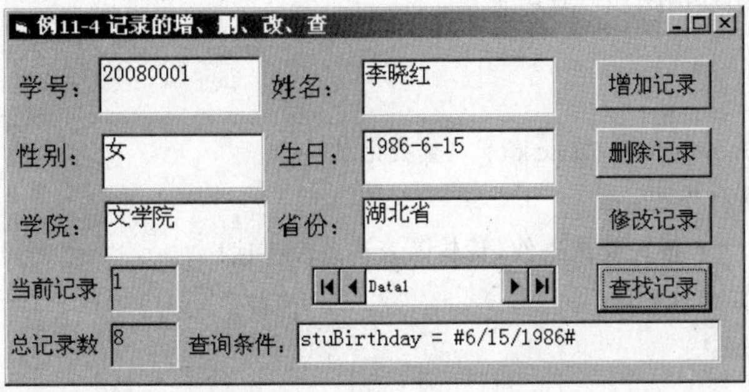

图 11-27　例 11-4 的运行界面

（2）设置数据控件的属性。将 Data1 的 DatabaseName 属性值设为"E:\我的数据库\stu.mdb"；RecordsetType 属性值设为 1-Dynaset（即为动态集类型的记录集）；RecordSource 属性值设置为表 Student。

（3）设置绑定控件的属性。全选 Text1～Text6 六个文本框，设置它们的共同属性 DataSource 的值均为 Data1（数据控件名）；再各自设置 Text1、Text2、…、Text6 的 DataField 属性值分别为 stuID、stuName、stuSex、stuBirthday、stuDept、stuProvince 等字段名。

（4）编写如下代码：

```
Private Sub Command1_Click()  '增加记录
    Data1.Recordset.AddNew
    Data1.Recordset("stuID") = InputBox("输入学号")
    Data1.Recordset("stuName") = InputBox("输入姓名")
    Data1.Recordset("stuSex") = InputBox("输入性别")
    Data1.Recordset("stuBirthday") = CDate(InputBox("输入出生年月"))
    Data1.Recordset("stuDept") = InputBox("输入系名")
    Data1.Recordset("stuProvince") = InputBox("输入省名")
    Data1.Recordset.Update  '更新
    Label7.Caption = Data1.Recordset.AbsolutePosition + 1
    Label8.Caption = Data1.Recordset.RecordCount
End Sub

Private Sub Command2_Click()  '删除记录
    Data1.Recordset.Delete
    Data1.Recordset.MoveNext
    If Data1.Recordset.EOF Then Data1.Recordset.MoveLast
    Label7.Caption = Data1.Recordset.AbsolutePosition + 1
    Label8.Caption = Data1.Recordset.RecordCount
End Sub
```

Visual Basic 数据库应用

```
Private Sub Command3_Click() '修改记录
    Data1.Recordset.Edit
    Data1.Recordset.Update
End Sub


Private Sub Command4_Click() '查找记录
    If Text7 = "" Then
        MsgBox "未指定查询条件,请输入查询条件再试! "
        Text7.SetFocus
        Exit Sub
    End If
    Data1.Recordset.FindFirst Text7.Text
End Sub


Private Sub Form_Load()'初始化
    Data1.Refresh
    Data1.RecordsetType = 1
    Label7.Caption = Data1.Recordset.AbsolutePosition + 1
    Label8.Caption = Data1.Recordset.RecordCount
End Sub


Private Sub Data1_Reposition()
    Label7.Caption = Data1.Recordset.AbsolutePosition + 1
    Label8.Caption = Data1.Recordset.RecordCount
End Sub
```

前面曾提到，有两种情况会自动调用 Update 方法（调用记录移动方法或者单击 Data 控件的记录移动按钮时）；因此，"增加记录"的功能也可以用其他方式实现，比如可以联合使用下列两个过程的代码实现"增加记录"：

```
Private Sub Command1_Click() '先新增一条空记录
    Data1.Recordset.AddNew
End Sub
Private Sub Command5_Click()'将绑定控件中输入的值赋给新记录，并写入记录集
    Data1.Recordset("stuID") = Text1
    Data1.Recordset("stuName") = Text2
    Data1.Recordset("stuSex") = Text3
    Data1.Recordset("stuBirthday") = CDate(Text4)
    Data1.Recordset("stuDept") = Text5
    Data1.Recordset("stuProvince") = Text6
    Data1.Recordset.MoveNext'将调用 Update 方法而使新记录写入记录集
End Sub
```

也可以将 Command5_Click() 过程最后一句不要，将上述两个过程联合执行后再单击一下 Data1 控件上的记录移动按钮，同样可以实现"增加记录"功能。

例 11-5　利用 Data 数据控件结合图片框绑定控件，实现图像数据向数据库输入的功能。

思路：本例题向读者介绍一种给数据库输入图像数据的巧妙办法。在实际应用中，有的多媒体数据库的数据表可能包含照片字段，而照片信息量很大，是二进制的信息，因此在建表时必须将这类字段指定为二进制型（Binary）。而一幅照片是一个文件，不能直接通过键盘输入到该字段，也没有加载一个文件到数据表的办法，也没有将文件赋给一个字段的赋值语句。然而，我们知道图片文件可以被加载到图片框；而图片框是可以作为绑定控件使用的，这样就可以将它与数据表的照片字段绑定；然后根据 Update 方法可以将绑定控件中的信息写入记录集的原理，即可将图片框中的数据写入记录集（数据表）。

下面使用的"含照片库.mdb"文件中包含一个"人物信息"数据表，该表中有"号码"、"姓名"、"性别"、"志向"、"照片"等字段。程序运行界面如图 11-28 所示。

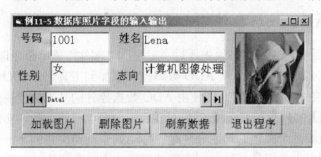

图 11-28　数据库照片字段的输入输出

设计步骤如下：

（1）画界面。在界面上画一个 Data 控件，默认名称为 Data1。画四个文本框控件，按位置从左至右，从上到下的顺序，四个文本框的名称分别为 Text1～Text4；画一个图片框控件，名称为 Picture1。画四个标签控件用于装载字段提示信息。画四个命令按钮，按位置从上到下名称分别为 Command1～Command4。

（2）设置数据控件的属性。将 Data1 的 DatabaseName 属性值设为"E:\我的数据库\含照片库.mdb"；RecordsetType 属性值设为 0-Table（即为表类型的记录集）；RecordSource 属性值设为"人物信息"表。

（3）设置绑定控件的属性。全选 Text1～Text4 四个文本框以及图片框 Picture1，设置它们的共同属性 DataSource 的值均为 Data1（数据控件名）；再各自设置 Text1～Text4 和 Picture1 的 DataField 属性值分别为以下字段名：号码、姓名、性别、志向、照片。

（4）编写如下代码：

```
Private Sub Command1_Click() '加载图片到图片框
    Dim FileNane As String
    FileNane = InputBox("请输入应用程序文件夹中的图片文件名")
    Picture1.Picture = LoadPicture(App.Path + "\" + FileNane)
End Sub
```

```
Private Sub Command2_Click() '删除图片框中图片
    Picture1.Picture = LoadPicture("")
End Sub

Private Sub Command3_Click() '刷新数据表
    Data1.Recordset.Edit
    Data1.Recordset.Update
End Sub

Private Sub Command4_Click() '退出程序
    End
End Sub
```

11.4 ADO 数据控件

11.4.1 添加 ADO 数据控件

在使用 ADO 数据控件前，必须先通过"工程"|"部件"菜单命令选择 Microsoft ADO Data Control 6.0（OLEDB）选项，将 ADO 数据控件添加到工具箱。ADO 数据控件与 Visual Basic 的内部数据控件很相似，它允许使用 ADO 数据控件的基本属性快速地创建与数据库的连接。画在窗体上的外观与 Data 数据控件类似，上面也有四个按钮实现对记录集记录指针的移动，自左至右四个按钮的功能分别是：移动到查询结果集的第一条记录，移动到上一条记录，移动到下一条记录，移动到查询结果集的末一条记录。

11.4.2 ADO 数据控件的主要属性

在数据库应用中，ADO 数据控件是用于建立与数据库连接的重要对象，它的主要属性有 Name、Caption、ConnectionString、RecordSource、RecordSet、MaxRecords 等属性。

1．名称（Name）属性

Name 属性确定 ADO 数据控件的名称，以便在程序代码中引用该 ADO 数据控件。设置 Name 属性只能通过"属性窗口"直接设置。

2．标题（Caption）属性

Caption 属性设置或返回 ADO 数据控件显示的标题内容，取值为字符串类型。属性的设置既可在"属性窗口"进行，也可在程序代码中用赋值语句设置。

3．ConnectionString 属性

ConnectionString 属性是 ADO 数据控件连接数据库的重要属性，主要用于建立与数据库的连接，指明数据库名称。该属性的设置方法要利用"属性页"对话框，步骤如下：

（1）右击要设置属性的 ADO 数据控件，选择"ADODC 属性"命令（或单击"属性窗口"中 ConnectionString 属性右边的省略号按钮），打开"属性页"对话框。

（2）在"属性页"对话框中选择"通用"选项卡，选中"使用连接字符串"单选按钮，然后单击"生成"按钮，如图 11-29 所示。接着将打开"数据链接属性"对话框，如图 11-30 所示。

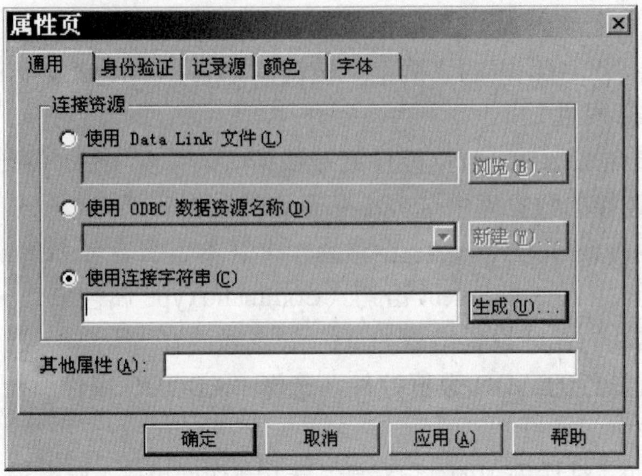

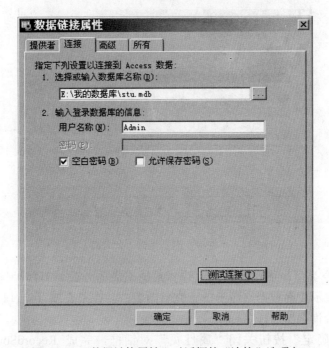

图 11-29 "属性页"对话框的"通用"选项卡

图 11-30 "数据链接属性"对话框的"连接"选项卡

（3）在"数据链接属性"对话框的"提供者"选项卡中，选择 Microsoft Jet4.0 OLEDB Provider（表明连接的是 Access 数据库）。然后单击"下一步"按钮，打开"数据链接属性"对话框的"连接"选项卡，如图 11-30 所示。

（4）在"连接"选项卡的"选择或输入数据库名称"文本框中输入数据库所在的路径和文件名，如"E:\我的数据库\stu.mdb"（或单击省略号按钮选择）；在"用户名称"文本框中输入数据库的属性名，在"密码"文本框中输入相应的密码（或选中"使用空白密码"复选框）。

（5）单击"测试连接"按钮，查看与指定的数据库是否连接成功。

（6）如果连接成功，则单击"确定"按钮，返回到"属性页"对话框。此时在"使用

Visual Basic 数据库应用

连接字符串"文本框中已经生成一个连接字符串。

（7）单击"属性页"对话框的"确定"按钮，完成 ConnectionString 属性的设置。

4．RecordSource 属性

RecordSource 属性是 ADO 数据控件连接数据库的重要属性，用于设置数据源（数据的来源），即从已经连接的数据库中选择准备查询的数据。

数据源通常有两种设置方式：一是设置为一个基本表的表名（CommandType 属性值为 adCmdTable），二是设置为一条 Select 语句（CommandType 属性值为 adCmdText）。

RecordSource 属性的详细设置步骤如下：

（1）右击要设置属性的 ADO 数据控件，选择"ADODC 属性"命令，打开"属性页"对话框。

（2）选择"属性页"对话框中的"记录源"选项卡（或单击"属性窗口"中 RecordSource 属性右边的省略号按钮），打开"记录源"选项卡，如图 11-31 所示。

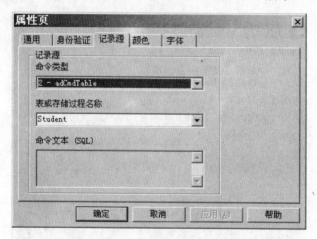

图 11-31 "属性页"对话框的"记录源"选项卡

（3）在"命令类型"下拉列表框中选择数据来源的方式，有四种选择，在此处选择 2-adCmdTable，表示查询数据来源于一个完整的表；并在"表或存储过程名称"下拉列表框中选择构造的查询存储过程名称。

（4）单击"确定"按钮关闭"属性页"对话框，完成 RecordSource 属性（包括 CommandType 和 CommandText 属性）的设置。

5．CommandType 属性

CommandType 属性指明命令的类型，即生成数据源的操作方式，有四种取值：

（1）8——adCmdUnknown：默认值，表示 CommandText 属性中的命令类型未知。

（2）1——adCmdText：表示可以在"命令文本（SQL）"文本框中输入 SQL 语句命令，结果集将由 Select 语句生成。

（3）2——adCmdTable：表示结果集来源于完整的表，此时"命令文本（SQL）"文本框中不能输入命令文本，而需要在中间那个下拉列表框中指定一个数据表名。

（4）4——adCmdStoredProc：表示结果集由存储过程决定，此时"命令文本（SQL）"文本框中不能输入命令文本，而需要在中间那个下拉列表框中指定一个存储过程名。

6. MaxRecords 属性

MaxRecords 属性用于返回或设置查询结果集中记录的最大数目。

7. RecordSet 属性

RecordSet 属性是 ADO 数据控件实现数据库记录操作的最重要的属性，其本身就是一个功能强大的对象，直接指向 ADO 对象模型中的重要对象成员——RecordSet 对象。

- RecordSet 也称为记录集或结果集。
- RecordSet 作为浏览数据库的工具，用于存放查询操作的结果。
- 通过 ADO 数据控件的 ConnectionString 和 RecordSource 属性创建的数据源就是记录集，是应用程序操作数据库的核心。
- 记录集（RecordSet）的结构与数据库中表的结构类似，横向称为记录，纵向称为字段。记录集有两个标志：EOF 和 BOF，用于限制记录指针在记录集的有效范围内移动。
- 由于记录集（RecordSet）本身实质是一个对象，所以有自己的属性和方法。通过 ADO 数据控件操作数据库，主要就是利用 RecordSet 的属性和方法。

11.4.3　ADO 数据控件的主要方法

Visual Basic 为 ADO 数据控件定义了许多方法，基本上与 Data 控件的方法一样，本小节只介绍 Refresh 方法；关于 UpdateControls 方法和 UpdateRecord 方法可以参考 11.3.3 小节。

Refresh 方法用于更新 ADO 数据控件的数据结构。当改变了 ADO 数据控件的 ConnectionString 属性时，使用该方法将重新打开数据库，从而使设置生效。当改变了 ADO 数据控件的 RecordSource 属性时，使用该方法重新打开一个记录集，从而使应用程序操作的记录集随着 RecordSource 属性的改变而立即变化。

在程序代码中调用 Refresh 方法的语句格式：

```
ADO 控件名.Refresh
```

11.4.4　ADO 数据控件的主要事件

为了通过 ADO 数据控件灵活、便捷地操作数据库中的数据，Visual Basic 为其定义了许多事件，构成了 ADO 数据控件能够响应的事件集合，基本上与 Data 控件的事件一样。在本小节只介绍下面几个常用的事件。

1. EndOfRecordSet 事件

在记录集中移动记录指针时，如果记录指针超出记录集的结尾，此时则触发 ADO 数据控件的 EndOfRecordSet 事件。

2. Error 事件

只有在没有执行任何 Visual Basic 代码而发生了一个数据访问错误的情况下，才会触发 Error 事件。

3. WillChangeField 和 FieldChangeComplete 事件

当对记录集中一个或多个字段值进行修改时，触发 ADO 数据控件的 WillChangeField

事件；当对记录集中一个或多个字段值进行修改之后，触发 ADO 数据控件的 FieldChangeComplete 事件。

4. WillChangeRecord 和 RecordChangeComplete 事件

当对记录集中一个或多个记录进行修改时，触发 ADO 数据控件的 WillChangeRecord 事件；当对记录集中一个或多个记录值进行修改之后，触发 ADO 数据控件的 RecordChangeComplete 事件。

5. WillMove 和 MoveComplete 事件

在记录集的当前记录指针移动位置时，触发 ADO 数据控件的 WillMove 事件；在记录集的当前记录指针移动位置之后，触发 ADO 数据控件的 MoveComplete 事件。

11.4.5 ADO 数据控件的 RecordSet 对象

RecordSet 既是 ADO 数据控件实现数据库记录操作的最重要属性，其本身又是一个功能强大的对象，所以它又有自己的属性和方法。

ADO 数据控件下的 RecordSet 对象与 Data 数据控件下的 RecordSet 对象，基本上具有一样的属性、方法。本节只介绍与 Data 数据控件 RecordSet 对象有区别的地方，其余相同的属性、方法只简单列举，其用法可以参考前面关于 Data 数据控件 RecordSet 对象部分内容。

1. RecordSet 对象的主要属性

RecordCount 属性、AbsolutePosition 属性、EOF 和 BOF 属性、Fields 属性的含义与 Data 数据控件 RecordSet 对象相应属性一样，可参考 11.3.5 小节相关内容。

2. RecordSet 对象的主要方法

MoveFirst、MoveLast、MoveNext、MovePrevious、Move n、AddNew、Update、Delete 方法的含义与使用格式都与 Data 数据控件 RecordSet 对象相应方法一样，可参考 11.3.5 小节相关内容。要特别介绍的两个方法是 CancelUpdate 方法和 Find 方法。

（1）CancelUpdate 方法

作用：取消在调用 Update 方法之前对当前记录或新记录所做的任何修改。但是，在调用 Update 方法之后， CancelUpdate 方法不能撤销对当前记录或新记录所做的更改；另外，如果没有修改当前记录或添加新记录，调用 CancelUpdate 方法将产生错误。

CancelUpdate 方法使用格式：

```
ADO 控件名.Recordset.CancelUpdate
```

（2）Find 方法

作用：用于在记录集中查找满足条件的数据记录。不同于 Data 数据控件 RecordSet 对象的 Find 方法组（FindFirst、FindLast、FindNext、FindPrevious），ADO 数据控件的 RecordSet 对象只有单独的 Find 方法。其语句格式如下：

```
ADO 控件名.Recordset.Find("查找条件")
ADO 控件名.Recordset.Find "查找条件"
```

其中"查找条件"也是用字符串形式表达，既可以写成类似函数调用的形式（使用扩号内的参数），也可以写成一般方法参数形式（不加扩号，参数与方法名之间空一格）。"查找条件"的格式由以下成分有机地组成：

① 有效字段名。

② 有效比较符（>，<，<=，>=，<>，=，LIKE）。

③ 查询条件值：

- 字符串用单引号（'）括起来；
- 日期用"#"号括起来；
- LIKE 接受*匹配符；
- 各个条件值之间使用 And 或者 Or 连接。

具体例句（设 ADO 控件名为 Adodc1）：

```
Adodc1.Recordset.Find("stuAge>20 And stuAge<25") 'stuAge 为数值型字段
Adodc1.Recordset.Find("stuName LIKE '王*'") 'stuName 为字符型字段
Adodc1.Recordset.Find("stuBirthday=#1986-6-15#") 'stuBirthday 为日期型字段
Adodc1.Recordset.Find Text1.Text '查询条件在文本框 Text1 中指定，不要再加引号
```

11.4.6 ADO 数据控件的使用

使用 ADO 数据控件的一般步骤：

（1）添加 ADO 数据控件到工程的"工具箱"中。

（2）在工程的窗体上创建 ADO 数据控件。

（3）通过属性页设置 ADO 数据控件的相关属性：ConnectString 和 RecordSource 属性。建立与数据库的连接及数据源（记录集）。

（4）在窗体上添加数据绑定控件。

（5）设置数据绑定控件的 DataSource 属性和 DataField 属性，与数据源绑定。

（6）必要时，利用 ADO 数据控件的相应属性、方法和事件编写实现数据操作功能的事件过程和其他功能过程。

（7）执行工程，显示数据源中的数据，并进行数据的相应操作。

下面的例题仍然用到前面创建的学生信息数据库及其表，其中：

- Access 数据库名：stu.mdb（实现学生选课管理）。
- 数据库中的表名：Student、Course、SC（学生表、课程表、成绩表）。
- Student 表的字段：stuName（姓名）、stuID（学号），…。
- Course 表的字段：couID（课程号）、couName（课程名），…。
- SC 表的字段：couID（课程号），stuID（学号），stuScore（成绩）。

例 11-6 利用 ADO 数据控件浏览多个表的查询结果。本例将浏览选修了"计算机网络课程"（课程号为 J001）的学生及成绩信息。查询 SQL 语句为：

```
Select Student.stuName, Course.couName, Sc.stuScore From Student, Course,
SC Where Student.stuID=SC.stuID and Course.couID=SC.couID and SC.couID=
'J001'
```

设计步骤如下：

285

第
11
章

Visual Basic 数据库应用

（1）添加 ADO 控件到当前工程的工具箱。

（2）界面设计。窗体上画出一个 ADO 控件、三个标签和三个文本框（作为绑定控件），如图 11-32 所示。

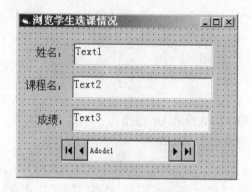

图 11-32　例 11-6 的界面设置

（3）设置 ADO 控件的 ConnectionString 属性和 RecordSource 属性（参见 11.4.2 小节介绍），其中 RecordSource 属性的设置界面如图 11-33 所示。

（4）设置 3 个文本框绑定控件的 DataSource 属性均为 Adodc1（ADO 数据控件名）；Text1、Text2、Text3 的 DataField 属性分别设置为 stuName、couName、stuScore 字段名。

（5）保存工程。

（6）运行工程，运行界面如图 11-34 所示。

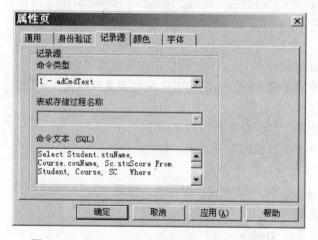

图 11-33　例 11-6 的 RecordSource 属性设置界面

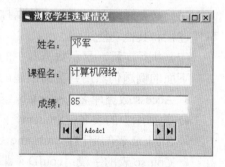

图 11-34　例 11-6 运行界面

例 11-7　编程实现 Student 表中数据记录的浏览、添加、修改、删除和查找操作。利用 ADO 数据控件建立与数据库的连接及记录集，使用绑定控件显示及操作数据。要求在用户界面上不显示 ADO 数据控件，通过四个命令按钮实现数据的浏览。另外，通过命令按钮的操作实现数据的增、删、改、查操作。

设计步骤如下：

（1）添加 ADO 控件到当前工程的工具箱。

（2）界面设计。窗体上画出一个 ADO 控件、七个标签和七个文本框（六个作为绑定控件，一个查询条件文本框），如图 11-35 所示。

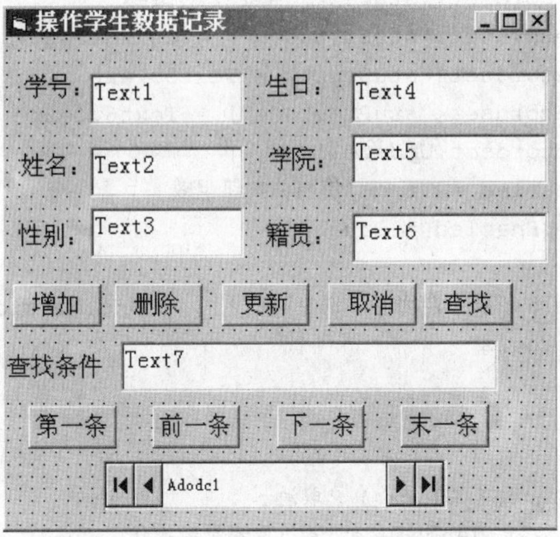

图 11-35　例 11-7 的界面设置

（3）设置 ADO 控件的 ConnectionString 属性和 RecordSource 属性（同例 11-6）。

（4）设置六个文本框绑定控件的 DataSource 属性均为 Adodc1（ADO 数据控件名）；
Text1～Text6 的 DataField 属性分别设置为如下字段名：stuID、stuName、stuSex、stuBirthday、
stuDept、stuProvince。

（5）编写如下代码：

```
Private Sub cmdAdd_Click() '添加
    Adodc1.Recordset.AddNew '添加操作
    cmdAdd.Enabled = False  '使相关按钮失效
    cmdDelete.Enabled = False
End Sub

Private Sub cmdDelete_Click() '删除
    Dim r As Integer
    r = MsgBox("确认删除当前记录？", vbExclamation + vbYesNo)
    If r = vbYes Then
        Adodc1.Recordset.Delete
        Adodc1.Recordset.MoveNext
        If Adodc1.Recordset.EOF Then
            Adodc1.Recordset.MoveLast
        End If
    End If
End Sub

Private Sub cmdUpdate_Click() '更新
    If Text4 <> "" Then '控制生日字段不能为空
        Adodc1.Recordset("stuID") = Text1.Text
```

Visual Basic 数据库应用

```
            Adodc1.Recordset("stuName") = Text2.Text
            Adodc1.Recordset("stuSex") = Text3.Text
            Adodc1.Recordset("stuBirthday") = CDate(Text4) '对日期型进行转换
            Adodc1.Recordset("stuDept") = Text5.Text
            Adodc1.Recordset("stuProvince") = Text6.Text
            Adodc1.Recordset.Update '更新操作
            cmdAdd.Enabled = True '使相关按钮生效
            cmdDelete.Enabled = True
        Else
            MsgBox "生日字段不能为空，请重新输入", vbExclamation, "信息"
            Text4.SetFocus
        End If
    End Sub

    Private Sub cmdCancel_Click() '取消
        Adodc1.Recordset.CancelUpdate '取消更新操作
        cmdAdd.Enabled = True '使相关按钮生效
        cmdDelete.Enabled = True
    End Sub

Private Sub cmdFind_Click() '查找
    If Text7 = "" Then '检查是否输入查询条件
        MsgBox "请输入查询条件"
        Text7.SetFocus
        Exit Sub
    End If
    Adodc1.Recordset.MoveFirst '在查找前先将记录指针定位到第一条记录位置
    Adodc1.Recordset.Find (Text7.Text)
    If Adodc1.Recordset.BOF Or Adodc1.Recordset.EOF Then
        MsgBox "查找失败", vbInformation, "查找信息"
        Adodc1.Recordset.MoveFirst
    End If
End Sub

Private Sub cmdFirst_Click() '第一条
    Adodc1.Recordset.MoveFirst
End Sub

Private Sub cmdPre_Click() '前一条
    Adodc1.Recordset.MovePrevious
    If Adodc1.Recordset.BOF Then
        Adodc1.Recordset.MoveFirst
    End If
End Sub

Private Sub cmdNext_Click() '下一条
```

```
        Adodc1.Recordset.MoveNext
        If Adodc1.Recordset.EOF Then
            Adodc1.Recordset.MoveLast
        End If
End Sub

Private Sub cmdLast_Click()  '末一条
        Adodc1.Recordset.MoveLast
End Sub
```

（6）保存工程。

（7）运行工程，运行界面如图 11-36 所示。

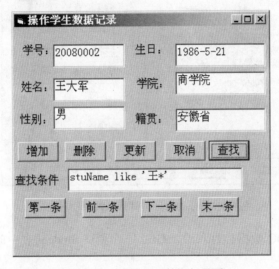

图 11-36   例题 11-7 的运行界面

11.4.7   使用 DataGrid 控件作绑定控件

利用 ADO 数据控件和 TextBox 绑定控件可以对数据源的数据进行操作，但是只能一条一条地（称为单记录）查看数据库中的记录。使用 DataGrid 控件以及其他表格控件，能以表格方式显示多条记录，达到对记录集纵观全局的效果。

DataGrid 控件是 ActiveX 控件，在"部件"对话框中的名称为 Microsoft DataGrid Control6.0（OLEDB）。DataGrid 控件作为绑定控件使用，其实现与数据源绑定功能的重要属性是 DataSource 属性。DataSource 属性用于设定数据源（记录集），它的取值为 ADO 数据控件名。利用 DataGrid 控件对记录集数据进行编辑，首先必须设定 DataGrid 控件的相关属性。利用"属性页"对话框设置属性的步骤如下：

（1）在窗体上放置 DataGrid 控件，右击该控件。

（2）在弹出的快捷菜单中选择"属性"命令，打开 DataGrid 控件的"属性页"对话框，如图 11-37 所示。

（3）在"属性页"对话框中选择"通用"选项卡，设置以下属性（对应五个复选框）：

● AllowAddNew 属性：决定是否允许添加新记录（选中"允许添加"复选框为允许）。

- AllowDelete 属性：决定是否允许删除记录（选中"允许删除"复选框为允许）。
- AllowUpdate 属性：决定是否允许更新修改记录（选中"允许更新"复选框为允许）。
- ColumnHeaders 属性：决定是否在列的头部显示字段名称（选中"列标头"复选框为显示字段名称）。
- Enabled 属性：决定运行时能否操作 DataGrid 控件，如移动数据区的滚动条等（选中"有效"复选框为能操作 DataGrid 控件）。

（4）单击"属性页"对话框中的"确定"按钮，关闭对话框，完成相关属性的设置。

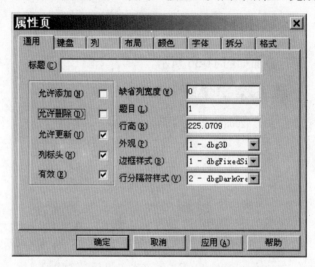

图 11-37　DataGrid 控件"属性页"对话框

例 11-8　利用 ADO 数据控件和 DataGrid 控件浏览 Student 表中的数据。

设计步骤：

（1）将 ADO 数据控件和 DataGrid 控件加入当前工程的"工具箱"。

（2）界面设计。在窗体上画一个 ADO 控件和一个 DataGrid 控件，如图 11-38 所示。

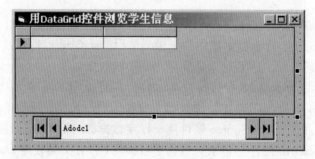

图 11-38　例 11-8 的界面设计

（3）设置 ADO 数据控件的 ConnectionString 和 RecordSource 属性（同例 11-7）。

（4）设置 DataGrid 控件的关键属性 DataSource：DataGrid1.DataSource=Adodc1。

（5）保存工程。

（6）运行程序，其运行结果如图 11-39 所示。

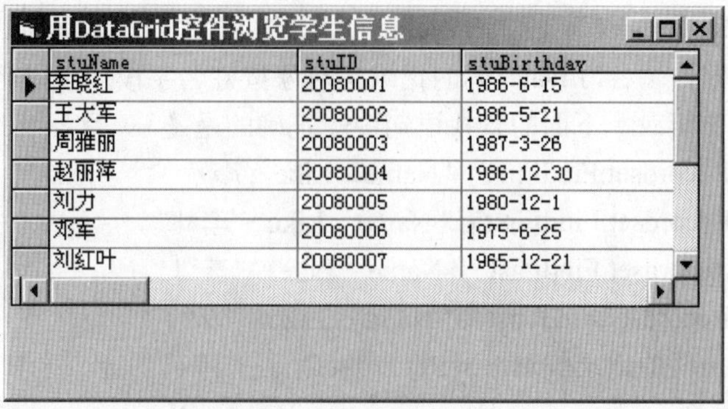

图 11-39   例 11-8 的运行结果

本节主要介绍的是基于 ADO 控件的数据访问方法。ADO（ActiveX Data Object）实际上是一种 ActiveX 数据对象。它也是微软公司在 Visual Basic 6.0 中推出的新数据访问策略，是目前比较新和比较流行的可编程数据访问对象模型，它基于微软数据访问接口 OLEDB 而设计。而 OLEDB 能为任何类型的数据源提供高性能、统一的访问接口。利用 ADO 对象模型可以简单、快捷、有效地实现数据库的全部操作，不论是存取本地的还是远程的（Internet）数据，都提供了统一的接口。但利用 ADO 对象模型编程需要深刻理解 ADO 对象模型的系列抽象概念，有一定复杂性。鉴于篇幅，本章不再深入讨论基于 ADO 对象模型的编程问题。

最后，值得指出的是，利用 ADO 控件与图片框绑定控件，不能直接将图片框中的图片数据输入到数据库中去，只有通过复杂的编程，才能实现该功能。而利用老式的 Data 控件却能直接将图片框中的图片数据输入到数据库中去，这是 Data 控件的一个便利之处。

习　题　11

一、选择题

1. 在 Visual Basic 中访问数据库的下列方法中，完全不需要编写程序代码的是【　　】。

A）可视数据管理器　　　　　　　　　B）数据访问对象 DAO 模型

C）数据控件和数据绑定控件　　　　　D）ActiveX 数据访问对象 ADO

2. 在 Visual Basic 数据库应用开发中，下列说法错误的是【　　】。

A）数据绑定控件的 DataSource 属性值是数据控件名称

B）数据绑定控件的 DataField 属性值可以是记录集中相应字段的字段名

C）ADO 数据控件的 RecordSource 属性值只能是一基本表的表名

D）Data 控件的 DatabaseName 属性的值可以在属性窗口中指定，也可在运行时指定

3. 通过数据控件 Data1 的 Recordset 对象访问当前记录的某个字段的信息，下列方法中错误的是【　　】。

A）Data1.Recordset.Fields(下标数字).Value

B）Data1.Recordset.Fields("字段名").Value

C）Data1.Recordset("字段名")

D）Data1.Recordset("字段名").Value

4. 利用 Data 控件（名为 Data1）的记录集对象按姓名字段（字段名为 Name）查找记录，为了查找姓李的记录，下面的查找语句中，正确的是【　　】。

A）Data1.Recordset.FindFirst　"Name　Like　李*"

B）Data1.Recordset.FindFirst　" Name　Like　'李*' "

C）Data1.Recordset.FindLast　' Name　Like　"李*" '

D）Data1.Recordset.FindLast　" Name　Like　"李*" "

5. ADO 数据控件的记录集对象（RecordSet）没有下列的【　　】方法。

A）MoveFirst　　　　　　　　　　B）AddNew

C）FindFirst　　　　　　　　　　D）Delete

6. 通过 ADO 数据控件 Adodc1 的 Recordset 对象访问当前记录的字段名为"Name"的字段内容，如果知道该字段是记录中处于最前位置的字段，下列错误的方法是【　　】。

A）Adodc1.Recordset.Fields(0).Value

B）Adodc1.Recordset.Fields(1).Value

C）Adodc1.Recordset.Fields("Name").Value

D）Adodc1.Recordset("Name")

7. 关于 ADO 数据控件（如名为 Adodc1、Adodc2）和相应的绑定控件（如名为 Text1 的文本框）之间的关系，下列说法正确的是【　　】。

A）Text1 的 DataSource 属性为 Adodc1

B）Text1 的 DataField 属性为 ADO 数据控件名

C）Adodc1 的 DataSource 属性为 Text1

D）Text1 可以同时绑定到 Adodc1 和 Adodc2

二、填空题

1. 在数据库关系模型中，数据库是由一些　__【1】__　组成的，而每一张表是由一行一行的数据组成的，　__【2】__　称作一个（条）记录。每一条记录中又包括若干数据项，每一个数据项称作一个　__【3】__　。

2. 在访问数据库时，经常还可以由一个表或几个表中的数据组合构成一种数据集合，这种数据集合类似于一张新表，称之为　__【1】__　对象。记录集对象的英文名称是　__【2】__　，它是 Data 控件和 ADO 控件的一个重要　__【3】__　。Visual Basic 中记录集合有　__【4】__　，__【5】__　，　__【6】__　三种类型。

3. 用 Data 数据控件访问数据库需要设置 Data 控件的两个重要属性是　__【1】__　（指明数据库）和　__【2】__　（指明记录源）。

4. 对数据库进行增、改操作后，必须使用　__【1】__　方法确认操作，删除记录的方法是　__【2】__　。

5. 获取记录集的记录指针当前位置可以引用属性　__【1】__　，获取记录集的记录总数可以引用属性　__【2】__　。判断记录指针是否越出首记录可以引用属性　__【3】__　，判断记录指针是否越出末记录可以引用属性　__【4】__　。

6. 由 ADO 控件连接数据库时，查找记录集中符合条件的记录用方法　__【1】__　，由 DATA 控件连接数据库时，查找记录集中符合条件的记录可使用的方法有　__【2】__　。

附录 1　字符 ASCII 码表

十进制	十六进制	字符	十进制	十六进制	字符	十进制	十六进制	字符	十进制	十六进制	字符
0	00H	NUL	32	20H	space	64	40H	@	96	60H	`
1	01H	SOH	33	21H	!	65	41H	A	97	61H	a
2	02H	STX	34	22H	"	66	42H	B	98	62H	b
3	03H	ETX	35	23H	#	67	43H	C	99	63H	c
4	04H	EOT	36	24H	$	68	44H	D	100	64H	d
5	05H	ENQ	37	25H	%	69	45H	E	101	65H	e
6	06H	ACK	38	26H	&	70	46H	F	102	66H	f
7	07H	BEL	39	27H	'	71	47H	G	103	67H	g
8	08H	BS	40	28H	(	72	48H	H	104	68H	h
9	09H	HT	41	29H	)	73	49H	I	105	69H	i
10	0AH	LF	42	2AH	*	74	4AH	J	106	6AH	j
11	0BH	VT	43	2BH	+	75	4BH	K	107	6BH	k
12	0CH	FF	44	2CH	,	76	4CH	L	108	6CH	l
13	0DH	CR	45	2DH	-	77	4DH	M	109	6DH	m
14	0EH	SO	46	2EH	.	78	4EH	N	110	6EH	n
15	0FH	SI	47	2FH	/	79	4FH	O	111	6FH	o
16	10H	DLE	48	30H	0	80	50H	P	112	70H	p
17	11H	DC1	49	31H	1	81	51H	Q	113	71H	q
18	12H	DC2	50	32H	2	82	52H	R	114	72H	r
19	13H	DC3	51	33H	3	83	53H	S	115	73H	s
20	14H	DC4	52	34H	4	84	54H	T	116	74H	t
21	15H	NAK	53	35H	5	85	55H	U	117	75H	u
22	16H	SYN	54	36H	6	86	56H	V	118	76H	v
23	17H	ETB	55	37H	7	87	57H	W	119	77H	w
24	18H	CAN	56	38H	8	88	58H	X	120	78H	x
25	19H	EM	57	39H	9	89	59H	Y	121	79H	y
26	1AH	SUB	58	3AH	:	90	5AH	Z	122	7AH	z
27	1BH	ESC	59	3BH	;	91	5BH	[	123	7BH	{
28	1CH	FS	60	3CH	<	92	5CH	\	124	7CH	|
29	1DH	GS	61	3DH	=	93	5DH	]	125	7DH	}
30	1EH	RS	62	3EH	>	94	5EH	^	126	7EH	~
31	1FH	US	63	3FH	?	95	5FH	_	127	7FH	DEL

注：十进制编码值在 0～31 范围的前 32 个字符为非印刷字符，称为控制符号；十进制编码值是 32 的为空格字符（Space）；十进制编码值是 127 的为删除控制符（DEL）；其余 94 个（33～126）为可见字符。

附录2　Visual Basic 常用内部函数汇集

Abs 函数

功能：返回参数的绝对值，其类型和参数相同。

语法：Abs(number)

说明：必要的 number 参数是任何有效的数值表达式，如果 number 包含 Null，则返回 Null，如果 number 是未初始化的变量，则返回 0。

Array 函数

功能：返回一个包含数组的 Variant。

语法：Array(arglist)

说明：所需的 arglist 参数是一个用逗号隔开的值表，这些值用于给 Variant 所包含的数组的各元素赋值。如果不提供参数，则创建一个长度为 0 的数组。

Asc 函数

功能：返回一个 Integer 类型值，代表字符串中首字母的字符 ASCII 码。

语法：Asc(string)

说明：必要的 string 参数可以是任何有效的字符串表达式。如果 string 中没有包含任何字符，则会产生运行时错误。

Beep 函数

功能：用来产生蜂鸣声。

语法：Beep

Choose 函数

功能：从参数列表中选择并返回一个值。

语法：Choose (index, choice-1[, choice-2, ... [, choice-n]])

说明：Choose 函数的语法具有以下几个部分：

index：是必要参数，数值表达式或字段，它的运算结果是一个数值，且界于 1 和可选择的项目数之间。Choice：也是必要参数，Variant 表达式，包含可选择项目的其中之一。Choose 会根据 index 的值来返回选择项列表中的某个值。如果 index 是 1，则 Choose 会返回列表中的第 1 个选择项。如果 index 是 2，则会返回列表中的第 2 个选择项，以此类推。

Chr 函数

功能：返回 String，其中包含有与指定的字符代码相关的字符。

语法：Chr (charcode)

说明：必要的 charcode 参数是一个用来识别某字符的 Long 型数据。0 到 31 之间的数字与标准的非打印 ASCII 代码相同。例如，Chr (10)可以返回换行字符；Chr (13)可以返回回车符。

Cos 函数

功能：返回一个 Double 型数据，指定一个角的余弦值。

语法：Cos (number)

说明：必要的 number 参数是一 Double 型或任何有效的数值表达式，表示一个以弧度为单位的角。Cos 函数的参数为一个角，并返回直角三角形两边的比值。该比值为角的邻边长度除以斜边长度之商。结果的取值范围在–1～1 之间。

CurDir 函数

功能：返回一个 Variant (String)，用来代表当前的路径。

语法：CurDir[(drive)]

说明：可选的 drive 参数是一个字符串表达式，它指定一个存在的驱动器。如果没有指定驱动器，或 drive 是零长度字符串（""），则 CurDir 会返回当前驱动器的路径。

Date 函数

功能：返回包含系统日期的 Variant (Date)。

语法：Date

说明：为了设置系统日期，请使用 Date 语句。

DateDiff 函数

功能：返回 Variant (Long)型的值，表示两个指定日期间的时间间隔数目。

语法：DateDiff (interval, date1, date2 [, firstdayofweek [, firstweekofyear]])

说明：DateDiff 函数语法中有下列命名参数：

interval：必要。字符串表达式，表示用来计算 date1 和 date2 的时间差的时间间隔

Date1，date2：必要；Variant (Date)。计算中要用到的两个日期。

Firstdayofweek：可选。指定一个星期的第一天的常数。如果未予指定，则以星期日为第一天。

Firstweekofyear：可选。指定一年的第一周的常数。如果未予指定，则以包含 1 月 1 日的星期为第一周。

Day 函数

功能：返回一个 Variant (Integer)，其值为 1 到 31 之间的整数，表示一个月中的某一日。

语法：Day (date)

说明：必要的 date 参数，可以是任何能够表示日期的 Variant、数值表达式、字符串表达式或它们的组合。如果 date 包含 Null，则返回 Null。

Dir 函数

功能：返回一个 String，用以表示一个文件名、目录名或文件夹名称，它必须与指定的模式或文件属性或磁盘卷标相匹配。

语法：Dir[(pathname[, attributes])]

说明：Dir 函数的语法具有以下几个部分：

pathname：可选参数。用来指定文件名的字符串表达式，可能包含目录或文件夹，以及驱动器。如果没有找到 pathname，则会返回零长度字符串（""）。

attributes：可选参数。常数或数值表达式，其总和用来指定文件属性。如果省略，则

会返回匹配 pathname 但不包含属性的文件。

DoEvents 函数

功能：转让控制权，以便让操作系统处理其他的事件。

语法：DoEvents( )

EOF 函数

功能：返回一个 Integer，它包含 Boolean 值 True，表明已经到达为 Random 或顺序 Input 打开的文件的结尾。

语法：EOF(filenumber)

说明：必要的 filenumber 参数是一个 Integer，包含任何有效的文件号。使用 EOF 是为了避免因试图在文件结尾处进行输入而产生的错误。直到到达文件的结尾，EOF 函数都返回 False。对于为访问 Random 或 Binary 而打开的文件，直到最后一次执行的 Get 语句无法读出完整的记录。

Exp 函数

功能：返回 Double 型值，指定 e（自然对数的底）的某次方。

语法：Exp(number)

说明：必要的数值参数 number 是 Double 数值或任何有效的数值表达式。

FileLen 函数

功能：返回一个 Long，代表一个文件的长度，单位是字节。

语法：FileLen(pathname)

必要的 pathname 参数是用来指定一个文件名的字符串表达式。pathname 可以包含目录或文件夹，以及驱动器。

说明：当调用 FileLen 函数时，如果所指定的文件已经打开，则返回的值是这个文件在打开前的大小。若要取得一个打开文件的长度大小，使用 LOF 函数。

Format 函数

功能：返回 Variant(String)，其中含有一个表达式，它是根据格式表达式中的指令来格式化的。

语法：Format(expression[, format[, firstdayofweek[, firstweekofyear]]])

说明：Format 函数的语法具有下面几个部分：

expression：必要参数。任何有效的表达式。

Format：可选参数。有效的命名表达式或用户自定义格式表达式。

firstdayofweek：可选参数。常数，表示一星期的第一天。

Firstweekofyear：可选参数。常数，表示一年的第一周。

FreeFile 函数

功能：返回一个 Integer，代表下一个可供 Open 语句使用的文件号。

语法：FreeFile[(rangenumber)]

说明：可选的参数 rangenumber 是一个 Variant，它指定一个范围，以便返回该范围之内的下一个可用文件号。指定 0（默认值）则返回一个介于 1～255 之间的文件号。指定 1 则返回一个介于 256～511 之间的文件号。使用 FreeFile 可以提供一个尚未使用的文件号。

Hex 函数

功能：返回代表十六进制数值的 String。

语法：Hex(number)

必要的 number 参数为任何有效的数值表达式或字符串表达式。

说明：如果 number 还不是一个整数，那么在执行前会先被四舍五入成最接近的整数。

Hour 函数

功能：返回一个 Variant(Integer)，其值为 0～23 之间的整数，表示一天之中的某一钟点。

语法：Hour(time)

说明：必要的 time 参数，可以是任何能够表示时刻的 Variant、数值表达式、字符串表达式或它们的组合。如果 time 包含 Null，则返回 Null。

IIf 函数

功能：根据表达式的值，来返回两部分中的其中一个。

语法：IIf(expr, truepart, falsepart)

说明：IIf 函数的语法含有下面这些命名参数：

expr：必要参数。用来判断真伪的表达式。

truepart：必要参数。如果 expr 为 True，则返回这部分的值或表达式。

Falsepart：必要参数。如果 expr 为 False，则返回这部分的值或表达式。

Input 函数

功能：返回 String，它包含以 Input 或 Binary 方式打开的文件中的字符。

语法：Input(number, [#]filenumber)

说明：Input 函数的语法具有以下几个部分：

number：必要。任何有效的数值表达式，指定要返回的字符个数。

Filenumber：必要。任何有效的文件号。

通常用 Print #或 Put 将 Input 函数读出的数据写入文件。Input 函数只用于以 Input 或 Binary 方式打开的文件。

与 Input # 语句不同，Input 函数返回它所读出的所有字符，包括逗号、回车符、空白列、换行符、引号和前导空格等。

InputBox 函数

功能：在一对话框中显示提示，等待用户输入正文或按下按钮，并返回包含文本框内容的 String。

语法：InputBox(prompt[, title] [, default] [, xpos] [, ypos] [, helpfile, context])

说明：InputBox 函数的语法具有以下几个命名参数：

Prompt：必需的。作为对话框消息出现的字符串表达式。prompt 的最大长度大约是 1024 个字符，由所用字符的宽度决定。如果 prompt 包含多个行，则可在各行之间用回车符（Chr(13)）、换行符 （Chr(10)）或回车换行符的组合（Chr(13) & Chr(10)）来分隔。

Title：可选的。显示对话框标题栏中的字符串表达式。如果省略 title，则把应用程序名放入标题栏中。

Visual Basic 常用内部函数汇集

Default：可选的。显示文本框中的字符串表达式，在没有其他输入时作为默认值。如果省略 default，则文本框为空。

Xpos：可选的。数值表达式，成对出现，指定对话框的左边与屏幕左边的水平距离。如果省略 xpos，则对话框会在水平方向居中。

Ypos：可选的。数值表达式，成对出现，指定对话框的上边与屏幕上边的距离。如果省略 ypos，则对话框被放置在屏幕垂直方向距下边大约三分之一的位置。

Helpfile：可选的。字符串表达式，识别帮助文件，用该文件为对话框提供上下文相关的帮助。如果已提供 helpfile，则也必须提供 context。

Context：可选的。数值表达式，由帮助文件的作者指定给某个帮助主题的帮助上下文编号。如果已提供 context，则也必须要提供 helpfile。

InStr 函数

功能：返回 Variant(Long)，指定一字符串在另一字符串中最先出现的位置。

语法：InStr([start,]string1, string2[, compare])

说明：InStr 函数的语法具有下面的参数：

start：可选参数。为数值表达式，设置每次搜索的起点。如果省略，将从第一个字符的位置开始。如果 start 包含 Null，将发生错误。如果指定了 compare 参数，则一定要有 start 参数。

string1：必要参数。接受搜索的字符串表达式。

string2：必要参数。被搜索的字符串表达式。

Compare：可选参数。指定字符串比较。如果 compare 是 Null，将发生错误。如果省略 compare，Option Compare 的设置将决定比较的类型。

Int、Fix 函数

功能：返回参数的整数部分。

语法：Int(number)；Fix(number)

说明：必要的 number 参数是 Double 或任何有效的数值表达式。如果 number 包含 Null，则返回 Null。Int 和 Fix 都会删除 number 的小数部分而返回剩下的整数。

Int 和 Fix 的不同之处在于，如果 number 为负数，则 Int 返回小于或等于 number 的第一个负整数，而 Fix 则会返回大于或等于 number 的第一个负整数。例如，Int 将 –8.4 转换成–9，而 Fix 将 –8.4 转换成 –8。

IsMissing 函数

功能：返回 Boolean 值，指出一个可选的 Variant 参数是否已经传递给过程。

语法：IsMissing(argname)

说明：必要的 argname 参数包含一个可选的 Variant 过程参数名。

使用 IsMissing 函数来检测在调用一个程序时是否提供了可选 Variant 参数。如果对特定参数没有传递值过去，则 IsMissing 返回 True；否则返回 False。

IsNumeric 函数

功能：返回 Boolean 值，指出表达式的运算结果是否为数。

语法：IsNumeric(expression)

必要的 expression 参数是一个 Variant，包含数值表达式或字符串表达式。

说明：如果整个 expression 的运算结果为数字，则 IsNumeric 返回 True；否则返回 False。如果 expression 是日期表达式，则 IsNumeric 返回 False。

Join 函数

功能：返回一个字符串，该字符串是通过连接某个数组中的多个子字符串而创建的。

语法：Join(list[, delimiter])

说明：Join 函数语法有如下几部分：

list：必需的。包含被连接子字符串的一维数组。

Delimiter：可选的。在返回字符串中用于分隔子字符串的字符。如果忽略该项，则使用空格（" "）来分隔子字符串。如果 delimiter 是零长度字符串（""），则列表中的所有项目都连接在一起，中间没有分隔符。

LBound 函数

功能：返回一个 Long 型数据，其值为指定数组维可用的最小下标。

语法：LBound(arrayname[, dimension])

说明：LBound 函数的语法包含下面部分：

arrayname：必需的。数组变量的名称，遵循标准的变量命名约定。

Dimension：可选的；Variant(Long)。指定返回哪一维的下界。1 表示第一维，2 表示第二维，以此类推。如果省略 dimension，就认为是 1。

LBound 函数与 UBound 函数一起使用，用来确定一个数组的大小。UBound 用来确定数组某一维的上界。

LCase 函数

功能：返回转成小写的 String。

语法：LCase(string)

说明：必要的 string 参数可以是任何有效的字符串表达式。如果 string 包含 Null，将返回 Null。只有大写的字母会转成小写，所有小写字母和非字母字符保持不变。

Left 函数

功能：返回 Variant(String)，其中包含字符串中从左边算起指定数量的字符。

语法：Left(string, length)

说明：Left 函数的语法有下面的命名参数。

string：必要参数。字符串表达式，其中最左边的那些字符将被返回。如果 string 包含 Null，将返回 Null。

Length：必要参数，为 Variant(Long)。数值表达式，指出将返回多少个字符。如果为 0，返回零长度字符串（""）。如果大于或等于 string 的字符数，则返回整个字符串。

Len 函数

功能：返回 Long，其中包含字符串内字符的数目，或是存储一变量所需的字节数。

语法：Len(string | varname)

说明：Len 函数的语法有下面这些部分。

string：任何有效的字符串表达式。如果 string 包含 Null，会返回 Null。

Varname：任何有效的变量名称。如果 varname 包含 Null，会返回 Null。如果 varname 是 Variant，Len 会视其为 String 并且总是返回其包含的字符数。

两个可能的参数必须有其一（而且只能有其一）。如为用户定义类型，Len 会返回其写至文件的大小。

LoadPicture 函数

功能：将图形载入到窗体的 Picture 属性、PictureBox 控件或 Image 控件。

语法：LoadPicture([filename], [size], [colordepth],[x,y])

说明：LoadPicture 函数语法有下列部分。

filename：可选的。字符串表达式指定一个文件名。可以包括文件夹和驱动器。如果未指定文件名，LoadPicture 清除图像或 PictureBox 控件。

Size：可选变体。如果 filename 是光标或图标文件，指定想要的图像大小。

Colordepth：可选变体。如果 filename 是一个光标或图标文件，指定想要的颜色深度。

x：可选变体，如果使用 y，则必须使用。如果 filename 是一个光标或图标文件，指定想要的宽度。在包含多个独立图像的文件中，如果那样大小的图像不能得到时，则使用可能的最好匹配。只有当 colordepth 设为 VbPCustom 时，才使用 x 和 y 值。

y：可选变体，如果使用 x，则必须使用。如果 filename 是一个光标或图标文件，指定想要的高度。在包含多个独立图像的文件中，如果那样大小的图像不能得到时，则使用可能的最好匹配。

LOF 函数

功能：返回一个 Long，表示用 Open 语句打开的文件的大小，该大小以字节为单位。

语法：LOF(filenumber)

说明：必要的 filenumber 参数是一个 Integer，包含一个有效的文件号。注意，对于尚未打开的文件，使用 FileLen 函数将得到其长度。

Log 函数

功能：返回一个 Double，指定参数的自然对数值。

语法：Log(number)

说明：必要的 number 参数是 Double 或任何有效的大于 0 的数值表达式。

自然对数是以 e 为底的对数。常数 e 的值大约是 2.718282。

LTrim、RTrim 与 Trim 函数

功能：返回 Variant(String)，其中包含指定字符串的拷贝，没有前导空白（LTrim）、尾随空白（RTrim）或前导和尾随空白（Trim）。

语法：LTrim(string)；RTrim(string)；Trim(string)

说明：必要的 string 参数可以是任何有效的字符串表达式。如果 string 包含 Null，将返回 Null。

Mid 函数

功能：返回 Variant(String)，其中包含字符串中指定数量的字符。

语法：Mid(string, start[, length])

说明：Mid 函数的语法具有下面的命名参数。

string：必要参数。字符串表达式，从中返回字符。如果 string 包含 Null，将返回 Null。

Start：必要参数。为 Long。string 中被取出部分的字符位置。如果 start 超过 string 的字符数，Mid 返回零长度字符串（""）。

Length：可选参数；为 Variant(Long)。要返回的字符数。如果省略或 length 超过文本的字符数（包括 start 处的字符），将返回字符串中从 start 到尾端的所有字符。

Month 函数

功能：返回一个 Variant(Integer)，其值为 1～12 之间的整数，表示一年中的某月。

语法：Month(date)

说明：必要的 date 参数，可以是任何能够表示日期的 Variant、数值表达式、字符串表达式或它们的组合。如果 date 包含 Null，则返回 Null。

MsgBox 函数

功能：在对话框中显示消息，等待用户单击按钮，并返回一个 Integer 告诉用户单击了哪一个按钮。

语法：MsgBox(prompt[, buttons] [, title] [, helpfile, context])

说明：MsgBox 函数的语法具有以下几个命名参数：

Prompt：必需的。字符串表达式，作为显示在对话框中的消息。prompt 的最大长度大约为 1024 个字符，由所用字符的宽度决定。如果 prompt 的内容超过一行，则可以在每一行之间用回车符（Chr(13)）、换行符（Chr(10)）或是回车与换行符的组合（Chr(13) & Chr(10)）将各行分隔开来。

Buttons：可选的。数值表达式是值的总和，指定显示按钮的数目及形式，使用的图标样式，默认按钮是什么以及消息框的强制回应等。如果省略，则 buttons 的默认值为 0。

Title：可选的。在对话框标题栏中显示的字符串表达式。如果省略 title，则将应用程序名放在标题栏中。

Helpfile：可选的。字符串表达式，识别用来向对话框提供上下文相关帮助的帮助文件。如果提供了 helpfile，则也必须提供 context。

Context：可选的。数值表达式，由帮助文件的作者指定给适当的帮助主题的帮助上下文编号。如果提供了 context，则也必须提供 helpfile。

关于 buttons 参数的设置值参见教材第 3 章。

Now 函数

功能：返回一个 Variant(Date)，根据计算机系统设置的日期和时间来指定日期和时间。

语法：Now

Oct 函数

功能：返回 Variant(String)，代表一数值的八进制值。

语法：Oct(number)

说明：必要的 number 参数为任何有效的数值表达式或字符串表达式。

如果 number 尚非整数，那么在执行前会先四舍五入成最接近的整数。

QBColor 函数

功能：返回一个 Long，用来表示所对应颜色值的 RGB 颜色码。

语法：QBColor(color)

说明：必要的 color 参数是一个界于 0 到 15 的整型数。

color 参数的设置值及其所对应的颜色参见附录四颜色多种表达方式的对照表。

Visual Basic 常用内部函数汇集

Replace 函数

功能：返回一个字符串，该字符串中指定的子字符串已被替换成另一子字符串，并且替换发生的次数也是指定的。

语法：Replace(expression, find, replacewith [, start[, count [, compare]]])

说明：Replace 函数语法有如下几部分：

expression：必需的。字符串表达式，包含要替换的子字符串。

Find：必需的。要搜索到的子字符串。

Replacewith：必需的。用来替换的子字符串。

Start：可选的。在表达式中子字符串搜索的开始位置。如果忽略，假定从 1 开始。

Count：可选的。子字符串进行替换的次数。如果忽略，缺省值是–1，它表明进行所有可能的替换。

RGB 函数

功能：返回一个 Long 整数，用来表示一个 RGB 颜色值。

语法：RGB(red, green, blue)

说明：RGB 函数的语法含有以下这些命名参数。

red：必要参数；Variant(Integer)。数值范围从 0 ～ 255，表示颜色的红色成分。

Green：必要参数；Variant(Integer)。数值范围从 0 ～ 255，表示颜色的绿色成分。

Blue：必要参数；Variant(Integer)。数值范围从 0 ～ 255，表示颜色的蓝色成分。

Right 函数

功能：返回 Variant(String)，其中包含从字符串右边取出的指定数量的字符。

语法：Right(string, length)

说明：Right 函数的语法具有下面的命名参数。

string：必要参数。字符串表达式，从中最右边的字符将被返回。如果 string 包含 Null，将返回 Null。

Length：必要参数；为 Variant(Long)。为数值表达式，指出想返回多少字符。如果为 0，返回零长度字符串（""）。如果大于或等于 string 的字符数，则返回整个字符串。

Rnd 函数

功能：返回一个包含随机数值的 Single。

语法：Rnd[(number)]

说明：可选的 number 参数是 Single 或任何有效的数值表达式。

Rnd 函数返回的值小于 1 但大于或等于 0。

number 的值决定了 Rnd 生成随机数的方式。

对最初给定的种子都会生成相同的数列，因为每一次调用 Rnd 函数都用数列中的前一个数作为下一个数的种子。

在调用 Rnd 之前，先使用无参数的 Randomize 语句初始化随机数生成器，该生成器具有根据系统计时器得到的种子。

为了生成某个范围内的随机整数，可使用以下公式：

Int ((upperbound – lowerbound + 1)* Rnd + lowerbound)

这里，upperbound 是随机数范围的上限，而 lowerbound 则是随机数范围的下限。

Round 函数

功能：返回一个数值，该数值是按照指定的小数位数进行四舍五入运算的结果。

语法：Round(expression [, numdecimalplaces])

说明：Round 函数语法有如下几部分：

expression：必需的。要进行四舍五入运算的数值表达式。

Numdecimalplaces：可选的。数字值，表示进行四舍五入运算时，小数点右边应保留的位数。如果忽略，则 Round 函数返回整数。

Second 函数

功能：返回一个 Variant(Integer)，其值为 0 到 59 之间的整数，表示一分钟之中的某个秒。

语法：Second(time)

说明：必要的 time 参数，可以是任何能够表示时刻的 Variant、数值表达式、字符串表达式或它们的组合。如果 time 包含 Null，则返回 Null。

Shell 函数

功能：执行一个可执行文件，返回一个 Variant(Double)，如果成功的话，代表这个程序的任务 ID，若不成功，则会返回 0。

语法：Shell(pathname[,windowstyle])

说明：Shell 函数的语法含有下面这些命名参数：

pathname：必要参数。Variant(String)，要执行的程序名，以及任何必需的参数或命令行变量，可能还包括目录或文件夹，以及驱动器。

Windowstyle：可选参数。Variant(Integer)，表示在程序运行时窗口的样式。如果 windowstyle 省略，则程序是以具有焦点的最小化窗口来执行的。

windowstyle 命名参数有以下这些值。

vbHide-0：窗口被隐藏，且焦点会移到隐式窗口。

vbNormalFocus-1：窗口具有焦点，且会还原到它原来的大小和位置。

vbMinimizedFocus-2：窗口会以一个具有焦点的图标来显示。

vbMaximizedFocus-3：窗口是一个具有焦点的最大化窗口。

vbNormalNoFocus-4：窗口会被还原到最近使用的大小和位置，而当前活动的窗口仍然保持活动。

vbMinimizedNoFocus-6：窗口会以一个图标来显示。而当前活动的窗口仍然保持活动。

Sin 函数

功能：返回一 Double，指定参数的 sine(正弦)值。

语法：Sin(number)

说明：必要的 number 参数是 Double 或任何有效的数值表达式，表示一个以弧度为单位的角。Sin 函数取一角度为参数值，并返回角的对边长度除以斜边长度的比值。

结果的取值范围在–1 到 1 之间。为了将角度转换为弧度，请将角度乘以 π/180。为了将弧度转换为角度，请将弧度乘以 180/π。其中 π ≈ 3.14159。

Space 函数

功能：返回特定数目空格的 Variant(String)。

语法：Space(number)

说明：必要的 number 参数为字符串中想要的空格数。Space 函数在格式输出或清除固定长度字符串数据时很有用。

Spc 函数

功能：与 Print # 语句或 Print 方法一起使用，对输出进行定位。

语法：Spc(n)

说明：必要的 n 参数是在显示或打印列表中的下一个表达式之前插入的空白数。

Split 函数

功能：返回一个下标从零开始的一维数组，它包含指定数目的子字符串。

语法：Split(expression[, delimiter[, count[, compare]]])

说明：Split 函数语法有如下几部分：

expression：必需的。包含子字符串和分隔符的字符串表达式。如果 expression 是一个长度为零的字符串（""），Split 则返回一个空数组，即没有元素和数据的数组。

Delimiter：可选的。用于标识子字符串边界的字符串字符。如果忽略，则使用空格字符（" "）作为分隔符。如果 delimiter 是一个长度为零的字符串，则返回的数组仅包含一个元素，即完整的 expression 字符串。

Count：可选的。要返回的子字符串数，–1 表示返回所有的子字符串。

Compare：可选的。–1～2 的整数数字值，表示判别子字符串时使用的比较方式。

Sqr 函数

功能：返回一个 Double 类型数值，是指定参数的平方根。

语法：Sqr(number)

说明：必要的 number 参数是 Double 类型数值或任何有效的大于或等于 0 的数值表达式。

Str 函数

功能：返回代表一数值的 Variant(String)。

语法：Str(number)

说明：必要的 number 参数为一 Long，其中可包含任何有效的数值表达式。

当一数字转成字符串时，总会在前头保留一空位来表示正负。如果 number 为正，返回的字符串包含一前导空格暗示有一正号。

String 函数

功能：返回 Variant(String)，其中包含指定长度重复字符的字符串。

语法：String(number, character)

说明：String 函数的语法有下面的命名参数。

number：必要参数；Long。返回的字符串长度。如果 number 包含 Null，将返回 Null。

Character：必要参数；Variant。为指定字符的字符码或字符串表达式，其第一个字符将用于建立返回的字符串。如果 character 包含 Null，就会返回 Null。

如果指定 character 的数值大于 255，String 会按下面的公式将其转为有效的字符码：

character Mod 256。

StrReverse 函数

功能：返回一个字符串，其值是指定参数字符串的反向字符串。

语法：StrReverse(string1)

说明：参数 string1 是一个字符串，它的字符顺序要被反向。如果 string1 是一个长度为零的字符串（""），则返回一个长度为零的字符串。如果 string1 为 Null，则产生一个错误。

Switch 函数

功能：计算一组表达式列表的值，然后返回与表达式列表中最先为 True 的表达式所相关的 Variant 数值或表达式。

语法：Switch(expr-1, value-1[, expr-2, value-2 _ [, expr-n,value-n]])

说明：Switch 函数的语法具有以下几个部分。

expr：必要参数。要加以计算的 Variant 表达式。

Value：必要参数。如果相关的表达式为 True，则返回此部分的数值或表达式。

Tab 函数

功能：与 Print # 语句或 Print 方法一起使用，对输出进行定位。

语法：Tab[(n)]

说明：可选的 n 参数是控制打印列表中的下一个表达式输出的插入点位置。若插入点当前所处列位置小于或等于 n，则 Tab(n) 将插入点移到第 n 列；若插入点当前所处列位置已经超过 n，则 Tab(n) 将插入点移到下一行的第 n 列；若 n<1，则 Tab(n) 将插入点移到当前行或下一行的第 1 列。若省略 n 参数，则 Tab 将插入点移动到下一个打印区的起点。

Tan 函数

功能：返回一个 Double 型值，指定一个角的正切值。

语法：Tan(number)

说明：必要的 number 参数是 Double 或任何有效的数值表达式，表示一个以弧度为单位的角度。

Time 函数

功能：返回一个指明当前系统时间的 Variant(Date)。

语法：Time

说明：为了设置系统时间，请使用 Time 语句。

Timer 函数

功能：返回一个 Single，代表从午夜开始到现在经过的秒数。

语法：Timer

说明：Microsoft Windows 中，Timer 函数返回一秒的小数部分。

UBound 函数

功能：返回一个 Long 型数据，其值为指定的数组维可用的最大下标。

语法：UBound(arrayname[, dimension])

说明：UBound 函数的语法包含下面部分。

arrayname：必需的。数组变量的名称，遵循标准变量命名约定。

Dimension：可选的；Variant(Long)。指定返回哪一维的上界。1 表示第一维，2 表示第二维，如此等等。如果省略 dimension，就认为是 1。

UBound 函数常与 LBound 函数一起使用，用来确定一个数组的大小。

UCase 函数

功能：返回 Variant(String)，其中包含转成大写的字符串。

语法：UCase(string)

说明：必要的 string 参数为任何有效的字符串表达式。如果 string 包含 Null，将返回 Null。只有小写的字母会转成大写；原本大写或非字母之字符保持不变。

Val 函数

功能：返回包含于字符串内的数字，字符串中是一个适当类型的数值。

语法：Val(string)

说明：必要的 string 参数可以是任何有效的字符串表达式。

Weekday 函数

功能：返回一个 Variant(Integer)，包含一个整数，代表某个日期是星期几。

语法：Weekday(date, [firstdayofweek])

说明：Weekday 函数语法有下列的命名参数。

date：必要。能够表示日期的 Variant、数值表达式、字符串表达式或它们的组合。如果 date 包含 Null，则返回 Null。

Firstdayofweek：可选。指定一星期第一天的常数。如果未予指定，则以 vbSunday 为默认值。

Year 函数

功能：返回 Variant(Integer)，包含表示年份的整数。

语法：Year(date)

说明：必要的 date 参数，可以是任何能够表示日期的 Variant、数值表达式、字符串表达式或它们的组合。如果 date 包含 Null，则返回 Null。

附录 3　Visual Basic 常用属性、方法

1．常用属性

Action 属性

取值数值型（0～6 整数）；返回或设置被显示的对话框的类型；在设计时无效。

Alignment 属性

取值数值型（0～3 整数）；设置或返回一个值，决定 CheckBox 或 OptionButton 控件、控件中的文本或 DataGrid 控件列中的值的对齐方式。对 CheckBox、OptionButton 和 TextBox 控件在运行时为只读。

AutoRedraw 属性

取值逻辑型（True/False）；返回或设置用图形方法输出的内容能否持久保持。

AutoSize 属性

取值逻辑型（True/False）；返回或设置一个值，以决定控件是否自动改变大小以显示其全部内容。

BackColor、ForeColor 属性

BackColor 用于返回或设置对象的背景颜色。

ForeColor 用于返回或设置在对象里显示图片和文本的前景颜色。

BackStyle 属性

取值数值型（0～1 整数）；返回或设置一个值，它指定 Label 控件或 Shape 控件的背景是透明的还是非透明的。

Bold 属性

取值逻辑型（True / False）；返回或设置 Font 对象的字形是粗体或非粗体。

BorderColor 属性

返回或设置对象的边框颜色。

BorderStyle 属性

取值数值型（0～6 整数）；返回或设置对象的边框样式。对 Form 对象和 Textbox 控件在运行时是只读的。

BorderWidth 属性

取值[1,1892]范围的数值型，返回或设置控件边框的宽度。

Cancel 属性

取值逻辑型（True/False）；返回或设置一个值，用来指示窗体中命令按钮是否为取消按钮。

Caption 属性

取值字符型；是显示在 Form 对象标题栏中的文本，当窗体为最小化时，该文本被显

示在窗体图标的下面。或标签对象中显示的内容。

Checked 属性

取值逻辑型（True / False）；对菜单：返回或设置一个值，该值用来确定是否在一个菜单项后显示复选标记。对控件：返回或设置一个值，确定某个项目是否被复选（在旁边有一个对钩复选标志）。

Count 属性

取值数值型；返回一个 Long 型数，包含一个集合中成员的数目。此属性为只读。

CurrentX、CurrentY 属性

取值数值型；返回或设置下一次打印或绘图方法的水平（CurrentX）或垂直（CurrentY）坐标。设计时不可用。

Default 属性

取值逻辑型（True/False）；返回或设置一个值，以确定哪一个 CommandButton 控件是窗体的默认命令按钮。只能有一个是默认命令按钮（True）。

DragIcon 属性

返回或设置图标，它将在拖放操作中作为指针显示。

DragMode 属性

返回或设置一个值（0 或 1），确定在拖放操作中所用的是手动还是自动拖动方式。

DrawMode 属性

返回或设置一个值（0～16 整数），以决定图形方法的输出外观或者 Shape 及 Line 控件的外观。

DrawStyle 属性

返回或设置一个值（0～6 整数），以决定图形方法输出的线型的样式。

DrawWidth 属性

返回或设置图形方法输出的线宽（取值 1～32 767，默认为 1，该值以像素为单位）。

Drive 属性

取值字符型；返回或设置运行时选择的驱动器。在设计时不可用。

Enabled 属性

取值逻辑型（True/False）；返回或设置一个值，该值用来确定一个窗体或控件是否能够对用户产生的事件做出反应。

Filter 属性（公共对话框）

取值字符型（格式为".XXX"）；返回或设置在对话框的类型列表框中所显示的过滤器（扩展名）。

FileName 属性

取值字符型；返回或设置所选文件的路径和文件名。对于 FileListBox 控件该属性在设计时不可用。

FileTitle 属性

取值字符型；返回要打开或保存文件的名称（没有路径）。

FillColor 属性

返回或设置用于填充形状的颜色：FillColor 也可以用来填充由 Circle 和 Line 图形方法

生成的圆和方框。

FillStyle 属性

返回或设置返回或设置一个值（0～7 整数），以决定用来填充 Shape 控件，以及由 Circle 和 Line 图形方法生成的圆和方框的模式。

FontBold、FontItalic、FontStrikethru、FontUnderline 属性

取值逻辑型（True/False）；返回或设置字体样式：是否粗体 FontBold、是否斜体 FontItalic、是否加删除线 Strikethru、是否加下划线 Underline。

FontName 属性

取值字符型；返回或设置在控件中或在运行时画图或打印操作中，显示文本所用的字体。

FontSize 属性

取值数值型（最大值为 2160 磅）；返回或设置在控件中或在运行时画图或打印操作中，显示文本所用的字体的大小。

Height、Width 属性

取值数值型；返回或设置对象的高度（Height）和宽度（Width）。

HelpFile 属性

返回或设置一个字符串表达式，表示帮助文件的完整限定路径。可读/可写。

hWnd 属性

返回窗体或控件的句柄。注意 OLE 容器控件不支持该属性。

说明：Microsoft Windows 运行环境，通过给应用程序中的每个窗体和控件分配一个句柄（或 hWnd）来标识它们。hWnd 属性用于 Windows API 调用。许多 Windows 运行环境函数需要活动窗口的 hWnd 作为参数。

Icon 属性

返回或者设置被对象显示的图标。

Index 属性（控件数组）

返回或设置唯一地标识控件数组中一个控件的编号。仅当控件是控件数组的元素时是有效的。

Interval 属性

返回或设置对 Timer 控件的计时事件各调用间的毫秒数。

KeyPreview 属性

取值逻辑型（True/False）；返回或设置一个值，以决定是否在控件的键盘事件之前激活窗体的键盘事件。键盘事件为：KeyDown、KeyUp 和 KeyPress。

Left、Top 属性

Left 用于返回或设置对象内部的左边与它的容器的左边之间的距离。

Top 用于返回或设置对象的内顶部和它的容器的顶边之间的距离。

List 属性

返回或设置控件的列表部分的项目。列表是一个字符串数组，数组的每一项都是一列表项目，对 ListBox 和 ComboBox 控件在设计时可以通过属性浏览器得到，对 DirListBox、DriveListBox 和 FileListBox 控件在运行时是只读的，对 ComboBox 和 ListBox 控件在运行时是可读写的。

ListCount 属性

返回控件的列表部分项目的个数。

ListIndex 属性

返回或设置控件中当前选择项目的索引值；在设计时不可用。

Locked 属性

取值逻辑型（True/False）；返回或设置一个值，指出一个控件能否被编辑。

Max、Min 属性（ActiveX 控件）

Max 用于返回或设置当滚动条处于底部或最右位置时，一个滚动条位置的 Value 属性最大设置值。对于 ProgressBar 控件，它返回或设置其最大值。

Min 用于返回或设置当滚动条处于顶部或最右位置时，一个滚动条位置的 Value 属性最小设置值。对于 ProgressBar 控件，它返回或设置其最小值。

MaxLength 属性

返回或设置一个值，它指出在 TextBox 控件中能够输入的字符是否有一个最大数量，如果是，则指定能够输入的字符的最大数量。

MouseIcon 属性

返回或设置自定义的鼠标图标。

说明：MouseIcon 属性提供一个自定义图标，它在 MousePointer 属性设为 99 时才能使用。

MousePointer 属性

返回或设置一个值（整数 0～15 或 99），该值指示在运行时当鼠标移动到对象的一个特定部分时，被显示的鼠标指针的类型。

MultiLine 属性

取值逻辑型（True/False）；返回或设置一个值，该值指示 TextBox 控件是否能够接受和显示多行文本。在运行时是只读的。

Name 属性

（1）返回在代码中用于标识窗体、控件或数据访问对象的名字。在运行时是只读的。

（2）返回或设置字体对象的名字。

Number 属性

返回或设置表示错误的数值。Number 是 Err 对象的默认属性。可读/可写。

PasswordChar 属性

取值字符型；返回或设置一个值，该值指示所键入的字符或占位符在 TextBox 控件中是否要显示出来；返回或设置用于占位符的字符。

Path 属性

取值字符型；返回或设置当前路径。在设计时是不可用的。对于 App 对象（代表应用程序本身），在运行时是只读的。

Picture 属性

返回或设置控件中要显示的图片。对于 OLE 容器控件，在设计时不可用在运行时为只读。

ScaleHeight、ScaleWidth 属性

当使用图形方法或调整控件位置时，返回或设置对象内部的水平（ScaleWidth）或垂直（ScaleHeight）度量单位。对于 MDIForm 对象，在设计时是不可用的，并且在运行时是只读的。

ScaleLeft、ScaleTop 属性

当使用图形方法或调整控件位置时，返回或设置一个对象左边和上边水平（ScaleLeft）和垂直（ScaleTop）的坐标。

Scroll 属性

取值逻辑型（True/False）；返回或设置一个值，确定是否显示滚动条。

ScrollBars 属性

返回或设置一个值（0～3 的整数），该值指示一个对象是有水平滚动条还是有垂直滚动条。在运行时是只读的。

Selected 属性

返回或设置在 FileListBox 或 ListBox 控件中的一个项的选择状态。该属性是一个与 List 属性一样、有相同项数的逻辑数组。在设计时是不可用的。

SelLength、SelStart、SelText 属性（ActiveX 控件）

SelLength：返回或设置所选择的字符数。

SelStart：返回或设置所选择的文本的起始点；如果没有文本被选中，则指出插入点的位置。

SelText：返回或设置包含当前所选择文本的字符串；如果没有字符被选中，则为零长度字符串（""）。

这些属性在设计时是不可用的。

Size 属性（字体）

返回或设置 Font 对象中使用字体的大小。

Sorted 属性

取值逻辑型（True/False）；返回一个值，指定控件的元素是否自动按字母表顺序排序。

Style 属性

返回或设置一个值（0～2 的整数），该值用来指示控件的显示类型和行为。在运行时是只读的。

TabIndex 属性

返回或设置父窗体中大部分对象的 tab 键次序。其值在 0～n–1 的整数，这里 n 是窗体中有 TabIndex 属性的控件的个数。给 TabIndex 赋一个小于 0 的值会产生错误。

Text 属性

取值字符型。

- 文本框：设置或返回文本框的文本。
- ComboBox 控件（Style 属性设置为 0[下拉组合框]或为 1[简单组合框]）和 TextBox 控件：返回或设置编辑域中的文本。
- ComboBox 控件（Style 属性设置为 2[下拉列表]）和 ListBox 控件：返回列表框

中选择的项目，返回值总与表达式 List(ListIndex)的返回值相同。在设计时为只读，在运行时为只读。

ToolTipText 属性（**ActiveX 控件**）

取值字符型，返回或设置一个工具提示（提示文本）。

Value 属性

取值数值型。

- CheckBox 和 OptionButton 控件：返回或设置控件的状态。
- CommandButton 控件：返回或设置指示该按钮是否可选的值；在设计时不可用。
- Field 对象：返回或设置字段的内容；在设计时不可用。
- HScrollBar 和 VScrollBar 控件（水平和垂直滚动条）：返回或设置滚动条的当前位置，其返回值始终介于 Max 和 Min 属性值之间，包括这两个值。

Visible 属性

对于 Window 对象，返回或设置一个逻辑值，指定该对象是否可见，此属性可读/写。

Weight 属性

返回或设置组成 Font 对象的字符的权重。权重指的是字符的宽度，或"粗体因素"。值越大，字符越粗。

Width 属性

返回或设置一个 Single 型数，它以缇为单位指示对象的宽度，此属性可读/写。

WordWrap 属性

取值逻辑型（True/False）；返回或设置一个值，该值用来指示一个 AutoSize 属性设置为 True 的 Label 控件，是否要进行水平或垂直展开以适合其 Caption 属性中指定的文本的要求。

Year 属性

返回或设置用于指定日历年份的数值。取值数值型（可以设置为从 1601～9999 的任意整数）。

2．常用方法

AddItem 方法

功能：列表框和组合框方法，用来向列表框或组合框中添加新项目。

语法：Object.AddItem item [,Index]

其中，Object 为列表框或组合框的名称；item 为需要加入的项目字符串；Index 为加入项目的位置。

Arrange 方法

功能：MDI 窗体方法。用来对窗口和图标进行排列。

语法：Object. Arrange, Arrangemode

其中，Object 为 MDI 窗体的名称；Arrangemode 如何排列窗口和图标（取值 0～3 的整数）。

Circle 方法

功能：窗体、图像框、图形框方法。用来绘制椭圆、圆弧线或椭圆。

语法：object.Circle [Step](x, y), radius, [color, start, end, aspect]

说明：Circle 方法的语法有如下的对象限定符和部分。

Step：可选的。关键字，指定圆、椭圆或弧的中心，它们相对于当前 object 的 CurrentX 和 CurrentY 属性提供的坐标。

（x, y）：必需的。Single（单精度浮点数），圆、椭圆或弧的中心坐标。object 的 ScaleMode 属性决定了使用的度量单位。

Radius：必需的。Single（单精度浮点数），圆、椭圆或弧的半径。object 的 ScaleMode 属性决定了使用的度量单位。

Color：可选的。Long（长整型数），圆的轮廓的 RGB 颜色。如果它被省略，则使用 ForeColor 属性值。可用 RGB 函数或 QBColor 函数指定颜色。

start, end：可选的。Single（单精度浮点数），当弧或部分圆或椭圆画完以后，start 和 end 指定（以弧度为单位）弧的起点和终点位置。其范围从–2*pi 到 2*pi。起点的默认值是 0；终点的默认值是 2*pi。

Aspect：可选的。Single（单精度浮点数），圆的纵横尺寸比。默认值为 1.0，它在任何屏幕上都产生一个标准圆（非椭圆）。

Clear 方法

功能：列表框、复选框、剪贴板对象方法。用来清除列表框、复选框或剪贴板的内容。

语法：Object.Clear

其中，Object 为列表框、复选框、剪贴板对象的名称。

Cls 方法

功能：窗体、图像框、图形框方法。用来清除窗体、图像框、图形框的内容。

语法：Object.Cls

其中，Object 为窗体、图像框、图形框对象的名称。

Drag 方法

功能：支持拖放操作的控件方法。用来在程序中对控件的拖放操作进行控制。

语法：[Object.]Drag [action]

其中，Object 为支持拖放操作的控件的名称。Action 表示对控件采取何种拖放操作。取值：0 表示取消拖放操作；1 表示开始拖放操作；2 表示结束拖放操作。

EndDoc 方法

功能：用于终止发送给 Printer 对象的打印操作，将文档释放到打印设备或后台打印程序。

语法：object.EndDoc

其中，object 所在处代表一个打印机对象名称。

GetData 方法

功能：用于从 Clipboard 对象返回一个图形。

语法：Clipboard.GetData [(format)]

其中，format 参数为可选的，表示读取的图形类型，必须用括号将该常数或数值括起来。如果 format 为 0 或省略，GetData 自动使用适当的格式。其取值及含义如下。

vbCFBitmap 或 2：位图（.bmp 文件）；

vbCFMetafile 或 3：元文件（.wmf 文件）；

Visual Basic 常用属性、方法

vbCFDIB 或 8：设备无关位图（DIB）；

vbCFPalette 或 9：调色板。

Hide 方法

功能：用以隐藏 MDIForm 或 Form 对象，但不能使其卸载。

语法：object.Hide

说明：object 所在处代表一个 Form 对象名称，如果省略 object，则带有焦点的窗体就认为是该 object。隐藏窗体时，它就从屏幕上被删除，并将其 Visible 属性设置为 False。

KillDoc 方法

功能：用于立即终止当前打印作业。

语法：object.KillDoc

说明：object 所在处代表一个打印机对象名称。

Line 方法

功能：在对象上画直线或矩形。

语法：[object].Line [Step1] [(x1, ẏ1)] [Step2] (x2, y2), [color], [B][F]

说明：Line 方法的语法有以下对象限定符和部分。

object：可选的。对象表达式。如果 object 省略，具有焦点的窗体将作为 object。

Step1：可选的。关键字，指定起点坐标，它们相对于由 CurrentX 和 CurrentY 属性提供的当前图形位置。

(x1,y1)：可选的。Single（单精度浮点数），直线或矩形的起点坐标。ScaleMode 属性决定了使用的度量单位。如果省略，线起始于由 CurrentX 和 CurrentY 指示的位置。

Step2：可选的。关键字，指定相对于线的起点的终点坐标。

(x2, y2)：必需的。Single（单精度浮点数），直线或矩形的终点坐标。

Color：可选的。Long（长整型数），画线时用的 RGB 颜色。如果它被省略，则使用 ForeColor 属性值。可用 RGB 函数或 QBColor 函数指定颜色。

B：可选的。如果包括，则利用对角坐标画出矩形；否则是画线。

F：可选的。如果使用了 B 选项，则 F 选项规定矩形以矩形边框的颜色填充。不能不用 B 而用 F。如果不用 F 光用 B，则矩形用当前的 FillColor 和 FillStyle 填充。FillStyle 的缺省值为 transparent。

Move 方法

功能：用以移动 MDIForm、Form 或控件。

语法：[object.]Move left [, top] [,width[, height]

说明：Move 方法的语法包含下列部分。

object：可选的。一个对象表达式。如果省略 object，带有焦点的窗体默认为 object。

Left：必需的。单精度值，指示 object 左边的水平坐标（x-轴）。

Top：可选的。单精度值，指示 object 顶边的垂直坐标（y-轴）。

Width：可选的。单精度值，指示 object 新的宽度。

Height：可选的。单精度值，指示 object 新的高度。

NewPage 方法

功能：用以结束 Printer 对象中的当前页并前进到下一页。

语法：Printer.NewPage

说明：NewPage 前进到下一个打印机页，并将打印位置重置到新页的左上角。调用 NewPage 时，它将 Printer 对象的 Page 属性加 1。

OLEDrag 方法（ActiveX 控件）

功能：引起部件初始化 OLE 拖放操作。

语法：object.OLEDrag

说明：object 所在处代表 ActiveX 控件对象名，当调用 OLEDrag 方法时，部件的 OLEStartDrag 事件发生，允许向目标部件提供数据。

Paste 方法（粘贴方法）

功能：将数据从系统剪贴板复制到 OLE 容器控件。

语法：object.Paste

说明：object 处是一个 OLE 容器控件对象名。为了使用这个方法，先设置 OLETypeAllowed 属性，然后再检查 PasteOK 属性的值。只有 PasteOK 返回 True 值时，粘贴才能成功。

PopupMenu 方法

功能：用以在 MDIForm 或 Form 对象上的当前鼠标位置或指定的坐标位置显示弹出式菜单。

语法：[object.]PopupMenu menuname [, flags][, x][, y][, boldcommand]

说明：PopupMenu 方法的语法包含下列部分。

object：可选的。是一个窗体对象或用户控件对象名，其值为"应用于"列表中的一个对象。如果省略 object，则带有焦点的 Form 对象默认为 object。

Menuname：必需的。要显示的弹出式菜单名。指定的菜单必须含有至少一个子菜单。

Flags：可选的。一个数值或常数，按照下列设置中的描述，用以指定弹出式菜单的位置和行为。

X：可选的。指定显示弹出式菜单的 x 坐标。如果该参数省略，则使用鼠标的坐标。

Y：可选的。指定显示弹出式菜单的 y 坐标。如果该参数省略，则使用鼠标的坐标。

Boldcommand：可选的。指定弹出式菜单中的菜单控件的名字，用以显示其黑体正文标题。如果该参数省略，则弹出式菜单中没有以黑体字出现的控件。

设置值：用于 flag 的设置值有 0、4、8。

Print 方法

功能：在一些对象中显示文本。

语法：object.Print [outputlist]

Print 方法的语法具有下列对象限定符和部分。

Object：必需的。对象表达式，可以是窗体、用户控件或 Debug 对象。

Outputlist：可选的。要打印的表达式或表达式的列表。如果省略，则打印一空白行。

outputlist 处的参数具有以下语法和部分：

{Spc(n) | Tab(n)} expression charpos

Spc(n)：可选的。用来在输出中插入空白字符，这里，n 为要插入的空白字符数。

Tab(n)：可选的。用来将插入点定位在绝对列号上，这里，n 为列号。使用无参数的

Tab(n)将插入点定位在下一个打印区的起始位置。

Expression：可选。要打印的数值表达式或字符串表达式。

Charpos：可选。指定下个字符的插入点。使用分号（;）直接将插入点定位在上一个被显示的字符之后。使用 Tab(n)将插入点定位在绝对列号上。使用无参数的 Tab 将插入点定位在下一个打印区的起始位置。如果省略 charpos，则在下一行打印下一字符。

可以用空白或分号来分隔多个表达式。

PSet 方法

功能：将对象上的点设置为指定颜色。

语法：object.PSet [Step] (x, y), [color]

说明：PSet 方法的语法有如下对象限定符和部分。

Object：可选的。对象表达式，其值可以是窗体或其他容器控件对象。如果 object 省略，具有焦点的窗体作为 object。

Step：可选的。关键字，指定相对于由 CurrentX 和 CurrentY 属性提供的当前图形位置的坐标。

(x, y)：必需的。Single（单精度浮点数），被设置点的水平（x 轴）和垂直（y 轴）坐标。

Color：可选的。Long（长整型数），为该点指定的 RGB 颜色。如果它被省略，则使用当前的 ForeColor 属性值。可用 RGB 函数或 QBColor 函数指定颜色。

Refresh 方法（ActiveX 控件）

功能：强制全部重绘一个窗体或控件。

语法：object.Refresh

object 所在处代表一个对象表达式，其值可以是一些 ActiveX 控件对象名。

说明：在下列情况下使用 Refresh 方法。

- 在另一个窗体被加载时显示一个窗体的全部。
- 更新诸如 FileListBox 控件之类的文件系统列表框的内容。
- 更新 Data 控件的数据结构。

Refresh 方法不能用于 MDI 窗体，但能用于 MDI 子窗体。不能在 Menu 或 Timer 控件上使用 Refresh 方法。

RemoveItem 方法

功能：用以从 ListBox 或 ComboBox 控件中删除一项，或从 MS Flex Grid 控件中删除一行。

语法：object.RemoveItem index

说明：RemoveItem 方法的语法包含下列部分。

object：必需的。一个对象表达式，其值是一个列表框控件或组合框控件的名称。

Index：必需的。一个整数，它表示要删除的项或行在对象中的位置。对于 ListBox 或 ComboBox 中的首项或 MS Flex Grid 控件中的首行，index = 0。

注意：被绑定到 Data 控件的 ListBox 或 ComboBox 不支持 RemoveItem 方法。

Scale 方法

功能：用以定义 Form、PictureBox 或 Printer 的坐标系统。

语法：object.Scale(x1, y1) – (x2, y2)

说明：Scale 方法的语法包含下列部分。

object：可选的。一个对象表达式，其值为一个窗体或图片框对象名。如果省略 object，则默认带有焦点的 Form 对象。

x1, y1：可选的。均为单精度值，指示定义 object 左上角的水平（x-轴）和垂直（y-轴）坐标。这些值必须用括号括起。如果省略，则第二组坐标也必须省略。

x2, y2：可选的。均为单精度值，指示定义 object 右下角的水平和垂直坐标。这些值必须用括号括起。如果省略，则第一组坐标也必须省略。

注意：Scale 方法能够将坐标系统重置到所选择的任意刻度。Scale 对运行时的图形语句以及控件位置的坐标系统都有影响。如果使用不带参数的 Scale（两组坐标都省略），坐标系统将重置为缇。

SetData 方法

功能：用以使用指定的图形格式将图片放到 Clipboard 对象上。

语法：Clipboard .SetData data, format

说明：SetData 方法的语法包含下列部分。

Clipboard：必需的。一个对象表达式，代表剪贴板对象。

Data：必需的。被放置到 Clipboard 对象中的图形。

format：可选的。一个常数或数值，按照下列"设置值"中的描述，指定 Visual Basic 识别的 Clipboard 对象格式。如果省略 format，则 SetData 自动决定图形格式。

用于 format 的设置值有以下几种。

vbCFBitmap 或 2：位图（.bmp 文件）。

vbCFMetafile 或 3：元文件（.wmf 文件）。

vbCFDIB 或 8：与设备无关的位图（DIB）。

vbCFPalette 或 9：调色板。

SetFocus 方法

功能：将焦点移至指定的控件或窗体。

语法：object.SetFocus

object 所在处代表对象表达式，其值可以是一个窗体或用户控件对象。

Show 方法

功能：用以显示 MDIForm 或 Form 对象。

语法：object.Show style, ownerform

说明：Show 方法的语法包含下列部分。

object：可选的。一个对象表达式，其值是一个 MDIForm 或 Form 对象名。如果省略 object，则与活动窗体模块关联的窗体默认为 object。

Style：可选的。一个整数，它用以决定窗体是模式还是无模式。如果 style 为 0，则窗体是无模式的；如果 style 为 1，则窗体是模式的。

Ownerform：可选的。字符串表达式，指出部件所属的窗体被显示。对于标准的 Visual Basic 窗体，使用关键字 Me。

如果调用 Show 方法时指定的窗体没有装载，Visual Basic 将自动装载该窗体。

ShowColor 方法

功能：显示 CommonDialog 控件的"颜色"对话框。

语法：object.ShowColor

说明：object 所在处代表对象表达式，其值是一个 CommonDialog 控件对象名。

ShowFont 方法

功能：显示 CommonDialog 控件的"字体"对话框。

语法：object.ShowFont

说明：object 所在处代表对象表达式，其值是一个 CommonDialog 控件对象名。

注意：在使用 ShowFont 方法前，必须先设置 CommonDialog 控件的 Flags 属性为下列三个常数或值中的一个：cdlCFBoth 或 &H3，cdlCFPrinterFonts 或 &H2，以及 cdlCFScreenFonts 或 &H1。如果不置 Flags，将会显示一个信息框，提示"没有安装的字体。"并产生一个运行时错误。

ShowHelp 方法

功能：运行 WINHLP32.EXE 并显示指定的帮助文件。

语法：object.ShowHelp

说明：object 所在处代表对象表达式，其值是一个 CommonDialog 控件对象名。

注意：使用 ShowHelp 方法前，必须将 CommonDialog 控件的 HelpFile 和 Help-Command 属性设置为其相应的一个常数或值。否则，Winhlp32.exe 就不能显示帮助文件。

ShowOpen 方法

功能：显示 CommonDialog 控件的"打开"对话框。

语法：object.ShowOpen

说明：object 所在处代表对象表达式，其值是一个 CommonDialog 控件对象名。

ShowPrinter 方法

功能：显示 CommonDialog 控件的"打印"对话框。

语法：object.ShowPrinter

说明：object 所在处代表对象表达式，其值是一个 CommonDialog 控件对象名。

ShowSave 方法

功能：显示 CommonDialog 控件的"另存为"对话框。

语法：object.ShowSave

说明：object 所在处代表对象表达式，其值是一个 CommonDialog 控件对象名。

ZOrder 方法

功能：将指定的 MDIForm，Form 或控件放置在其图层的 z-顺序的前端或后端。

语法：object.ZOrder position

说明：ZOrder 方法的语法包含下列部分。

object：可选的。一个对象表达式，其值为一个窗体或可视控件对象。如果省略 object，则具有焦点的 Form 对象默认为 object。

Position：可选的。一个整数，它用以指示 object 相对于同一 object 其他实例的位置。如果 position 为 0 或被省略，则 object 定位在 Z-顺序前面。如果 position 为 1，则 object 定位在 Z-顺序后面。

在设计时选择"编辑"菜单中的"置前"或"置后"菜单命令，可以设置对象的 Z-顺序。

附录 4　常见颜色多种等价表达值对照表

颜色	Visual Basic 系统常量	QbColor()函数	RGB()函数	十六进制长整数
黑	vbBlack	QbColor（0）	RGB（0,0,0）	&H000000&
深蓝		QbColor（1）	RGB（0,0,128）	&H800000&
深绿		QbColor（2）	RGB（0,128,0）	&H008000&
青		QbColor（3）	RGB（0,128,128）	&H808000&
暗红		QbColor（4）	RGB（128,0,0）	&H000080&
绛红		QbColor（5）	RGB（128,0,128）	&H800080&
绿黄		QbColor（6）	RGB（128,128,0）	&H008080&
灰白		QbColor（7）	RGB（192,192,192）	&HC0C0C0&
灰		QbColor（8）	RGB（128,128,128）	&H808080&
蓝	vbBlue	QbColor（9）	RGB（0,0,255）	&HFF0000&
绿	vbGreen	QbColor（10）	RGB（0,255,0）	&H00FF00&
浅青	vbCyan	QbColor（11）	RGB（0,255,255）	&HFFFF00&
红	vbRed	QbColor（12）	RGB（255,0,0）	&H0000FF&
粉红	vbMagenta	QbColor（13）	RGB（255,0,255）	&HFF00FF&
黄	vbYellow	QbColor（14）	RGB（255,255,0）	&H00FFFF&
白	vbWhite	QbColor（15）	RGB（255,255,255）	&HFFFFFF&

附录 5　在 Visual Basic 中调用 API 函数

目前，全世界有数以百万计的人们在使用 Visual Basic 语言，要想在茫茫众生中出类拔萃，必须掌握 API（application program interface，应用程序编程接口）编程。因为 Visual Basic 毕竟是一种高级语言，不能直接实现对系统底层的一些操作。而 API 为 Visual Basic 和 Windows 之间架起了一座桥梁，通过它可大大扩展 Visual Basic 的功能。

API 说到底就是一系列的底层函数，是系统提供给用户进入操作系统核心，进行高级编程的途径。Windows 本身是由许多动态链接库（DLL）组成的，这些 DLL 中包含了上千的用于访问 Windows 自身的函数（即 Windows API 函数），用来完成诸如窗口操作、显示图形、进程操作和内存管理等。

所谓 DLL，就是在应用程序运行时才将其链接进来的过程，它与静态链接库不同，DLL 库并不实际加入到应用程序中，而是在应用程序启动且必要时，有关 DLL 库才被装入内存。由于 DLL 库的代码是可重入的，所以即使在不同应用程序访问同一函数时，DLL 库也只装入内存中一次。对 DLL 库更新，不必重新编写应用程序。因此，用 Windows API 可使应用程序体积减小，功能扩展。DLL 库又是一种在二进制基础上供应用程序重复使用的代码部件，它是在应用程序进程内的地址空间运行的，因此，它的运行效率很高。

1. API 函数、常量和类型的声明

（1）函数的声明

由于 Windows API 函数不是 Visual Basic 的内置函数，所以在使用前要用 Declare 语句进行声明。声明一般出现在两种地方：Visual Basic 程序标准模块的"通用声明"中，其他类型模块或窗体的"通用声明"中。对前者采用默认声明方式（也可加关键词 Public），所声明的 DLL 可以在应用程序的任何地方调用。而后者所声明的 DLL 是模块或窗体私有的，即只能被该模块或窗体的程序调用，必须在函数的声明语句前加 Private 关键词，以示区分。

如果该 DLL 函数有返回值，应将其声明为 Function；如果该 DLL 函数没有返回值，应将其声明为 Sub。函数声明的一般格式为：

```
[Private] Declare <Function/Sub> <动态链接库函数名> Lib <动态链接库名> [Alias
<别名>] (<参数>) [As 数据类型]
```

其中：

- [Private]为可选项。在非标准模块和窗体中的声明必须加 Private。
- 动态链接库函数名为被调用动态链接库中的函数的名字。
- 动态链接库名为动态链接库函数所在的动态链接库的名字。
- Alias <别名>为可选项，用户可为动态链接库取一个别名（比如，当调用的 DLL 库函数和 Visual Basic 的标准系统函数重名，或含有在 Visual Basic 中不合法的字符时，可使用此项为其声明一个别名，并可用别名对 DLL 函数进行改名，例如可将长名

改为短名）。

- <参数>为可选项（视不同的 DLL 函数，参数个数、类型均可不同），调用 DLL 函数时，由 Visual Basic 传递给 DLL 库函数的参数格式及类型要与其一致。
- [As 数据类型]为 Function 型 DLL 库函数可选项。说明 DLL 库函数的返回值类型。

如果引用的函数属于 Windows 的核心库（User32、kernel32、GDI32），Lib 子句只要直接说明该库名即可。如果使用的是其他 DLL 库（包括第三方或自定义的 DLL 库），Lib 子句须指定 DLL 库的全路径名和库的扩展名（.DLL），如 "D:\User\Test.DLL"。值得指出的是 Declare 声明语句中对大小写字母不敏感。

（2）常量的声明

由于某些 DLL 库函数的某些参数只能取一些特定的常量，这些常量都定义了一个常量标识符（从每个标识符的英文单词含义可以大体知道该常量的含义）。为了增加程序的可读性，在进行函数调用时，可以引用常量的标识符作为实际参数，因此在"通用声明"中就要声明这些常量。在标准模块中声明常量必须加关键词 Public 或 Global，而在其他模块或窗体中声明常量，应加 Private 关键词。常量声明的一般格式为：

```
Global/Public Const 常量标识符 = 数值    (标准模块中声明常量)
[Private] Const 常量标识符 = 数值         (其他模块或窗体中声明常量)
```

（3）类型的声明

一些 DLL 库函数的某些参数是一些特定类型参数（相当于 C 语言中的结构体参数），因此先得了解该参数的结构体类型。然后声明该类型，类型声明按 Visual Basic 自定义数据类型格式。

```
TYPE 类型名
    成员变量名 1 As 数据类型 1
    成员变量名 2 As 数据类型 2
    ⋮
End Type
```

值得庆幸的是，对于 Windows API 函数、常量和类型的声明，可利用 Visual Basic 开发环境提供的外接程序"API 浏览器"，进行现成的"复制"、"粘贴"（具体方法参见后面例题）。而对于第三方提供的动态链接库（DLL）则只能用键盘敲入。

2. API 函数的调用方法

要正确地调用 API 函数，首先得了解该函数的原型、功能和各参数的类型、含义，这就要靠平时积累，或查阅 Windows API 函数手册（这往往是本巨著）。掌握 API 函数使用的关键是能正确设置各参数类型，Windows API 函数没有提供默认参数，因此调用时必须提供等数量的参数，正确设置各参数类型是使用 API 的难点。攻克这一难点的关键是了解 Windows API 函数原型及 Windows 数据类型与 Visual Basic 中数据类型的对应关系。Windows API 函数是用 C 语言写的，其原型的一般形式为：

```
[数据类型词] 函数名([数据类型词 1 形参名 1] [,数据类型词 2 形参名 2]…)
```

其中，"数据类型词"描述了函数值（对 Function 而言）和形参的数据类型。值得注意的是，C 语言中除了数组按地址方式传递参数外，其余均按值方式传递参数。所以 Visual

Basic 中函数声明一般应为按值传递方式（ByVal）。Windows 中常用小写字母作为变量名的前缀，以说明变量的数据类型，其余部分描述该变量的意义与功能，如 nHeight 表示对象的整型高度，这种表示法叫匈牙利表示法。附表 5-1 列出了常用数据类型和在 Windows 中的匈牙利表示及与 Visual Basic 中的对应关系。

附表 5-1　常用数据类型在 Windows 中的表示及与 Visual Basic 中的对应关系

前缀	Windows 数据类型词	意义	Visual Basic 中 API 声明的参数格式及类型
B	BOOL	布尔值	ByVal x As Long
Ch	Char	字符	ByVal x As string
n(i)	Int	整数	ByVal x As Long
l	Long	32 位有符号数	ByVal x As Long
dw	DWORD	32 位无符号数	ByVal x As Long
h	HANDLE	对象句柄	ByVal x As Long

3．Windows API 函数运用实例

在 Windows API 函数调用中，一个重要而基本的概念是句柄。句柄是 Windows 用来标识被应用程序创建或使用的对象的唯一整数值。Windows 要使用各种各样的句柄来标识诸如应用程序实例、窗口、菜单、控制、分配的内存空间、输出设备、光标、位图、文件、GDI 画笔及画刷等对象。

实例 1　使窗体"总在最前面"

当一个窗口失去焦点后，它将被活动窗口遮盖。而许多应用程序的窗口可以"总在最前"，即当它失去焦点后，它还处在其他窗口的前面。可以用 API 函数 SetWindowPos()实现这项功能。SetWindowPos()函数的原型为：

```
BOOL SetWindowPos(HWND hwnd, HWND hwndIsertAfter, INT x, INT y, INT cx, INT
cy, INT fuflags)
```

其中，数据类型词 HWND 表示参数 hwnd 为窗体句柄（Handle），hwndIsertAfter 为窗体所放置的位置。当想要窗体"总在最前"时，可将此参数设为常量 HWND_TOPMOST，当想要窗体恢复正常时，应设为常量 HWND_NOTOPMOST。参数 x、y、cx、cy 表示窗体的位置和大小，而不想在此改变这些参数，因此可将 wFlags 参数设为 SWP_NOMOVE 和 SWP_NOSIZE 的组合，以使 SetWindowPos 函数忽略 x、y、cx、cy 参数的设置。因此，在窗体"通用声明"中除了声明该函数外，还要声明上述常量。在窗体上加单选钮控件数组 opt（0）、opt（1）。下面介绍如何添加 API 函数、常量、类型的声明：

（1）在 Visual Basic 开发环境中，选择"外接程序"|"API 浏览器"命令，弹出如附图 5-1 所示的"API 阅览器"窗口。

（2）在"API 阅览器"窗口单击"文件"菜单|"加载文本文件"子菜单，在打开文件对话框中找到"Win32API.TXT"，单击"确定"按钮；然后在"API 阅览器"窗口"API 类型"下拉表中选择"声明"选项，就会在附图 5-1 所示的"可选项"列表中出现所有 API 函数的名称。

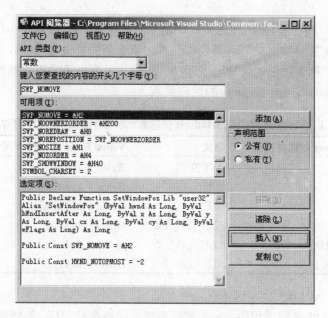

附图 5-1 "API 阅览器"对话框

（3）在"可选项"列表上方的文本框中输入你要的 API 函数名称前几个字母，系统就会定位到匹配的名称上；选择你想要的那个 API 函数的名称，单击"添加"按钮，所选函数的声明语句就被加入该窗体下面的列表框中。

（4）重复步骤（3）添加所有本程序将需要的 API 函数的声明到下面的列表框中。

（5）在"API 类型"下拉列表框中选择"常数"或"类型"，同样方法添加"常数"或"类型"的声明语句到下面的列表框中。

（6）单击"插入"按钮直接将声明语句插入到程序的代码窗口中，或单击"复制"按钮将语句先复制到剪贴板，然后再回到 Visual Basic 程序代码窗口"粘贴"。注意，如果声明语句插入到窗体模块中，函数的声明中应将 Public 关键字改为 Private，常量、类型也应去掉 Public 关键字。

下面是本程序使用 API 函数 SetWindowPos 和一些常量的完整代码：

```
'窗体"通用声明"中对函数、常量的声明
Private Declare Function SetWindowPos Lib "user32" (ByVal hwnd As Long, ByVal
hWndInsertAfter As Long, ByVal x As Long, ByVal y As Long, ByVal cx As Long,
ByVal cy As Long, ByVal wFlags As Long) As Long
Const SWP_NOMOVE = &H2 : Const SWP_NOSIZE = &H1
Const HWND_NOTOPMOST = -2 : Const HWND_TOPMOST = -1
Const flags = SWP_NOMOVE Or SWP_NOSIZE
Private Sub Opt_Click(Index As Integer) '窗体 Form1 中单选按钮的单击事件代码
    If Index = 0 Then   '若单击 opt(0),使窗体不"总在最前面"
        SetWindowPos Form1.hwnd, HWND_NOTOPMOST, 0, 0, 0, 0, flags
    Else  '若单击 opt(1),使窗体"总在最前面"
        SetWindowPos Form1.hwnd, HWND_TOPMOST, 0, 0, 0, 0, flags
    End If
End Sub
```

实例 2　创建椭圆形窗体

一般情况下，Windows 的窗口形状都是矩形的。但可以用 API 函数创建任意形状的窗体，API 函数 CreateEllipticRgnIndirect 和 SetWindowRgn 结合使用就可创建椭圆形窗体。用 API 函数创建窗体要用到"区域"概念。在微软 Windows 操作系统中，区域是指能对其进行填充、绘制、加边框或颜色、翻转等操作的长方形、（椭）圆形及多边形，或这些形状的叠加。上述两个函数的原型是：

```
HRGN CreateEllipticRgnIndirect(RECT lpRect)
INT SetWindowRgn(HWND hwnd, HWND hrgn, BOOL bRedraw)
```

第一个函数的功能是使用矩形结构 lpRect 创建一个椭圆形区域，结构 lpRect 描述的矩形为椭圆的外切矩形。函数返回值为所创建区域的句柄。

第二个函数的功能是将一个已创建的区域和具体窗口结合起来（这样，创建的区域才能起作用）。参数 hwnd 是窗口句柄，hrgn 是已创建的区域句柄，bRedraw 决定窗口是否重画。函数值为整型。

创建椭圆形窗体的程序，参见如下代码：

```
'在标准模块中的通用声明中，声明 API 函数和结构类型
Declare Function CreateEllipticRgnIndirect Lib "gdi32" (lpRect As RECT) As
Long
Declare Function SetWindowRgn Lib "user32" (ByVal hwnd As Long, ByVal hrgn
As Long, ByVal bRedraw As Boolean) As Long
Type RECT  'RECT 结构类型的声明
    Left As Long : Top As Long    '矩形框左上角 x 坐标，y 坐标
    Right As Long : Bottom As Long '矩形框右下角 x 坐标，y 坐标
End Type
'窗体 form1 的代码
Private Sub Form_Load()
    Dim rec As RECT, hrgn As Integer,hwnd As Integer
    rec.Left = 10:rec.Top = 0:rec.Right = 500:rec.Bottom = 200
    hwnd = Form1.hwnd '得到 form1 的窗体句柄
    hrgn = CreateEllipticRgnIndirect(rec)     '得到用 rec 结构创建的椭圆区域句柄
    SetWindowRgn hwnd, hrgn, True     '将已创建的椭圆区域与窗体 FORM1 结合起来
End Sub
```

这里，不需要使用 SetWindowRgn 函数的返回值，所以调用此函数的方式与调用 CreateEllipticRgnIndirect 函数的方式有所不同。运行上述程序，就会得到一个椭圆形窗体。

实例 3　在软件中直接启动应用程序

Windows API 函数 WinExec(lpszCmdLine,fuCmdShow)可以用来控制外部应用程序的启动。参数 lpszCmdLine 是命令行字符串指针，指向一个以 Null 结尾的字符串，这个字符串含有将要运行的应用程序的命令行，若字符串不含路径则 Windows 将在默认目录中搜

索。参数 fuCmdShow 表示启动应用程序的窗口形式，可取一些描述窗体风格的以 SW_开头的常量。

比如用 WinExec 控制"记事本"程序的启动，可参见下列事件代码（有关 API 函数、常量和结构类型的声明略）：

```
Private Sub CmdWinExe_Click()
    Dim cmdline As String, x As Long
    cmdline = InputBox("请输入应用程序可执行文件名：")  '若在输入框中输入"not epad"
    x = WinExec(cmdline, SW_SHOWNORMAL)               '则启动记事本程序
    '记事本程序的窗口形式将由 SW_SHOWNORMAL 参数决定
End Sub
```

实例 4 在软件中关闭运行中的应用程序

利用 API 函数 FindWindow 和 PostMessage，可实现用软件关闭运行中的外部程序。函数原型：

```
HWND FindWindow(lpszClass,lpszWindow)
BOOL PostMessage(hwnd , uMsg , wParam , lParam)
```

函数 FindWindow 返回一个窗口的句柄，该窗口的类由参数 lpWindowClass 给出，窗口的名字或标题由参数 lpWindowName 给出。而函数 PostMessage 在指定的窗口消息队列中放置一条消息，参数 hwnd 为指定窗口的句柄；uMsg 为消息号参数，当取常量 WM_CLOSE 时，即为关闭该外部程序；wParam、lParam 分别为消息的字参数和长参数。

比如下列自定义函数 WinClose 先由窗口标题 txt 得到相应的窗口句柄，然后关闭该窗体：

```
Function WinClose(ByVal txt As String)  'txt 为欲关闭窗口的标题
    Dim retval As Long, Index As Integer, winHwnd As Long
    WinHwnd = FindWindow(vbNullString, txt)   '得到欲关闭窗口的句柄,txt 为窗口标题
    If winHwnd <> 0 Then
        retval = PostMessage(winHwnd, WM_CLOSE, 0&, 0&) '关闭 winHwnd 标识的窗口
    End If
End Function
Private Sub CmdClos_Click()
    WinClose "计算器"  '关闭"计算器"程序的示例
End Sub
```

实例 5 使窗体透明化

使窗体透明化，就是使窗体上除了控件外，其他部分都是透明的，这样就不挡住后面的窗口。实现此功能要用到 API 函数 SetWindowsLong，该函数原型为：

```
SetWindowsLong (hWnd As Long,nIdex As Long, dwNewLong As Long)
```

同时，还需使用常量 WS_EX_TRANSPARENT 和 GWL_EXSTYLE。

可以编写一个变窗体为透明的通用过程 MakeTransparent()，在需要的地方调用此过程。此通用过程的示例代码如下：

```
Public Sub MakeTransparent(ByVal hWnd As Long) 'hWnd 为窗体句柄
    Dim RetVal As Long
    RetVal= SetWindowsLong(hWnd, GWL_EXSTYLE, WS_EX_TRANSPARENT)
    'WS_EX_TRANSPARENT 参数使窗体透明
End Sub
```

实例 6　多媒体文件播放

mciSendString 函数配合一些其他 API 函数实现多种媒体文件播放的一般方法，该函数能支持声音（如 WAV，MIDI）、动画（FLC 和 FLI）、视频（AVI）等多种格式媒体文件的播放。mciSendString 函数的形式为：

```
mciSendString(参数 1, 参数 2, 参数 3, 参数 4)
```

其中，参数 1 为要发送的命令字符串，命令字符串的结构是：[命令][设备别名][命令参数]。参数 2 为返回信息的缓冲区，为一指定大小的字符串变量。参数 3 为缓冲区大小，就是参数 2 字符串变量的长度。参数 4 指定回调方式，一般设为零。当函数执行成功返回零，否则返回错误代码。下面列举本函数的一些常用关键命令（各种设备都具有的）。

open device_name [alias alias_name]：open 命令用来打开 device_name 设备并为设备取别名为 alias_name，device_name 为媒体文件名或设备名，alias_name 是为 device_name 取的别名。如命令串 "open c:\win98\tada.wav alias mci" 意为打开上述文件并取别名 mci，在以后的操作中就可用这个别名来控制它所打开的设备了。

close alias_name：关闭设备，在关闭程序前必须关闭该设备，否则其他程序将无法打开该设备。即如果该设备处于打开状态的话，再次打开该设备就会出错。

play alias_name：播放别名为 alias_name 的文件。

stop alis_name：停止播放别名为 alias_name 的文件。

seek alis_name：seek 命令用来设置当前播放的位置（需事先设定时间格式）。

set alias_name [audio all off][audio all on][time format ms]：set 命令用来设置设备的各种状态，如静音、有音、时间格式为毫秒等。

status alias_name [length][mode]position]：status 命令用来取得设备的状态，如该媒体文件的长度、所处状态、当前位置等。

在工程模块中编写一个播放多媒体文件的通用过程，下面给出该模块的程序代码：

```
'模块中的 API 函数 mciSendString 的声明（略），定义通用媒体文件播放过程如下
Public Sub MmPlay ( filename As string ) 'filename 为要播放的媒体文件名
                                          '(带路径的全名)
    Dim errCode As Long , ReturnStr As String
    If filename="" Then '若为空文件名表示停止播放
    errCode = MciSendString ("close mci", ReturnStr, 256, 0) : Exit
    Sub
End if
```

在 Visual Basic 中调用 API 函数

```
    errCode = mciSendString("close  mci", ReturnStr, 256, 0)
                                    '先关闭设备，然后再打开
    errCode = mciSendString("open" + filename + " alias mci ", ReturnStr,
    256, 0)
    errCode = mciSendString("play mci", ReturnStr, 256, 0)
                                    '播放指定的媒体文件
End Sub
```

在以上程序中有两点值得特别指出：一是 mciSendString 函数命令字符串单词之间要注意留空格，否则会引起调用出错且该错误很隐蔽。二是在打开设备（open）的语句之前必须先加一条关闭（close）设备的语句，以免因设备处在打开状态下而再次打开时引起出错。

在要播放媒体文件的地方调用，如下列调用语句播放多媒体文件"E:\Multi\Back.mid"：

```
call MmPlay("E:\Multi\Back.mid") 或 MmPlay "E:\Multi\Back.mid"
```

如果要停止正在进行的播放，可用空字符串作实参调用该通用过程，语句为：

```
MmPlay ""
```

附录6 全国计算机等级考试 （二级 Visual Basic）模拟试题

A. 笔试（90分钟，满分100分）

1. 选择题（（1）～（20）每小题2分，（21）～（30）每小题3分，共70分）

（1）以下叙述中错误的是【　　】
  A）Visual Basic 是事件驱动型可视化编程工具
  B）Visual Basic 应用程序不具有明显的开始和结束语句
  C）Visual Basic 工具箱中的所有控件都具有宽度（Width）和高度（Height）属性
  D）Visual Basic 中控件的某些属性只能在运行时设置

（2）以下叙述中错误的是【　　】
  A）在工程资源管理器窗口中只能包含一个工程文件及属于该工程的其他文件
  B）以.bas 为扩展名的文件是标准模块文件
  C）窗体文件包含该窗体及其控件的属性
  D）一个工程中可以含有多个标准模块文件

（3）以下叙述中错误的是【　　】
  A）双击可以触发 DblClick 事件
  B）窗体或控件的事件的名称可以由编程人员确定
  C）移动鼠标时，会触发 MouseMove 事件
  D）控件的名称可以由编程人员设定

（4）以下不属于 Visual Basic 系统文件类型的是【　　】
  A）.frm   B）.bat   C）.vbg   D）.vbp

（5）以下叙述中错误的是【　　】
  A）打开一个工程文件时，系统自动装入与该工程有关的窗体、标准模块等文件
  B）保存 Visual Basic 程序时，应分别保存窗体文件及工程文件
  C）Visual Basic 应用程序只能以解释方式执行
  D）事件可以由用户引发，也可以由系统引发

（6）以下能正确定义数据类型 TelBook 代码的是【　　】

```
A) Type TelBook              B) Type TelBook
      Name As String*10            Name As String*10
      TelNum As Integer            TelNum As Integerr
   End Type                     End TelBook
```

C）Type TelBook　　　　　　　　　D）Typedef TelBook
　　　Name String*10　　　　　　　　　　Name String*10
　　　TelNum Integer　　　　　　　　　　TelNum Integer
　　End Type TelBook　　　　　　　　End Type

（7）以下声明语句中错误的是【　　】
　　A）Const var1=123　　　　　　B）Dim var2 = ABC
　　C）DefInt a-z　　　　　　　　D）Static var3 As Integer

（8）设窗体上有一个列表框控件 List1，且其中含有若干列表项。则以下能表示当前被选中的列表项内容的是【　　】
　　A）List1.List　　　　　　　　B）List1.ListIndex
　　C）List1.Index　　　　　　　　D）List1.Text

（9）程序运行后，在窗体上单击鼠标，此时窗体不会接收到的事件是【　　】
　　A）MouseDown　　B）MouseUp　　C）Load　　D）Click

（10）设 a=10，b=5，c=1，执行语句 Print a>b>c 后，窗体上显示的是【　　】
　　A）True　　　　B）False　　　　C）1　　　　D）出错信息

（11）如果要改变窗体的标题，则需要设置的属性是【　　】
　　A）Caption　　　　　　　　　　B）Name
　　C）BackColor　　　　　　　　　D）BorderStyle

（12）以下能判断是否到达文件尾的函数是【　　】
　　A）BOF　　　　B）LOC　　　　C）LOF　　　　D）EOF

（13）如果一个工程含有多个窗体及标准模块，则以下叙述中错误的是【　　】
　　A）如果工程中含有 Sub Main 过程，则程序一定首先执行该过程
　　B）不能把标准模块设置为启动模块
　　C）用 Hide 方法只是隐藏一个窗体，不能从内存中清除该窗体
　　D）任何时刻最多只有一个窗体是活动窗体

（14）窗体的 MouseDown 事件过程 Form_MouseDown (Button As Integer, Shift As Integer, X As Single, Y As Single)有 4 个参数，关于这些参数，正确的描述是【　　】
　　A）通过 Button 参数判定当前按下的是哪一个鼠标键
　　B）Shift 参数只能用来确定是否按下 Shift 键
　　C）Shift 参数只能用来确定是否按下 Alt 和 Ctrl 键
　　D）参数 x，y 用来设置鼠标当前位置的坐标

（15）设组合框 Combo1 中有三个项目，则以下能删除最后一项的语句是【　　】
　　A）Combo1.RemoveItem Text　　　B）Combo1.RemoveItem 2
　　C）Combo1.RemoveItem 3　　　　D）Combo1.RemoveItem Combo1.Listcount

（16）以下关于焦点的叙述中，错误的是【　　】
　　A）如果文本框的 TabStop 属性为 False，则不能接收从键盘上输入的数据
　　B）当文本框失去焦点时，触发 LostFocus 事件
　　C）当文本框的 Enabled 属性为 False 时，其 Tab 顺序不起作用

D) 可以用 TabIndex 属性改变 Tab 顺序

（17）如果要在菜单中添加一个分隔线，则应将其 Caption 属性设置为【　　】

  A）=   B）*   C）&   D）-

（18）执行语句 Open " Tel.dat" For Random As #1 Len = 50 后，对文件 Tel.dat 中的数据能够执行的操作是【　　】

  A）只能写，不能读   B）只能读，不能写

  C）既可以读，也可以写   D）不能读，不能写

（19）在窗体上画一个名称为 Command1 的命令按钮和两个名称分别为 Text1、Text2 的文本框，然后编写如下事件过程：

```
Private Sub Command1_Click()
    n = Text1.Text
    Select Case n
        Case 1 To 20 : x = 10
        Case 2, 4, 6 : x = 20
        Case Is < 10 : x = 30
        Case 10 : x = 40
    End Select
    Text2.Text = x
End Sub
```

程序运行后，如果在文本框 Text1 中输入 10，然后单击命令按钮，则在 Text2 中显示的内容是【　　】。

  A）10   B）20   C）30   D）40

（20）设有以下循环结构

```
Do
    循环体
Loop While <条件>
```

则以下叙述中错误的是【　　】

  A）若"条件"是一个为 0 的常数，则一次也不执行循环体

  B）"条件"可以是关系表达式、逻辑表达式或常数

  C）循环体中可以使用 Exit Do 语句

  D）如果"条件"总是为 True，则不停地执行循环体

（21）在窗体上画一个名称为 Command1 的命令按钮，然后编写如下事件过程：

```
Private Sub Command1_Click()
    Dim num As Integer
    num = 1
    Do Until num > 6
        Print num;
        num = num + 2.4
    Loop
End Sub
```

程序运行后，单击命令按钮，则窗体上显示的内容是【　　　】

  A）1 3.4 5.8   B）1 3 5   C）1 4 7   D）无数据输出

（22）在窗体上画一个名称为 Command1 的命令按钮，然后编写如下事件过程：

```
Private Sub Command1_Click()
Dim a As Integer, sAs Integer
a = 8 :s = 1
Do
 s = s + a : a = a-1
Loop While a <= 0
Print s; a
End Sub
```

程序运行后，单击命令按钮，则窗体上显示的内容是【　　　】

  A）7 9   B）34 0   C）9 7   D）死循环

（23）设有如下通用过程：

```
Public Function f(x As Integer)
    Dim y As Integer
    x=20:y=2:f=x*y
End Function
```

在窗体上画一个名称为 Command1 的命令按钮，然后编写如下事件过程：

```
Private Sub Command1_Click()
    Static x As Integer
    x=10:y=5:y=f(x):Print x; y
End Sub
```

程序运行后，如果单击命令按钮，则在窗体上显示的内容是【　　　】

  A）10 5   B）20 5   C）20 40   D）10 40

（24）设有如下通用过程：

```
Public Sub Fun(a(), ByVal x As Integer)
    For i = 1 To 5
        x = x + a(i)
    Next
End Sub
```

在窗体上画一个名称为 Text1 的文本框和一个名称为 Command1 的命令按钮，然后编写如下的事件过程：

```
Private Sub Command1_Click()
    Dim arr(5) As Variant
    For i = 1 To 5
        arr(i) = i
    Next
```

```
    n = 10
    Call Fun(arr(), n)
    Text1.Text = n
End Sub
```

程序运行后，单击命令按钮，则在文本框中显示的内容是【　　】

  A）10   B）15   C）25   D）24

（25）在窗体上画一个名称为 Command1 的命令按钮，然后编写如下代码：

```
Option Base 1
Private Sub Command1_Click()
    d = 0:c = 10:x = Array(10, 12, 21, 32, 24)
    For i = 1 To 5
        If x(i) > c Then
            d = d + x(i):c = x(i)
        Else
            d = d-c
        End If
    Next i
    Print d
End Sub
```

程序运行后，如果单击命令按钮，则在窗体上输出的内容为【　　】

  A）89   B）99   C）23   D）77

（26）在窗体上画两个滚动条，名称分别为 Hscroll1、Hscroll2；六个标签，名称分别为 Label1、Label2、Label3、Label4、Label5、Label6，其中标签 Label 4~Label6 分别显示"A"、"B"、"A*B"等文字信息，标签 Label1、Label2 分别显示其左侧的滚动条的数值，Label3 显示 A*B 的计算结果。如附图 6-1 所示。当移动滚动框时，在相应的标签中显示滚动条的值。当单击命令按钮"计算"时，对标签 Label1、Label2 中显示的两个值求积，并将结果显示在 Label3 中。以下不能实现上述功能的事件过程是【　　】。

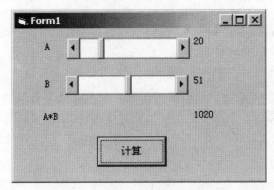

附图 6-1　界面设计

  A）Private Sub Command1_Click()
    Label3.Caption = Str(Val(Label1.Caption)*Val(Label2.Caption))

```
        End Sub
B) Private Sub Command1_Click()
        Label3.Caption = HScroll1.Value * HScroll2.Value
    End Sub
C) Private Sub Command1_Click()
        Label3.Caption = HScroll1 * HScroll2
    End Sub
D) Private Sub Command1_Click()
        Label3.Caption = HScroll1.Text * HScroll2.Text
    End Sub
```

（27）在窗体上画一个名称为 Command1 的命令按钮，然后编写如下事件过程：

```
Private Sub Command1_Click()
    For n = 1 To 20
    If n Mod 3 <> 0 Thenm = m + n \ 3
    Next n
    Print n
End Sub
```

程序运行后，如果单击命令按钮，则窗体上显示的内容是【　　　】

  A）15   B）18   C）21   D）24

（28）在窗体上画一个名称为 Text1 的文本框，并编写如下程序：

```
Private Sub Form_Load()
  Show
  Text1.Text = "" : Text1.SetFocus
End Sub
Private Sub Form_MouseUp(Button As Integer, Shift As Integer, X As Single,
Y As Single)
    Print "程序设计"
End Sub
Private Sub Text1_KeyDown(KeyCode As Integer, Shift As Integer)
    Print "Visual Basic";
End Sub
```

程序运行后，如果按 A 键，然后单击窗体，则在窗体上显示的内容为：

  A）Visual Basic   B）程序设计

  C）A 程序设计   D）Visual Basic 程序设计

（29）设有如下程序：

```
Private Sub Command1_Click()
    Dim sum As Double, xAs Double
    sum = 0:n = 0
    For j = 1 To 5
```

```
        x=n/j:n=n+1:sum=sum+x
    Next
End Sub
```

该程序通过 For 循环计算一个表达式的值，这个表达式是【   】

A）1+1/2+ 2/3+3/4+4/5

B）1+1/2+2/3+3/4

C）1/2+2/3+3/4+4/5

D）1+1/2+1/3+1/4+1/5

（30）以下有关数组定义的语句序列中，错误的是

A）
```
Static arr1(3)
arr1(1) = 100
arr1(2) = "Hello"
arr1(3) = 123.45
```

B）
```
Dim arr2() As Integer
    Dim size As Integer
    Private Sub Command2_Click()
        size = InputBox("输入: ")
        ReDim arr2(size)
        ⋮
    End Sub
```

C）
```
Option Base 1
    Private Sub Command3_Click()
        Dim arr3(3) As Integer
        ⋮
    End Sub
```

D）
```
Dim n As Integer
    Private Sub Command4_Click()
        Dim arr4(n) As Integer
        ⋮
    End Sub
```

2. 填空题（每空 2 分，共 30 分）

（1）执行下面的程序段后，i 的值为 ___【1】___，s 的值为 ___【2】___。

```
s = 2
For i = 3.2 To 4.9 Step 0.8
    s = s + 1
Next i
```

（2）把窗体的 KeyPreview 属性设置为 True，然后编写如下两个事件过程：

```
Private Sub Form_KeyDown(KeyCode As Integer, Shift As Integer)
    Print Chr(KeyCode)
End Sub
Private Sub Form_KeyPress(KeyAscii As Integer)
    Print Chr(KeyAscii)
End Sub
```

程序运行后，如果直接按键盘上的 A 键（即不按住 Shift 键），则在窗体上输出的字符分别是 ___【3】___ 和 ___【4】___。

（3）在窗体上画一个标签（名称为 Label1）和一个计时器（名称为 Timer1），然后编写如下几个事件过程：

```
Private Sub Form_Load()
```

```
        Timer1.Enabled = False
        Timer1.Interval = 【5】
End Sub
Private Sub Form_Click()
        Timer1.Enabled = 【6】
End Sub
Private Sub Timer1_Timer()
        Label1.Caption = 【7】
End Sub
```

程序运行后，单击窗体，将在标签中显示当前时间，每隔 1 秒钟变换一次。请填空。

（4）在窗体上画一个文本框、一个标签和一个命令按钮，其名称分别为 Text1、Label1 和 Command1，然后编写如下两个事件过程：

```
Private Sub Command1_Click()
        S$ = InputBox("请输入一个字符串")
        Text1.Text = S$
End Sub
Private Sub Text1_Change()
        Label1.Caption = UCase(Mid(Text1.Text, 7))
End Sub
```

程序运行后，单击命令按钮，将显示一个输入对话框，如果在该对话框中输入字符串 "VisualBasic"，则在标签中显示的内容是___【8】___。

（5）在窗体上画一个列表框、一个命令按钮和一个标签，其名称分别为 List1、Command1 和 Label1，通过属性窗口把列表框中的项目设置为："第一个项目"、"第二个项目"、"第三个项目"、"第四个项目"。程序运行后，在列表框中选择一个项目，然后单击命令按钮，即可将所选择的项目删除，标签中显示列表框当前的项目数。下面是实现上述功能的程序，请填空。

```
Private Sub Command1_Click()
        If List1.ListIndex >= 【9】 Then
                List1.RemoveItem 【10】
                Label1.Caption = 【11】
        Else
                MsgBox "请选择要删除的项目"
        End If
End Sub
```

（6）设有下列程序：

```
Option Base 1
Private Sub Command1_Click()
        Dim arr1, Max as Integer
        arr1 = Array(12, 435, 76, 24, 78, 54, 866, 43)
        【12】 = arr1(1)
```

```
For i = 1 To 8
        If arr1(i) > Max Then ___【13】___
    Next i
    Print "最大值是："; Max
End Sub
```

以上程序的功能是：用 Array 函数建立一个含有 8 个元素的数组，然后查找并输出该数组中元素的最大值。请填空。

（7）以下程序的功能是：把当前目录下的顺序文件 smtext1.txt 的内容读入内存，并在文本框 Text1 中显示出来。请填空。

```
Private Sub Command1_Click()
    Dim inData As String
    Text1.Text = ""
    Open ".\smtext1.txt" ___【14】___ As #1
    Do While ___【15】___
        Input #1, inData
        Text1.Text = Text1.Text & inData
    Loop
    Close #1
End Sub
```

【参考答案】

1. 选择题

(1) C (2) A (3) B (4) B (5) C (6) A (7) B (8) D

(9) C (10) B (11) A (12) D (13) A (14) A (15) B (16) A

(17) D (18) C (19) A (20) A (21) B (22) C (23) C (24) A

(25) C (26) D (27) C (28) D (29) C (30) D

2. 填空题

(1)【1】5.6 【2】5

(2)【3】A 【4】a

(3)【5】1000 【6】True 【7】Time

(4)【8】BASIC

(5)【9】0 【10】List1.ListIndex 【11】List1.ListCount

(6)【12】Max 【13】Max = arr1(i)

(7)【14】For Input 【15】Not EOF(1)

B. 上机操作（90 分钟，满分 100 分）

（1）基本操作题（2 小题，每小题 15 分，共 30 分）

请根据以下各小题的要求设计 Visual Basic 应用程序（包括界面和代码）。

第 1 题：在名称为 Form1 的窗体上画一个标签，名称为 L1，标签上显示"请输入密码"，在标签的右边画一个文本框，名称为 Text1，其宽、高分别为 2000 和 300，设置适当的属性使得在输入密码时，文本框中显示"*"字符，此外再把窗体的标题设置为"密码窗口"，以上这些设置都只能在属性窗口中进行设置，运行时的窗体如附图 6-2 所示。注意，存盘时必须存放在考生文件夹下，工程文件名为 sjt1.vbp，窗体文件名为 sjt1.frm。

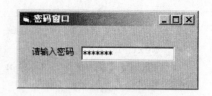

附图 6-2　基本操作题 1

【分析】　创建的对象设置属性。属性窗口（选中时按 F4 键调出）给出了设置所有的窗体对象属性的简便方法。在"视图"菜单中选择"属性窗口"命令、单击工具栏上的"属性窗口"按钮或使用控件的上下文菜单，都可以打开属性窗口。在本题中要求对于密码框的设定，只要将 Text1 的 PasswordChar 属性设置为*即可完成。

第 2 题：在名称为 Form1 的窗体上画一个图片框，名称为 P1，请写适当的事件过程，使得在运行时，每单击图片框一次，就在图片框中输出"单击图片框一次"；每单击图片框外面的窗体一次，就在窗体中输出"单击窗体一次"；运行时的窗体界面如附图 6-3 所示。要求程序中不使用变量，每个事件过程只能写一条语句。

注意，存盘时必须存放在考生文件夹下，工程文件名为 sjt2.vbp，窗体文件名为 sjt2.frm。

【分析】　本题只要编写两个事件过程代码，一个是图片框单击事件 P1_Click()，该事件中只能写一条语句，即 P1.Print "单击图片框一次"，使得在图片框中输出"单击图片框一次"文字。在 Form_Click()事件中也只能写一条语句，即 Print "单击窗体一次"，使得在窗体中输出"单击窗体一次"文字。

这里在窗体上使用 Print 方法可以省略窗体对象名，而在图片框中使用 Print 方法不能省略图片框对象名。

（2）简单应用题（2 小题，每题 20 分，计 40 分）

第 1 题：在考生文件夹下有一个工程文件 sjt3.vbp，窗体上已经有一个标签 L1，请画一个单选按钮数组，名称为 Op1，含三个单选按钮，它们的 Index 属性分别为 0、1、2，标题依次为"飞机"、"火车"、"汽车"，再画一个名称为 Text1 的文本框。窗体文件中已经给出了 Op1 的 Click 事件过程，但不完整，要求去掉程序中的注释符，把程序中的？改为正确的内容，使得在运行时单击"飞机"或"火车"单选按钮时，在 Text1 中显示"我坐飞机去"或"我坐火车去"，单击"汽车"单选按钮时，在 Text1 中显示"我开汽车去"，如附图 6-4 所示，注意，不能修改程序中的其他部分。最后把修改后的文件按原文件名存盘。

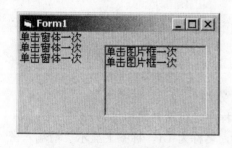

附图 6-3　基本操作题 2

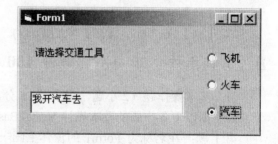

附图 6-4　简单应用题 1

Op1 的 Click 事件过程代码为：

```
Private Sub Op1_Click(Index As Integer)
    Select Case ?
    Case 0
        Text1 = "我坐" + Op1(0).Caption + "去"
    Case 1
        Text1 = "我" + ? + Op1(1).Caption + "去"
    Case Else
        Text1 = "我开" + Op1(2).Caption + "去"
    End Select
End Sub
```

【分析】 本题考查对于 OptionButton 控件的了解，OptionButton 控件显示一个可以打开或者关闭的选项，判断它是否被选中使用的是 value 属性，选中的为 True，反之为 False。

一般在使用 OptionButton 控件时，大多数人喜欢使用控件数组。在第一个空中，Select Case 语句是根据表达式的值来决定执行几组语句中的其中之一。根据后续的语句就可以知道，这里需要根据用户的选择进行分流，分流的依据是用户选择了哪一个 OptionButton，这个可以由 Index 得到，因此这里填入 Index。对于第二个空，只要知道 OptionButton 数组从零开始，就不难判断 Op1(1).Caption 是 "火车"，火车只能 "坐"。

第 2 题：在考生文件夹下有一个工程文件 sjt4.vbp，窗体上已经有两个文本框，名称分别为 Text1、Text2；和一个命令按钮，名称为 C1，标题为 "确定"；请画两个单选按钮，名称分别为 Op1、Op2，标题分别为 "男生"、"女生"；再画两个复选框，名称分别为 Ch1、Ch2，标题分别为 "体育"、"音乐"。请编写适当的事件过程，使得在运行时，单击 "确定" 按钮后实现下面的要求：

1）根据选中的单选按钮，在 Text1 中显示 "我是男生" 或 "我是女生"。

2）根据选中的复选框，在 Text2 中显示 "我的爱好是体育" 或 "我的爱好是音乐" 或 "我的爱好是体育音乐"，如附图 6-5 所示。

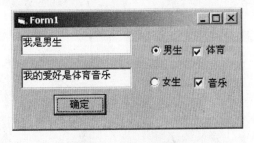

附图 6-5　简单应用题 2

注意，不得修改已经给出的程序和已有控件的属性。在结束程序运行之前，必须选中一个单选按钮和至少一个复选框，并单击 "确定" 按钮。必须使用窗体右上角的关闭按钮结束程序，否则无成绩。

【分析】 这是单选按钮 OptionButton 和复选框 CheckBox 的简单应用。OptionButton 控件和 CheckBox 控件功能相似，但是二者间也存在着重要差别。在选择一个 OptionButton 时，同组中的其他 OptionButton 控件自动无效。相反，可以选择任意数量的 CheckBox

控件。

只要注意了这一点本题就可以在 C1_Click 事件中判断它们的选中情况：OptionButton 的 Value 为 True 表示选中，CheckBox 的 Value=1 时表示选中。

（3）综合应用题（1 小题，30 分）

在考生文件夹下有一个工程文件 sjt5.vbp，其窗体上有一个文本框，名称为 Text1；还有两个命令按钮，名称分别为 C1、C2，标题分别为"计算"、"存盘"，如附图 6-6 所示。并有一个函数过程 isprime 可以在程序中直接调用，其功能是判断参数 a 是否为素数，如果是素数，则返回 True，否则返回 False。请编写适当的事件过程，使得在运行时，单击"计算"按钮，则找出小于 18 000 的最大的素数，并显示在 Text1 中；单击"存盘"按钮，则把 Text1 中的计算结果存入考生文件夹下的 out5.txt 文件中。

附图 6-6　综合应用题

注意，考生不得修改 isprime 函数过程和控件的属性，必须把计算结果通过"存盘"按钮存入 out5.txt 文件中，否则成绩无效。

【分析】　本题的考查主要有两个，一个是循环，一个是文件的访问。

由于在小于 18 000 中寻找最大素数，并且判断素数的函数已经给出，只要使用一个循环在 18 000 以下寻找，没有找到减一再寻找；找到了就将该素数记录在 Text1.Text 中。在结构化的程序中不提倡使用 GoTo 以及从结构体中退出（例如 Exit For 等），使用 While 判断是一个较好的选择。

实现存盘功能的代码是写在 C2_Click( ) 事件过程中，文件访问一般是三步，打开文件、读（或写）文件、关闭文件。关键是要准确记忆以不同方式打开文件和写文件语句的语法要素，关闭文件的语句则很简单。

参 考 书 目

1 龚沛曾，陆慰民，杨志强. Visual Basic 程序设计简明教程. 北京：高等教育出版社，2003

2 [美]Michael Halvorson 著. Microsoft Visual Basic 6.0 专业版循序渐进教程. 希望图书创作室译. 北京：北京希望电子出版社，1999

3 Microsoft Corporation 著. Visual Basic 6.0 中文版语言参考手册. 微软（中国）有限公司译. 北京：北京希望电子出版社，1998

4 汪国胜. Visual Basic 6.X 程序设计范例教程篇. 北京：中国铁道出版社，1999

5 陈泽雄. Visual Basic 6.0 程序设计实务入门. 北京：中国铁道出版社，2001

6 金英姿，邓少鹍. Visual Basic 实用培训教程. 北京：人民邮电出版社，2002

7 蒋加伏，张林峰. Visual Basic 程序设计教程. 北京：北京邮电大学出版社，2004

8 林建仁，林文广. Visual Basic 6.x 程序设计——教学指南篇. 北京：中国铁道出版社，1999

9 王虹，贾胜利，姚学礼，张红军. Visual Basic 6.0 实用教程. 北京：人民邮电出版社，2000

10 黄明. 全国计算机等级考试考试要点、题解与模拟试卷. 北京：电子工业出版社，2002

11 董苑，Visual Basic 编程基础与应用. 北京：清华大学出版社，2002

相关课程教材推荐

ISBN	书名	定价（元）
9787302177852	计算机操作系统	29.00
9787302178934	计算机操作系统实验指导	29.00
9787302177081	计算机硬件技术基础（第二版）	27.00
9787302176398	计算机硬件技术基础（第二版）实验与实践指导	19.00
9787302177784	计算机网络安全技术	29.00
9787302109013	计算机网络管理技术	28.00
9787302174622	嵌入式系统设计与应用	24.00
9787302176404	单片机实践应用与技术	29.00
9787302172574	XML 实用技术教程	25.00
9787302147640	汇编语言程序设计教程（第 2 版）	28.00
9787302131755	Java 2 实用教程（第三版）	39.00
9787302142317	数据库技术与应用实践教程——SQL Server	25.00
9787302143673	数据库技术与应用——SQL Server	35.00
9787302179498	计算机英语实用教程（第二版）	23.00
9787302180128	多媒体技术与应用教程	29.50

以上教材样书可以免费赠送给授课教师，如果需要，请发电子邮件与我们联系。

教学资源支持

敬爱的教师：

感谢您一直以来对清华版计算机教材的支持和爱护。为了配合本课程的教学需要，本教材配有配套的电子教案（素材），有需求的教师可以与我们联系，我们将向使用本教材进行教学的教师免费赠送电子教案（素材），希望有助于教学活动的开展。

相关信息请拨打电话 010-62776969 或发送电子邮件至 weijj@tup.tsinghua.edu.cn 咨询，也可以到清华大学出版社主页（http://www.tup.com.cn 或 http://www.tup.tsinghua.edu.cn）上查询和下载。

如果您在使用本教材的过程中遇到了什么问题，或者有相关教材出版计划，也请您发邮件或来信告诉我们，以便我们更好地为您服务。

地址：北京市海淀区双清路学研大厦 A 座 708　　计算机与信息分社魏江江 收

邮编：100084　　　　　　　　　　　　　　电子邮件：weijj@tup.tsinghua.edu.cn

电话：010-62770175-4604　　　　　　　　邮购电话：010-62786544

Visual Basic 程序设计实验与实践指导

ISBN 978-7-302-18650-2